教育部人文社科规划基金项目（批准号：09YJAZH047）

湖北民居艺术研究

三峡民居研究

周传发 / 著

长江出版传媒　湖北美术出版社

教育部人文社科规划基金项目（批准号：09YJAZH047）

内容提要

《三峡民居研究》是教育部2009年度人文社科规划基金课题"'后三峡工程时代'库区民居资源的旅游价值及开发对策研究"的最终成果。本成果共分上下两个部分：

上篇"三峡民居概览"，主要从历史文化学、建筑学的角度对三峡民居的形成历史、聚落演变、城镇形态、建筑构造、结构工艺、精神特质、文化内蕴等方面进行了分析研究。

下篇"库区民居资源旅游开发"，是课题的核心部分，亦是课题研究的重点。本篇分为"蓄水后三峡库区民居资源的状况""库区民居资源的旅游价值""库区民居旅游现状""库区民居资源开发的可行性""库区民居资源的开发模式探讨""库区民居资源的开发思路与战略目标""库区民居资源的开发对策"等七章内容。

周传发

1982年毕业于湖北艺术学院，获学士学位。中国工艺美术学会会员，中国纺织工程协会会员，中国美术家协会湖北分会会员。三峡大学艺术学院教授，硕士生导师。历任三峡大学民族文化中心主任，艺术学院设计系主任，党支部书记，现任三峡大学求索画院副院长。

发表学术论文40余篇，出版专著数部。主持教育部人文社科基金项目1项，省厅局级项目多项。

出版连环画100多部，其国画作品多次参加各级美展并获奖。

序一

何伟军
三峡大学校长、教授、博士生导师

　　民居是一个国家、地区、民族建筑文化的典型代表，也是一种特殊的物质文化形态。传统民居通过其鲜明的建筑样式和特征充分体现出所在地区的地域性与民族性，在对地区环境的适应、社会生活的承载以及民族传统的延伸等方面，都显示出特有的社会文化价值。

　　长江三峡地区作为一个特殊的地理单元和人文区域，是我国古代文明的发祥地之一。自古以来，众多民族就繁衍生息在这块神奇的土地上。在数千年的历史进程中，他们创造了十分灿烂的居住文化；在几百里峡江及其支流沿岸，留下了大量风格迥异的古民居建筑群。这些民居成为三峡地域特有的历史文物和人文景观，是我国不可多得的珍贵文化遗产。

　　但是，由于多种原因，三峡民居的文化与经济价值一直没有得到应有的重视。检索以往的研究，在理论上关于三峡民居建筑艺术的成果不多；在旅游开发利用中，三峡民居资源长期被边缘化。尤其是进入21世纪之后，当我国其他地方的民居旅游开展得红红火火的时候，这一地区独具特色的大量民居资源却一直"藏在深山人不识"；理论研究的失语和开发利用的滞后使三峡地域绚丽多姿的民居群体长期处于一种休眠状态；虽然在三峡工程建设过程中，峡区文物包括传统民居也曾受到政府部门与学者们的关注，但这种关注以及由此引发的有限讨论，仅以文物保护为目的，而在对其进行整体的学术研究，尤其是从旅游学的角度进行全方位的探讨与总结方面，几乎处于空白。随着三峡工程的尘埃落定以及时间的推移，不仅库区传统民居的历史文化价值将进一步显现，而且其不可多得的旅游休闲价值及巨大的经济价值也将越来越突出。

　　周传发教授撰写的《三峡民居研究》一书的出版，在一定程度上弥补了上述不足。本书分为上下两部分：上部从历史文化学、建筑学、艺术学的角度，对三峡民居的发展演变历史、建筑特色、艺术成就进行了分析和探讨；下部则是从旅游学的角度，对库区民居资源旅游价值、开发对策进行了论证与阐释。作者从事了多年的三峡民居研究，在三峡工程建设前后，曾多次深入峡区考察，掌握了比较丰富的第一手资料，发表相关研究论文十余篇。本书在前期工作的基础上，通过梳理三峡民居发展的历史脉络及其在不同时期变化演进的形态特征及建筑特点，较为深入地揭示了其历史、文化、社会、审美价值，并对其建筑、艺术、技术成就进行了比较全面的总结，进而提出了"后三峡工程时代"库区民居资源保护与开发利用的可行性对策及策略，并从理论上对其开发的必要性、紧迫性以及开发模式进行了分析阐述。这一研究成果，无疑在三峡大坝蓄水之后，库区环境发生重大变化的背景下，对建构域内民居资源的有效保护机制，促进其资源的合理利用，推动库区经济社会可持续发展有着十分重要的意义。

　　本书的研究特色主要体现在三个方面。一是视野开阔：首先从纵向对三峡民居进行溯源探析，厘清其建筑的历史方位；其次从横向把三峡民居放在华夏文化视域内进行比较研究，确定其建筑的学术地位，以此消除三峡民居在我国民居研究中的理论盲点。二是视角新颖：在总结三峡民居的历史、人文价值及建筑艺术成就的基础上，进一步以旅游学的视角来评价、解析三峡民居，从开发利用的角度来研究、阐释三峡库区民居资源的后期保护和发展。三是方向明确：提出了"后三峡工程时代"，库区民居资源的旅游学概念和开发利用的战略构想与实施对策，为激活其资源的潜在文化及旅游应用的价值功能，促进其开发利用与良性保护提供了学理依据。

　　三峡民居大部分分布于湖北、重庆两个不同行政区域的峡谷深山之中，地域广阔、资源分散、交通不便，对如此大范围的资源对象进行全面考察、分析及理论研究，其难度可想而知。作者不辞辛苦，做了大量认真细致而有益的工作，呈现给我们的是一部颇具学术价值的专业著作。感谢作者为此付出的努力，相信本书出版后，一定会受到广大读者的青睐。

2016年6月8日

序二

王祖龙
三峡大学民族学院党委书记、教授、硕士生导师

　　周传发先生的《三峡民居研究》是一部较为系统地介绍三峡民居文化及其旅游开发的专著。通览全书，作者的叙述和论证，主要建立在大量的文献梳理和田野调查基础上，通过对三峡区域传统民居发展的历史脉络及其不同的演化形态的梳理，揭示了三峡民居的历史、文化、社会价值和审美价值。在此基础上，作者又从三峡旅游和区域经济社会发展的角度切入，全面考量了三峡区域的民居类型、特点和开发价值，提出了三峡民居资源开发利用的可行性对策和开发方案。这一研究不仅拓展了三峡文化研究的范围和内涵，而且对于促进三峡区域民居资源的保护和开发利用，特别是对推动"后三峡工程时代"库区经济社会的发展具有较强的现实意义。

　　随着三峡水利枢纽工程的顺利完工，传统的三峡旅游结束了靠工程外力推动的黄金时期，三峡旅游的脚步快速地步入"后三峡工程时代"。与此相适应，三峡旅游的内涵和结构层次也发生了较大变化。过去一些颇具吸引力的景观，要么因水位的提高发生了较大变化而形成新景观，要么因蓄水而沉入江底。后三峡时代的旅游不能再停留在传统游山玩水的层面上，而是呼唤着一种集文化、休闲和体验于一体的全新的综合型旅游模式。因此，三峡旅游从内涵到结构都面临着新的转型升级，旅游新产品的开发成为三峡旅游业发展的新课题。正是在这一背景下，许多有识之士开始全面审视三峡旅游的内涵和结构，并把目光投向传统的三峡民居。周传发先生就是一位对三峡民居建筑有着独到研究和深刻思考的学者。

　　我与周传发先生共事有年，知他一边从事环境艺术设计教学，一边从事连环画和国画创作，没想到他在这一领域已潜心研究多年。也许是其教授的环境艺术设计课程与建筑史、建筑美学和生态美学有关，其所授内容大量涉及传统建筑与传统民居，故而引发了他研究身边传统民居的浓厚兴趣。十多年来，他对这一区域的民居建筑倾注了大量心血和情感，无数次不顾山高路险，独自或带学生深入库区考察，足迹遍布了三峡的山山水水。在他的笔下，三峡传统民居既是他倾心描绘的对象，也是他从事环境艺术设计的活水源头和从事艺术文化学研究的重要对象。

　　因为有着较为扎实的田野基础、前期准备和专业思考，该书在著述中新见迭出。书中对三峡民居的历史源流、建筑艺术成就和人文价值的梳理和分析，就不乏精要之处。例如对三峡区域较为常见的干栏式吊脚楼民居形态的分析，作者首先概述了三峡的地貌成因及气候特征，然后又对其追根溯源，从现存的各种形制的吊脚楼民居形态着手考察，分析其"重屋累居"和合院干栏式的发展形态，并由此上溯至早期巴人的简陋、粗糙的原始吊脚楼，乃至原始人的"巢居"，令人信服地将吊脚楼民居的发展脉络梳理出一条清晰的发展演变轨迹。在此基础上，为了进一步论证其人

文价值，又以建筑特征、空间形态、空间构成、材料择用和营造方式作为考察点，并逐一进行分析。他认为这种富于地域特色的民居形式的形成，无不是三峡人适应环境的结果。无疑，作者的结论是可信的。三峡吊脚楼民居是为适应特殊复杂的山地地形所衍生发展出来的独特的建筑形态，其"架空"形态，是在复杂的山地地形上营建房屋最为有效实用的方法；其穿斗构架多柱落地的结构，更利于房屋作出各种变化以适应环境。这些因地制宜、布局灵活、巧用地形、争取空间的吊脚楼，时而临江、时而跨崖、时而附坡建筑的样式是我国山地民居建筑的奇葩，体现了一代代三峡人适应自然的人文精神和人文智慧。惟其如此，这些凝聚了深厚文化内涵和人文智慧的文化符号，在"后三峡工程时代"就具有了保护和开发的价值和意义。

作者对三峡区域沿江两岸聚落形成与"水文化"关系的分析也颇富见地。作者认为三峡沿江两岸的各族人群靠水吃饭，逐水而居，近水而盛，失水而衰，去水而败，故三峡区域的无数聚落与城镇无不得水而兴。长江与大河交汇则大城兴，长江与小河交汇则小城盛。重庆市位于嘉陵江与长江交汇处，涪陵市位于乌江与长江的交汇处，两江交汇处构成了两座城市的发源地。云阳、巫山、秭归等小县城也是如此。云阳县城位于汤溪河与长江交汇处，巫山县城位于大凌河与长江交汇处，秭归县城位于香溪与长江交汇处。小溪与长江交汇还易形成场镇，如忠县的石宝寨等。人们总是愿意选择在长江干流与支流交汇的地方居住与生活，因此这些地方城镇最多、人口也最为集中。如长江干流北岸的城市不仅有万州、宜昌这种发展中的大城市，还有秭归、巫山、奉节、云阳、忠县、丰都、长寿等一大批县级城镇以及为数众多的场镇和民居聚落。这说明"城因水兴，水为城用"。三峡沿岸居民在选址筑城和建宅时，更多关注的是山川陆地与河流水源的相互关系。三峡居民长期以来视水为生命，对水充满深情厚意。正是这种对于水的神圣感情，支配着大江两岸的城镇、聚落、寺庙、民居等各种建筑形态的形成与发展，并以此衍生出了许多与水有关的风俗习惯以及故事与传说，成为长江三峡特有的"水文化"。

该书的体例也是一次富有新意的探索和尝试。全书分为上下部分，上部是从建筑文化的角度，对三峡民居的发展历史、建筑特色和艺术成就的梳理和分析，下部是从旅游学的角度对三峡民居资源开发的探讨与分析。这两部分内容尽管相互关联，毕竟侧重点各有不同。按惯例，传统的做法不会将这两部分内容捏合在一起，因为这会导致两不透辟，两不讨好。然而作者不避其难，把三峡民居当作一个重要的文化事象，或者文化符号，紧扣其发展演变这根主线，将两部分内容有机地衔接起来，既关注三峡民居的过去，又关注三峡民居的现在和未来。这种捏合因为有着内在的逻辑性，故而能各擅其长，相得益彰。不惟如此，作者还全面审视三峡民居资源的旅游开发价值，试图构建起完整的三峡民居保护及其旅游开发的理论体系，所提九个方面的开发对策，从宏观到微观都有比较详细的实施方略和措施安排，这之于"后三峡工程时代"库区人居环境建设，营建生态文明的新型城市与乡村，以及传承三峡民居文脉，都有着十分重要的参考价值与借鉴意义。

　　三峡民居建筑是人类历史文化的载体，承载着异常丰厚的民俗和文化信息。过往的三峡民居研究较为零散，既缺乏系统研究的专著，也缺乏对这一资源所作的面向未来的思考。该书的出版无疑是一次可喜的尝试，虽说书中对集镇建筑及其技术的研究尚需深入，但就三峡民居资源的保护和开发而言，本书的开拓性意义是不言自明的，谨略述以为序。

2016年5月5日

目录
Contents

绪论

长江，这条中华民族母亲河，从青藏高原唐古拉山脉的冰封雪地发源，一路开山劈岭，浩浩汤汤，奔腾而下，呼啸东去。三峡地区，作为长江干流最具特色的部分，自古以来就是华夏文明的摇篮，早在远古时代就有众多古老民族部落在这里生息繁衍、延绵发展；这里是巴人与楚人的祖居地，也是巴楚文化形成、发展、演变的核心区域；民居，则是这一地域文化最典型的物质化代表。曾几何时，在几百里峡江及其支流沿岸，各类风格迥异的古民居建筑群犹如串串珍珠散落人间，或在山间、或于水边，流光溢彩、璀璨夺目、美不胜收，成为三峡地域特有的人文地表景观。

然而，长期以来，由于多种原因，三峡民居的学术与经济价值一直没有得到应有的重视，在理论研究上，关于三峡民居建筑艺术的研究成果不多；在保护、开发以及利用方面，三峡民居资源长期被边缘化。

随着三峡水利枢纽工程顺利完工，三峡旅游业结束了靠工程外力推动的黄金时期，步入"后三峡工程时代"，面临新的发展与转型；把握机遇，迎接挑战，成为库区旅游经济可持续发展的新课题。在这一背景下，全面审视三峡民居资源的文化艺术及旅游开发价值，积极从历史、文化、经济、社会、审美等不同角度对其进行全方位地评价与总结，建构完整的三峡民居艺术保护及其旅游开发的指导性理论体系，促进对库区民居资源的合理利用，使之形成保护与开发的良性循环机制，不仅是库区经济社会发展的需要，而且在大坝蓄水后库区人居环境建设中，对于传承三峡居住文化与城镇文脉，营建生态文明的新型城市与乡村有着十分重要的参考与借鉴意义。

一、本课题国内外研究状况

（一）国外研究现状

传统民居作为一种特殊的文化形态，其独特的艺术魅力与文化价值正越来越受到现代社会的高度重视。西方国家早在20世纪40年代末期，即第二次世界大战结束后不久，随着经济与城市建设的恢复，就开始了对城市历史建筑和古镇民居保护方面的理论研究与实践探索，用以指导城乡建设发展过程中对于历史建筑与古民居的保护；至60年代中后期，由于经济的发展与旅游业的推动，美国、英国、法国、西德以及意大利等国家又在历史建筑与民居资源旅游利用方面进行了大量卓有成效的探讨与实践。他们在古建保护的类别、风格特色的控制、保护方式、建筑维修原则与方法、对历史文化信息的处理、开发利用的原则等方面都制定了一系列行之有效的法律法规，形成了比较成熟的保护与开发模式，积累了丰富的经验。[①]法国的爱兹古镇、普罗旺斯古镇、"萨伏伊别墅"，德国的罗腾古镇，英国的约克古镇，瑞典的维斯比古镇，意大利的圣吉米尼亚若古镇，美国的萨拉托加斯普林斯小镇、弗吉尼亚州斯坦顿古镇以及"流水别墅"等一批经典古镇民居已成为旅游追捧的热门对象，每年吸引大批游客前去参观赏鉴，创造了十分可观的社会效应与经济效益。

（二）国内研究现状

国内对于传统民居大规模的旅游开发发端于20世纪末期，先后有丽江、平遥、周庄、乌镇、婺源等民居景点开发成功，得到市场认可，成为著名的旅游景区。对于传统民居的理论研究则早得多，从20世纪50年代开始，就一直有学者在此领域摸索探究；而有计划有组织地进行学术研究则兴于改革开放之后。在这期间，中国文物学会传统建筑园林委员会、传统民居学术委员会和中国建筑学会建筑史分会民居专业学术委员会等专业学术组织相继成立，为传统民居建筑理论探索有组织的活动打下了坚实基础。通过近二十年来对于传统民居的研究，无论学术交流、论著出版，以及研究观念、方法都取得了较为明显的成绩。[②]检索目前已有的研究成果，其研究内容大致分为三类。第一类是从建筑文化的角度出发，以民居自身的结构形态、风格特征、人文内涵等作为研究的切入点，着重于建筑学理及建筑文化艺术方面的探讨；第二类在前者基础上侧重于古村落或传统民居旅游开发与保护及相关问题的讨论；第三类则是以三峡民居为特定对象的研究。

1. 以建筑文化为核心的研究

（1）从建筑学角度的研究。主要是从民居造型、空间布局、工艺技术、结构形态、材料装饰等建筑技术层面展开讨论。

（2）从社会发展、地理环境以及历史文化层面角度的研究。通过对古村落或古民居所在地域的地理环境、气候条件、社会文化、经济状况等方面的研究，探究传统民居的聚居与建筑形态形成及演进的历史轨迹，复原其人文内蕴，解析其历史文化价值及其审美特征。

（3）从历史文物价值角度的研究。此类研究的重点在于对古村落与传统民居的文物价值的考察分析，以便确定其保护级别及申请世界遗产名录。

主要研究成果有：徐尚志、邬天柱、宗必泽等主编的《中国传统民居建筑》，荆其敏、刘壮忡

①王考. 德国巴登 – 符腾堡州历史文物古迹保护工作略述 [J]. 中国名城，2013.06. 第 54 页 .

②陆元鼎. 中国传统民居研究二十年 [J]. 古建园林技术，2003.04. 第 8 页 .

的《中国传统民居》，楼庆西的《乡土建筑的装饰艺术》，王其钧的《中国民居》，谭海丽的《简述我国传统民居与环境的协调发展》，王颂、司丽霞的《论传统民居建筑文化观》，沙润的《中国传统民居建筑文化的自然地理背景》，陈志精的《略论徽州古民居建筑学审美意蕴》，杨进发的《论江南古民居卢宅的文物价值》等。

2. 以旅游开发为核心的研究

（1）旅游价值研究。以传统民居特有的文化性、观赏性、休闲性、体验性功能为切入点，着重分析古村落或传统民居的文化、审美及旅游价值，阐述民居保护和开发利用的指导性原则、方法措施等。

（2）旅游开发模式研究。主要是针对民居开发经营中采用的模式进行探讨与选择，比较有代表性的观点有：齐学栋的内生性开发模式，黄芳的民居所有者参与模式等。

主要研究成果有：蒋慧、黄芳的《传统民居进行旅游开发的理性思考》，刘家明、陶伟等的《传统民居旅游开发研究》，陈文捷、陈红玲、方燕燕的《特色古民居文化的继承与保护性开发》，李智的《试论居住民俗的旅游价值》，齐学栋的《古村落与传统民居旅游开发模式刍议》，黄芳的《论民居旅游开发过程中的居民参与》等。

3. 以三峡民居为特定对象的研究

学界对于三峡民居的关注，始于三峡大坝开工之后。虽然三峡民居建筑丰富多彩、式样独特，但由于地处山林峡谷，路险地僻，一直"藏在深山人未识"。三峡工程的上马，敲开了峡区古老民居及其古老建筑久已尘封的大门，使这些独具地域特色的文化瑰宝展现在世人面前，其独一无二的历史文化价值以及无与伦比的建筑艺术成就，令世界为之惊叹，得到各级政府的高度重视。大坝施工期间，国家投入巨资对库区淹没线以下的珍贵民居和建筑进行了搬迁重建，对其他重要民居资源也进行了修缮与保护，使这些宝贵文化遗产获得新生。与此同时，国内社会各界以及专家学者也纷至沓来，参与到了对库区民居古建的理论与资料收集抢救工作之中，他们对库区存有的民居及其相关建筑文物资源进行了大量的考察、拍照、录像、测绘和研究工作。经过十多年的努力，成果显著。比如北京建筑工程学院汤羽扬教授，在三峡大坝施工期间，多次深入三峡库区调研，在掌握了大量第一手资料的基础上，先后撰写了《中西合璧峡谷回音·生生不息——论三峡工程淹没区传统聚落与民居的地域性特征》《三峡工程淹没区传统聚落及民居概述》《从忠县、石柱县传统民居建筑的文化内涵谈三峡工程地面文物的保护》《崇楼飞阁 别一天台——四川省忠县石宝寨建筑特色谈》《古桥·流水·人家——三峡湖北库区地面文物一瞥》等十余篇颇有分量的专题研究文章在学术刊物上发表，对库区古民居和古建筑的资源状况、建筑特征、文物保护进行了较为系统的探讨，并提出自己的解决方案，引起较大社会反响，对推动库区民居资源的抢救保护与理论研究起到了重要推动作用。又如西南交通大学的季富政教授，长期关注巴蜀及三峡区域的乡土建筑，出版数部与三峡民居有关的著作，其中《巴蜀城镇与民居》一书选择三峡区域巴蜀地区二十多个城镇和二十个民居个例进行分析，充分揭示了清初以来，勤劳、智慧、灵巧的巴蜀人民在继承祖先城镇与民居建设经验的基础上，融汇各地入川移民带来的新鲜知识和技术，在同一天地中，创造出新一轮特色鲜明的巴蜀城镇与民居风貌，是当今民众了解和认识巴蜀传统城镇与民居的必读书籍。三峡大坝开工后，季先生又获得国家自然科学资金专项资助，对三峡库区的古民居、古建筑、古场镇进行专题研究，并于2007年出版了专著《三峡古典场镇》。该著作从多个视角对长江三峡地区的古场镇及乡土建筑进行了全面而深入的探讨，史诗般描述了古往今来三峡地区城镇、乡场、村落的建筑特色与规划形态的人文嬗变及兴衰荣枯，对三峡地区的乡土建筑及城镇历史、场镇结构及社会形态、民风民俗，民居的构造特征、风格特色、人文特点都有详尽的剖析与探讨，视角新颖、见解精辟。季先生在三峡库区即将形成，沿江众多古场镇即将淹没之际，耗费十年功夫深入三峡地区进行踏访考察，抢救发掘出很多鲜为人知的宝贵材料，为后世留下了一部内容丰富、资料详实的鸿篇巨制，成为1949年以来关于三峡乡土建筑艺术研究的重要成果，有着十分重要的史料、学术价值。另外张良皋、赵万民、黄勇、吴晓等学者对于三峡城镇形态的演进、民居构架的嬗变、建筑技术的发展都有深入的研究，其研究成果散见于报刊杂志。笔者近十余年以来发表了有关三峡民居的论文十余篇，也属于三峡库区民居抢救、保护及开发利用研究方面的续薪之作。

综上所述，从目前国内学界对传统古镇、古村落或古民居研究的总体情况来看，在建筑学、艺术学、历史学以及人类文化学等方面的研究成果较为丰富，而从开发利用及旅游学层面进行的讨论则相对薄弱。尤其是对于三峡地区民居的研究，因三峡工程的原因几乎大都集中在抢救、保护等方面，偏重于资料收集整理保存和各学科的学理总结，涉及到开发利用的理论专著处于空白，论文也数量有限。哪怕是像季富政先生《三峡古典场镇》这样的大部头著作，也未涉及三峡乡土民居建筑开发利用的内容。因此，在"后三峡工程时代"对于库区民居资源开发利用的研究，仍然是一个十分必要的课题。

二、本课题研究的意义及拟解决的问题

本课题研究以充分的调查研究为基础，通过梳理三峡民居发展的历史脉络及其在不同的历史时期变化演进的形态与建筑特征，在揭示其历史、文化、社会、审美价值，总结其建筑、艺术、技术成就的基础上，建构"后三峡工程时代"对其进行旅游开发利用的可行性对策及其开发方略，促进对库区民居资源的合理、全面的保护及其开发利用，推动库区经济社会可持续发展。本课题研究的意义及拟解决的问题如下：

（一）研究的意义

1. 理论意义

三峡民居发展演变有数千年的历史，其背山面水的山水特征及其绚丽多姿的建筑形态，在我国民居建筑史上独树一帜。其历史文化、建筑美学价值不言而喻，这方面的研究成果相对较多。本课题另辟蹊径，以新的角度来观察、研究三峡库区民居。其理论创新意义在于：以总结三峡民居的历史、人文价值及建筑艺术成就为前提，让人们知道三峡民居从哪里来，是什么形状，有何特色，应如何欣赏，从而，进一步以旅游学的视角来评价、解析三峡民居，从开发利用的角度来研究、阐释三峡库区民居资源的保护和发展，建构其旅游开发的学术体系，从理论上激活库区民居资源的旅游价值功能，为其全面开发利用提供学理依据。

2. 实践意义

第一，通过对三峡大坝蓄水后，库区旅游业面临的机遇与挑战的分析研究，论证民居资源在"后三峡工程时代"库区旅游产品开发中不可代替的作用，阐述对其开发利用的社会意义与经济意义，提出开发的具体对策与措施，促进库区各区域政府尽快携手合作，对域内民居资源进行统筹规划、合理开发，使其资源优势尽快转换为产品优势，以尽快实现国务院五部委制定的《长江三峡区域旅游发展规划纲要》中所提出的把三峡区域建设成"世界级旅游目的地"的目标。

第二，通过研究，进一步传播三峡地区内涵丰富而独具特色的居住文化，展示该地区民居资源与众不同的文化魅力与审美意趣，提高知名度，把三峡民居打造成库区新一轮最具文化含量的特色旅游吸引物，进一步拓展三峡库区旅游市场；同时，其研究成果也为游客提供了了解三峡历史，探究三峡文化的文字及图示参考。

（二）拟解决的问题

本课题对于三峡民居资源的研究，主要解决以下四个方面的问题：

1. 对三峡民居的价值认识问题

长期以来，不管是官方还是民间，都对三峡民居的价值认识不足，以至于造成这种珍贵的资源被束之高阁，无人问津。事实上，三峡民居所蕴含的历史文化、建筑文化、民俗文化以及移民文化等方面的信息非常丰富，要了解三峡历史文化，认真解读三峡民居就是一条十分便利的捷径。正因为三峡民居是一种内涵丰富的历史文物，由此衍生出其非常独特的观赏性、体验性、休闲性、审美性及研究性价值等。因此，对三峡民居的价值认识就有两个方面，第一是历史文化、建筑美学价值，第二是旅游观赏价值。

第一，历史文化、建筑美学价值。这是三峡民居最本质的价值。三峡民居作为三峡地区为数不多的历史沉淀物，蕴含着有史以来峡区物质文明与精神文明的丰富信息，是三峡社会物质文化与非物质文化的总代表，张良皋先生认为其是三峡地区"巴楚文化的活化石"。[①] 因此，当三峡民居面临淹没的危险之时，社会各界高度关注，国家不惜投入巨资进行抢救。本文的上半部"三峡民居概览"主要研究解答以下这些方面的问题，即：通过第二章"三峡民居溯源"，分析三峡民居的源流问题；通过第三章"三峡聚落的演变城镇选址"、第四章"三峡城镇的空间形态"、第五章"三峡城镇街道的空间构成"等，廓清三峡民居聚落的发展演变与峡区城镇的关系，以及城镇空间形态结构等问题；通过第六章"三峡民居的建筑特征"，阐释三峡民居的面貌与风格问题；通过第七章"三峡民居的构筑技术与材料应用"，揭示三峡民居的营建工艺以及材料选择问题；通过第八章"三峡民居的精神特质与文化内蕴"，解析三峡民居的人文精神与审美特征问题，等等。

第二，旅游观赏价值。传统民居的旅游价值是由其历史文化、建筑美学等方面的价值派生出来的附加价值，与现代旅游业发展有着密切关系。三峡地区是国家级5A级旅游景区。三峡的峡谷风貌神奇壮丽，一直是吸引游客的最大标杆，"皇帝的女儿不愁嫁"，因此在三峡工程建设之前，三峡民居的旅游价值并没被激活。

然而，随着三峡工程的尘埃落定以及库区旅游环境的改变，库区旅游业已经进入调整转型期，库区民居的不可多得的旅游休闲价值及巨大的经济价值将越来越凸出，旅游开发势在必行。因此，本文第十章从四个方面对此进行了分析研究，力图阐明库区民居资源不可估量的旅游价值

[①] 张良皋. 吊脚楼——土家人的老房子[J]. 美术之友，1995，23（4），第28页.

和经济价值。

2. 三峡库区民居旅游现状问题

三峡库区地处内陆腹地，是鄂渝湘黔四省（市）交接的峡谷山地比较贫穷的地区。长期以来，这一地区交通闭塞，可耕种土地面积少，工业落后，人民的生活水准低下。改革开放之后，在国家的支持以及各级政府的推动下，沿江各地借助三峡特有的地域风光和人文环境发展旅游业，经济生活才出现转机，呈现前所未有的兴旺势头，民众的生活也得到了较大改善。因此，旅游业不仅是三峡地区经济腾飞的发动机，也是这一区域社会发展的支柱性产业。

但是，三峡大坝的蓄水彻底改变了峡区的山水面貌与人文环境，峡区旅游业面临前所未有的的挑战。在这种情况下，改变思路，顺应环境，因势利导，开发新的旅游产品，才能把握先机，立于不败之地。三峡地区民居资源丰富，大坝蓄水之后，虽然部分被淹没，但没有被淹没的资源还很多；而且，即使是处于淹没线之下的民居，也有很多被搬迁重建。开发利用民居资源，重塑库区旅游产品形象，是一条十分便捷、前景可观的可选之路。然而，从笔者考察的情况看，现状并不乐观，三峡库区民居旅游面临诸多问题：首先，库区传统民居资源分散，难以形成合力；其次，大部分有价值的民居资源没有得到有效的开发利用，处于一种闲置状态；第三，即使已经开发出来的民居旅游景点，也未能打造成真正有影响力的民居旅游品牌，民居旅游只是其他旅游产品的附属物，零打碎敲，难以形成规模化市场；第四，管理者和经营者对民居旅游的价值认识存在误区，习惯于过去"山水观光游"的老套路，对民居旅游缺乏热情。这些，都成为制约库区民居旅游市场发展的不利因素。本文第十一章对此问题作了专题分析。

3. 三峡库区民居资源开发的可行性问题

三峡民居资源分布在库区600多公里的长江沿岸及其支流腹地山区，各地的地理条件与区域环境千差万别，要对这些不同的资源进行整合及旅游开发，是否具有可行性？这是一个必须探讨与问答的重要问题。根据国家旅游局、国务院三峡办、国家发展改革委、国务院西部开发办、交通部、水利部关于《长江三峡区域旅游发展规划纲要》的精神，经过数年的建设，应力争"将三峡旅游建设成以新三峡为品牌，以自然生态观光与人文揽胜为基础，以休闲度假和民居、民俗体验为主体，以可靠探险和体育竞技为补充，融生态化、个性化和专题化为一体，具有国际影响力、竞争力的可持续发展的世界级旅游目的地[1]。"在这份《纲要》中，民居、民俗旅游占有主体性地位，

---

[1]《长江三峡区域旅游发展规划纲要》https://wenku.baidu.com/view/bafc964ab8d528ea81c758f5f61fb7360a4c2bd4.html.

是三峡区域今后旅游发展的最为关键的项目。长江三峡库区是一个地跨重庆、湖北两地的大区域，要实现《纲要》所规定的"世界级旅游目的地"目标，两大不同的行政区域必须通力合作，实现资源、市场、人才共享，其中包括对民居资源的统一规划、统一部署、共同开发。三峡库区民居资源的分散性、差异性和异域性决定了对其开发的多区域合作性。当前，库区各地虽然归属的行政管辖区域不同，但在旅游资源利用、旅游市场开发、旅游客源组织及旅游线路安排等方面却形成了一个旅游经营共同体，你中有我、我中有你。在这一背景下，库区民居资源完全可以共同开发、共同管理和共同经营。本文第十二章从旅游市场的发展、资源保护、综合环境、社会文化等不同侧面进行了系统分析，以期全面解析库区民居资源开发利用的可行性。

4. 三峡库区民居资源开发的对策问题

为了实现对库区民居资源的全面利用和整体开发，选择什么样的开发手段与对策十分关键。针对三峡民居资源进行旅游开发实际上是一个跨省区、跨地域，涉及到旅游、环保、交通、文物、建筑、规划设计、服务等多种行业与多个部门的系统工程。笔者通过调查研究和思考，在本书中提出了九个方面的开发对策与措施建议。即：①打破界线、整合资源；②规划先行、分步开发；③加强基础、优化环境；④融入整体、组合开发；⑤拓宽渠道、多元融资；⑥完善制度、规范管理；⑦培养人才、建设队伍；⑧打造精品、创建品牌；⑨加强营销宣传、提升知名度等。上述九个方面的对策，实际上是对库区民居资源开发的一套策略系统，从宏观到微观，都有比较详细的实施方略和措施安排，如果能按此实施，将能全面完成对三峡库区民居资源的完整开发和旅游产品的建构，实现库区民居旅游的跨越式发展。

综上所述，进入"后三峡工程时代"，库区旅游发展有机遇，也有挑战；库区旅游业如果能抓住机会，抢占高地，就能变挑战为动力，迎来旅游发展的新天地。在当代知识就是经济、文化就是力量的大背景下，以及库区旅游变换转型的新环境下，引领三峡库区旅游先机的一定是那些知识含量、文化内蕴十分丰富的旅游产品。从发展的眼光看，三峡民居旅游具备这样的天然条件，因为只有三峡民居才具有本地区深厚的文化载荷。早在20多年之前，我国著名学者于光远就指出："旅游业是经济性很强的文化事业，又是文化性很强的经济事业。"[1]如果把旅游当作纯粹的经济事业来做，最后的结果一定会适得其反。因为从本质上讲，旅游是消费者对异地景物的一种愉悦经历和文化体验，旅游者对于消费的希望值主要体现在对异域文化的体验和了解上，换句话说，旅

①曹诗图.中国三峡导游文化序言，梅龙.中国三峡导游文化[M].北京：中国旅游出版社，2011.1.

游是一种跨越地域的文化交流。[1]所以，旅游经济说到底是一种文化经济，旅游产品开发实际上是一种文化开发。三峡地区历史悠久，文化丰富灿烂，但大坝蓄水之后，通过哪些具有本地特色的产品来向旅游消费者传递三峡的悠久历史和灿烂文化，使他们在库区的观赏体验中能感受到这种文化的体验与愉悦呢？除了那些为数已经不多、还没被完全淹没的自然景物以及神话传说之外，难道"三峡民居"不是最合适的产品选择吗？可以说在当前形势下，对于库区民居资源旅游开发不是可不可能的问题，而是势在必行、迫在眉睫。因此，本课题的研究恰逢其时，其成果完全可以作为库区民居资源开发的理论依据和过程实施的策略手段。这正是本课题研究的目的和意义所在。

---

①曹诗图.中国三峡导游文化序言,梅龙.中国三峡导游文化[M].北京:中国旅游出版社,2011.1.

上篇 三峡民居概览

第一章
三峡的概念、地貌成因及气候特征

　　民居作为一种古老而年轻的建筑形态，其形成、演变和发展，是人类的生存状况与所处的地域环境相互作用的结果。三峡地区作为一个特殊的地理单元，其与众不同的地貌特征和气候环境，是孕育这一区域绚丽多姿民居建筑艺术最基本的条件之一。因此，廓清三峡区域的地理概念，探寻峡区地貌形成的历史缘由，了解三峡地区的气候特点，是认识三峡民居艺术的第一步。

第一节　三峡的概念

"三峡地区"，作为一个专用的区域地理概念，有狭义和广义之分。从狭义上看，长江三峡是对瞿塘峡、巫峡以及西陵峡三大峡谷的总称，东起湖北宜昌市，西至重庆市奉节县，横跨夷陵、秭归、巴东、巫山、奉节等地区，长度约为193余公里。这一区域地质结构复杂，高山连绵、峡谷纵横，地势险峻，素有"川鄂咽喉"之称，是长江三峡的核心区域。（图1-1）

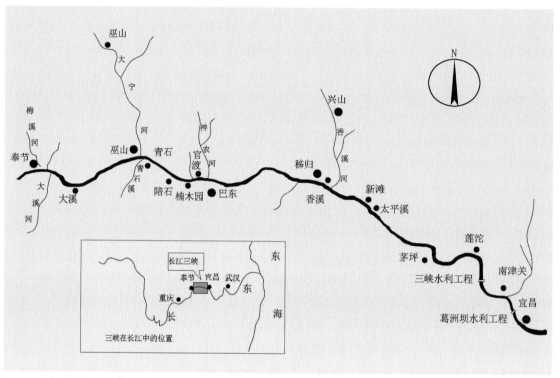

图1-1　三峡区域位置示意图[①]

从广义上讲，长江三峡地区则是指上自重庆、下迄湖北宜昌的广大地区。它包括了湖北省宜昌市的夷陵区、秭归县、兴山县，恩施自治州的巴东县和重庆市的巫山、巫溪、云阳、开县、万州、忠县、涪陵、丰都、武隆、石柱、长寿、渝北、巴县、江津等区、县。

"三峡库区"，作为一个新出现的现代地理概念，系指长江三峡水利枢纽工程建成蓄水之后，三峡地区形成的从湖北宜昌三斗坪至重庆市江津区总面积达1180平方千米的淹没区。三峡大坝蓄水至175米高度，回水抵达重庆江津猫儿沱，三峡地区就成为一个特大型人工水库，水库总长度为663公里，库岸总长度5930公里，被淹陆地总面积为632平方公里，直接受影响的区域共计20个县（市、区），基本上包括了上述长江三峡的所有区域，地域面积约5.8万平方公里，移民人口超过百万。（图1-2）

①图片来源：季富政，三峡古典场镇 [M]. 成都：西南交通大学出版社，2007.

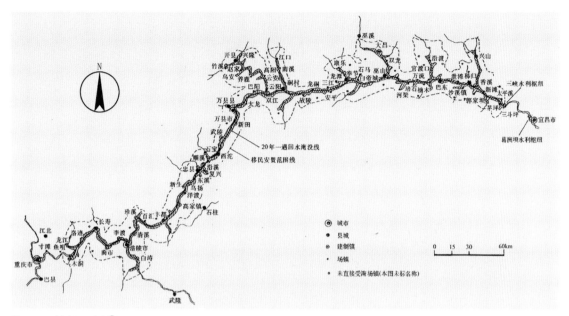

图 1-2 三峡库区示意图[①]

近年来，在区域经济和旅游业发展的推动下，人们又提出了"大三峡区域"的概念。所谓"大三峡区域"，是指从自然地理与人文地理角度划分的三峡区域概念，是对长江三峡及其周边辐射地区的总概括，其区域范围基本囊括了重庆市和湖北省西部（宜昌市、恩施土家族苗族自治州、神农架林区等）广大地区，面积达14万平方千米，人口约4090万。

第二节 三峡的地貌成因

一、地理特征

三峡地貌类型复杂，变幻莫测；高山峡谷，沟壑平坝，差异显著。从我国地势整体观察，三峡地区处于我国第二级阶梯的东部边缘地带，在地质构造上处于大巴山断褶带、川东褶皱带和川鄂湘黔隆起带三大地质构造单元的交汇处；西高东低，地形以山地、高原为主，海拔多在500~1500米之间；西连华燕山地及四川盆地，东接江汉平原，大巴山脉横贯西北部，武陵山、大娄山的余脉斜贯南部；中部为巫山山脉横断。根据峡区地貌形态划分，奉节以东属鄂西高山峡谷区，以西属川东平行岭谷低山丘陵区；西南部高原属于云贵高原东北的一部分，西部丘陵、平原属四川盆地东缘的一部分；东部平原属江汉平原西缘的一部分。域内地势巍峨险峻，山多，少平地，山地约占64.1%，丘陵约占27.4%，平地(含平原、盆地及河谷阶地)约占8.5%，地表高差悬殊，最高处神农顶海拔高达3105.4米，最低处枝江市的杨林湖海拔仅35米，地势差异非常显著。地形的整体态势以长江为界，东部地区北高南低，西部地区南高北低。（图1-3）峡区内峡谷密布，支流众多：著名的峡谷有长江大三峡（瞿塘峡、巫峡、西陵峡），长江小三峡（猫儿峡、铜锣峡、明月峡），以及大宁河小三峡，嘉陵江小三峡，清江三峡等；较大的支流有清江、香溪、大宁河、梅溪河、汤溪河、龙溪河、小江、乌江、御临河、嘉陵江等。

---

①图片来源：赵万民，三峡工程与人居环境 [M]. 北京：中国建筑工业出版社，1999.

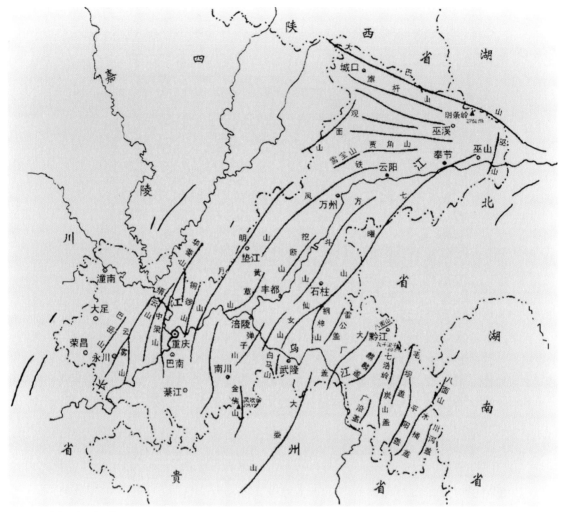

图 1-3　渝东山脉分布图[①]

二、地貌形成的原因

　　三峡地区在地质上属于典型的褶皱山区。地质学研究表明，三峡地形地貌是在这一地区地壳间歇性抬升、河流下切以及长江两岸石灰岩不断溶蚀的综合作用下经过长期的地质变迁形成的。远古时期，长江流域西部地区是一个水域非常辽阔的大海。在距今2亿至7000万年前，这里经历了两次大规模的造山运动，地质学上称之为印支运动和燕山运动，造山运动使三峡地区的地壳隆起，形成了著名的瞿塘峡、巫山、黄陵三背斜。（图1-4）三背斜的东西两坡沿山脉发育的河流，各自形成互不相通的反向水系；直到距今大约3000万年前的喜马拉雅造山运动时，我国西部地势升高，中部及东部地势下降，背斜两侧的河水，在河流下切和溯源侵蚀中互相靠近，最后切穿三个背斜，慢慢连接，在数千万年的地质演变中，河床下切了1000多米，由坚硬且具可溶性的石灰岩类组成的山谷，在水流沿垂直裂隙不断溶蚀、搬运的作用下，最终贯通成一条滚滚奔腾东流的长江。大江两岸幽深陡峭、神秘莫测的河谷山地，是地壳板块碰撞以及数亿年地质侵蚀变幻的结果。

①图片来源：黄健民，长江三峡地理 [M]. 北京，科学出版社，2011.

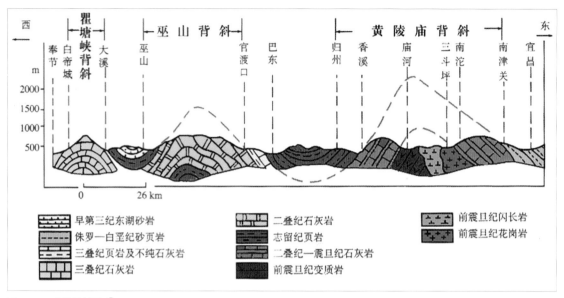

图 1-4　三峡地质剖面图[1]

第三节　三峡的气候特征

　　长江三峡地处内陆山区，属于亚热带季风气候，冬春温润，夏秋多雨；同时又受区域内特有的地形地貌影响，本地气候垂直变化十分明显。海拔 400 米以上空气流动量大，气温低；海拔 400 米以下的沿江河谷地带不仅温暖季节长、霜冻少，而且冬季最冷时气温也不低于 -5℃，夏季最高温度可达 40℃，个别年份甚至超过 43℃。长江两侧城市的年平均气温大约为 15℃。重庆是沿江城市中气温最高的，年平均气温高达 18℃，被誉为长江沿岸的"三大火炉"之一。

　　三峡地区气候的另一特点是雾多，一年之中，有雾的日子几乎要占到三分之一。重庆是有名的雾都，年平均雾日达 100～150 天，最多时曾达到 205 天；万县市每年雾日也在 40 天左右；而奉节至宜昌段，因受峡谷阵风的影响，雾日较少，如秭归年雾日不过 7 日。

　　三峡地区雨量充沛，空气湿度较大，气压低，常年日照偏少，阴天多。除了少数特殊干旱年份之外，一般年平均降水量在 1000～1400 毫米之间，但在时空上分布并不均匀。以万县地区为例，春季降雨量为全年降水量的 29%，夏季占 39%，秋季占 27%，冬季仅占 5%。[2]

　　三峡库区形成之后，由于库区是一个典型的河道型水库，对周围的气候有一定的调节作用，但影响范围不是很大。库区对温度、湿度、风速、雾日的影响范围，两岸水平方向不超过 2000 米，垂直不超过 400 米。近年的测试数据显示，库区内年平均温度变化不超过 0.2℃，冬春季月平均气温可增加 0.3～1℃，夏季月平均气温可降低 0.9～1.2℃，极端最高温气温可降低 4℃左右，极端最低气温可增高 3℃左右。[3]（图 1-5）

①图片来源：黄健民，长江三峡地理 [M]. 北京，科学出版社，2011.
②季富政：三峡古典场镇 [M]. 西南交通大学出版社，2007，第 16 页 .
③龙梅：中国三峡导游文化 [M]. 中国旅游出版社，2011，第 40 页 .

图 1-5　三峡环境与地貌结构图

第二章
三峡民居溯源

　　本章从源头到流变，从初始到发展，以考古材料为依据，从历史文化的角度在宏观上对三峡民居的源流及其发展脉络进行梳理，包括对三峡地区远古民居、先秦民居、秦汉民居、唐宋民居、明清民居、近现代民居等各个时期的建筑形态进行回溯探讨，进而揭示在不同历史时期三峡民居的不同的发展状况与构筑特征，阐释其在不同时期所展现的人文风貌。

第一节　原始人类的居住形态

山高坡陡、地势险峻、水流湍急、环境封闭，是三峡地区最为显著的地理特征。然而，这里气候适宜，雨水充沛，植被茂密，物种繁多，有人类生存所需的丰富资源。考古证实，远在200万~300万年前，三峡巫山地区便有原始人类活动的足迹，亦形成人类早期的居住形态。

一、旧石器时代峡区古人类的居住状况

20世纪80年代巫山猿人的发现，证实三峡地区是中华文明的发祥地之一，早在数百万年前，就有华夏古老先民在这里生息繁衍。综合史料及考古分析，远古时期的峡区古人类居往状况主要为两种形式：

第一，"穴居"。穴居是远古时代原始人类最主要的居住方式之一。所谓"穴"一是自然形成的山洞或地洞，二是挖洞。人类在生产力落后的蒙昧时期，洞穴无疑是最容易建造的住所。这种住所避虫避灾，冬暖夏凉，不仅广泛出现在北方干旱地区，南方也有遗迹可循。《春秋命历年》记载："古之民，未知为宫室时，就陵阜而居，穴而处……"可见，穴居是我国古人类的一种较为普遍的居住方式。三峡地区继"巫山猿人"之后，在秭归境内又发现了"玉虚洞穴遗址"，证实了在旧石器时代，在洞穴里栖身，也是峡区早期原始人类的生活方式。

第二，"巢居"。三峡地区潮湿、多雨、多树，猛兽虫害众多，因此，在树上居住，也是当地古人类应用较广的一种居住形态。20世纪末期，考古工作者在该区域调查时发现，其域内及湘西北平缓地带，存有大量旧石器时代早期及中期原始人类的巢居遗迹。这些遗迹与我国古文献中所记载的"古者禽兽多而人民少，于是民皆巢居以避之""上古之世，人民少而禽兽众，人民不胜禽兽虫蛇，有圣人作，构木为巢，以避群害……曰有巢氏"[1]基本一致。正如恩格斯指出的那样，人类的幼年时代，生活在热带或亚热带的森林之中，他们至少是部分地住在树上，只有这样才可以说明，为什么他们在大猛兽中间还能生存[2]。三峡地区符合以上描述，在一些树木繁茂、地势较平坦之地，早期人类为了生存，他们一般选择在树上构巢居住，以保证生命安全，避免地面潮湿和虫蛇猛兽的袭击。

到了旧石器时代中后期，三峡地区除少数原始人类仍然在山洞里居住以外，大部分原始人类逐步迁往丘陵和平原地带生活。20世纪90年代，在三峡及两湖西部地区的一些缓坡、丘陵乃至平原地带，考古工作者发掘出了众多属于旧石器时代中期及以后的远古人类遗址，如：重庆地区的马王场、九龙坡，铜梁西廓水库、丰都烟墩堡等地；这些遗址均处于平地，附近没有发现山冈和山洞，这可以断定生活在此地的古人类居住在树上。由此推测，到了旧石器时代晚期，以树筑巢仍是古人类主要居住方式之一。不过，这一时期，在地面上开始出现一些用树木和茅草搭建窝棚而居的现象（图2-1），树上筑建的棚架也比早期有了明显的进步（图2-2）。

---

①韩非子·五蠹.
②恩格斯：家庭、私有制和国家的起源，马克思、恩格斯全集第21卷 [M]. 人民出版社，2006.

图 2-1　远古时代的窝棚

图 2-2　三峡地区远古先民的巢居图

综上所述，在旧石器时代相当长的历史时期内，三峡地区高山丘岭地域的原始人类多以洞穴为居，特别是早期，这种现象更加明显；而活动在三峡地区的江、河、溪等沿岸的缓坡、平坝以及西陵峡出口周边丘陵和平原地带的一些原始人类，为了防备毒蛇猛兽的侵扰袭击，他们就地取材，多在树上搭盖一些简陋的"棚架"为居，后期有些地方出现在地面上搭盖一种茅草"窝棚"来作为栖身之所（图 2-3）。

综观三峡地区古人类的早期居住场所，尽管建造得极其原始与简陋，但毕竟具备了房屋建筑的雏形。正是由于这些早期居住建筑的初始形成和不断改进，三峡民居的原生胚芽得以为其后世的发展奠定了基础，当历史行进到新石器时代时期，即演变出了三峡地区最原始的"干栏式"与"筑台式"建筑样式。

图 2-3　三峡地区古老的草顶民居

二、新石器时代峡区古人类居住状况

新石器时代是三峡地区文化大发展的时代，以三峡区域为中心的民居形态也有了长足进步。建国以来，在三峡地区的历次考古发掘中，大量新石器时期的文化遗存被发现，尤其是在新石器时代中期及中期以后的遗址中，房屋建筑遗迹资料极为丰富，从中可以窥见三峡古代民居建筑的发展变化之一斑。

（一）大溪文化遗存

"大溪文化"是三峡地区特有的远古文化形态，所涵盖的范围相当广泛，因其源起于重庆巫山大溪镇而得名。20世纪50年代至70年代，考古工作者在巫山县长江南岸的大溪镇大溪河畔，发现了数百座新石器时代的墓葬群，并伴有大量的随葬品，大溪文化由此名噪一时。经过考古测算，大溪文化的时间年代大约在公元前3000～公元前4000年之间，相当于新石器时代中期。该文化的影响范围遍布于川东、鄂西、湘北、贵东等广大地区。从发掘出的弓箭、石斧、石叉、石锄等生产工具分析，大溪人以渔猎为生存的主要手段，同时也进行部分农业生产活动。其生产工具与旧石器时代相比，有了明显的改进。

三峡地区已发现的属于大溪文化的遗存十分丰富，且分布广泛，但大部分出自瞿塘峡以东地区，瞿塘峡西部地区遗存发现较少。截止三峡大坝蓄水前，在瞿塘峡东部地区发掘出属于大溪文化的遗存近百处。在这些遗址中，很大部分都有规模不等的房屋建筑遗迹，构屋材料与基础痕迹清晰可辨，为我们研究新石器时期的三峡地区的居住形态提供了难得的实物依据。

1. 中堡岛古民居

为了配合"两坝"（葛洲坝和三峡大坝）建设，20世纪70年代末到90年代中期，考古部门对宜昌市西陵峡口中堡岛上的古代遗址进行了多次抢救性考古发掘，发现了大量大溪文化堆积层，而这些文化遗存中有房屋建筑遗迹的多达20余处。在这些建筑遗迹中不仅清理出了大量的建筑墙壁崩塌下来的红烧土，同时还发现了古人用于建房的许多柱洞和沟槽遗迹（图2-4）。

遗迹中的沟槽大都围绕在建筑区域外围，顺向长江与内河方向，分布于住区遗址的四周；沟槽长短不一，其中最长的约60米，宽0.3～0.5米，深0.6～1.10米。据此分析，这些沟槽可能是建筑周围的排水沟。有的沟段内发现有人工夯筑过的痕迹。

在遗迹中发现有大量成排的柱洞，分布于临江边斜坡地段，根据柱洞的排列方式和位置分析，应是峡区早期干栏式建筑遗迹。从文献及考古资料综合分析，这种原始的干栏建筑在峡区沿江斜坡地带都有，建造也不复杂，房屋十分简陋，但能

图2-4　古老的草顶民居

够适应复杂地形。古人类多是在坡地上凿出成排的柱洞，然后将木柱插入柱洞中。房屋的一边建在斜坡高处，低端一边则由立柱与高端延伸出的横柱连接捆绑，四周也用木头绑缚围合，将整个房架连接成一个整体，再盖上草顶，围上茅草、树枝或者竹子之类作为墙壁，就成为一座原始的干栏建筑。房基遗址中的红烧土块，应是墙体坍塌遗落所致（图2-5）。[①]

2. 清水滩古民居

20世纪末期，人们在宜昌清水滩大溪文化遗存的建筑遗迹中发现大量的墙壁坍塌后存留下来的红烧土块，让人们感到惊奇的是在这些红烧土块上有明显可

图2-5　早期干栏式民居

---

①三峡坝区考古取得丰硕成果[J].中国文物报,1994,第2期,第20页.

辫的竹片、竹条、木条编织的痕迹。这就是说，早在新石器时代，峡区古人类在建房时就开始使用竹编或木条编夹泥墙技术。

3. 关庙山古民居

关庙山位于西陵峡出口长江北岸约70千米处。20世纪70年代，考古工作者在这里清理出房基10余座。房屋为长方形或方形，多筑于地台上，有大、中、小三种规格，房屋面积30～70平方米。房屋室内有红烧土铺地痕迹，墙面用草拌泥抹平，墙基内有圆形柱洞；房子中间一般设有火塘，有些火塘间还用隔墙隔开；室外有散水，并设有门道、门槛出入。依据墙壁和柱洞排列的形状判断，这些房为坡式屋顶结构，屋面呈东西走向。这类房屋应属于峡区早期筑台式建筑。

综上所述，在大溪文化时期，三峡地区的人类居住房屋有了很大进步。人们已经开始走出地穴或从树上下到地面，建造自己居住的房屋，如中堡岛遗迹中的干栏建筑的出现，以及清水滩竹编夹泥墙的发掘，证实三峡地区民居形态出现了质的进步。不管这些原始的房屋是如何粗糙，但从洞穴、树上到地面，运用双手营建住所，这就是峡区人类文明的开端。

当然，峡区民居的演进是缓慢和不平衡的，这一时期仍然还有一些原始人类以洞穴为居，如人们在巫山西南大脚洞中发现了大溪文化时期人类在山洞里居住过的遗迹，洞内遗存大量陶器、骨器以及当时人们用火后遗留下来的灰烬和炭屑；另外，在西陵峡南岸的长阳榨洞、巴山洞中也发现大批大溪文化时期石器与陶器和居住痕迹，证明这两处洞穴也是新石器时期人类的居住场所。[①]

（二）屈家岭文化、龙山文化遗存

到了新石器时代晚期，三峡地区居住建筑有了进一步的发展。从考古发掘的建筑遗存来看，在三峡地区，属于新石器时代晚期的居住遗址不仅比早期和中期的数量多，而且规模也要大。三峡地区新石器时代晚期的屈家岭文化、龙山文化遗存中的房屋建筑遗存就是这一时期的代表。

1. 屈家岭文化中的古民居

屈家岭文化主要分布在西陵峡地区的宜昌杨家湾、清水滩、中堡岛等地区。资料分析表明，从屈家岭文化时期诸遗址中发现的房屋建筑遗迹，基本上与该地区新石器时代中期大溪文化遗存中发现的房屋建筑遗迹形式相似，但房屋的建筑规模却要大得多（图2-6）。宜昌市中堡岛屈家岭文化遗址地层中发现的房屋建筑遗迹就是最好证明。

1993年11月，人们在中堡岛西区屈家岭文化遗址的地层中清理出了大片建筑房屋墙体后遗落下来的红烧土块，同时还清理出了部分房屋基址的残存地面。有一处房屋地面较平整，系用红烧土铺垫，厚0.08～0.15米。从红烧土迹象看，整个烧土层呈斜坡状堆积而成，北端（临江处）低，南端高。房屋面积较大，超过100平方米。揭开红烧土层后发现房屋柱洞50余

图2-6　古老的草顶民居

①黄万波、方其仁：巫山猿人遗址 [M]. 北京：海洋出版社，1991，第 180 页.

个，柱洞直径多为0.15～0.25米。尽管该房屋遗迹已严重破坏，但从红烧土的覆盖面积和柱洞的分布范围来看，这栋房屋的建筑有相当大的规模，布局也开始有层次，应为多人居住的住宅。

另外，从红烧土呈斜坡堆积分析，这处房屋应为半悬空干栏式建筑结构，其规模不仅比大溪文化时期大得多，而且结构技术也有较大改进。从房屋基址状态分析，该房屋建造时是先将南端高处地面修整平坦，在北端低处斜坡石面上凿洞，栽立木柱，然后用数根木柱由南向北横向排列伸出，并与立柱牢固绑结（峡区干栏建筑结构早期多用藤条、树皮等物绑结，后来随着技术的进步，逐渐变为榫卯结构）在一起，并大致上与高处一端修整平面的基址保持在一个标高面上。这样，该房屋也就形成了两种建筑形式，南端高处的房屋直接建筑在基地上，为"地面建筑"，而北端低处的一半房屋悬空为一种"吊脚楼"建筑。这种一半坐地、一半悬空的半干栏式建筑形态在长江三峡地区新石器时代晚期遗址中开始出现并流行，从规模与数量上看，说明这种结构灵活、能适应不同地形环境的建筑形式得到了峡区民众的普遍认同。

此外，在屈家岭文化时期遗存中，还发现一些平缓地带有筑台建房的痕迹。因此，可以说这一时期房屋建筑也是两种形式并存：其一，在居址较平缓的地方，建筑形式为地面台式建筑；第二，在斜坡尤其是长江三峡及其一些支流沿岸的坡地，建筑形式则为前面悬空、后面坐地的干栏式建筑。

2. 龙山文化中的古民居

龙山文化也是三峡地区新石器时代晚期的文化形态之一，属于龙山文化的遗存中，基本上都有这一时期古代先民们建造房屋的遗址，如建筑台基、墙壁坍塌遗迹，柱洞、门道遗迹等，但总体来看较为零散，完整的房屋建筑遗址不多。从目前出土的资料来看，只有湖北宜昌当阳季家湖与西陵峡白庙子两处遗存的房屋建筑遗址较为完整。

（1）季家湖遗迹

图2-7 圆屋顶民居

季家湖遗址位于西陵峡出口长江北岸75千米处。20世纪70年代末，在龙山文化遗址的地层中清理出一座半地穴式的房屋。该房屋建筑由门道、房室、平台三个部分组合而成。

房室分上、下两层：下层居住面处于地下，室内地面用一层约0.1米含细沙的白膏泥筑成，不仅结实平整，而且干燥防潮，房室中还发现有四件日用陶器；上层居住面与室外地面处于一个平面，地面上有褐色堆积层，堆积层中夹有一些陶片、兽骨和小型石器等物品。

室外有一平台，位于门道北侧，呈长方形，长宽约2.5×1.5米，比房屋上层内居住面高0.07米，系用纯净黄土筑成，台面平整，台面上的堆积与室内上层堆积相连。[①]（图2-7）

---

①湖北省博物馆：湖北当阳季家湖新石器时代遗址 [J]. 文物资料丛刊，第10辑．

（2）白庙子遗迹

白庙子遗迹位于长江西陵峡的南岸，20世纪80年代在这里清理出龙山文化末期的房址两座，一座为地面筑台式建筑，另一座为干栏式建筑。

筑台式建筑筑于一长方形低台上，面朝西南方向，房基边缘用石块垒砌而成。在房基面上覆盖有大量的红烧土，局部地方还保存有红烧土墙壁遗迹，可见基面上的红烧土为墙壁坍塌所致。台基的侧面发现有残留下来的柱子洞。房基东南至西北长约6米，西南至东北宽约4.25米。[①]

干栏式建筑位于一由南向北倾斜的坡地上，房基内及附近没有发现红烧土，只见有残存的4个呈四角分布的柱洞。柱洞附近地面坚硬，地基呈浅灰色硬土。柱洞直径为0.2～0.25米，深0.15～0.2米。房屋建筑在断岩下北部临江处的一平地上，断岩高约2.5米。从这一地形观察可知，当时人们的活动场所主要是断岩的上部，北部断岩下由四根木柱承起，形成吊脚支撑结构，约在高2.5米处构成楼面，楼面的高度正好与断岩上的坡地相连结成了一个平面。这种房屋建筑形式与我们前面介绍的在中堡岛西区屈家岭文化遗存中发现的房屋建筑形式相同，只是白庙子遗存中的房屋建筑"吊脚楼"的高度比之要高出许多。

依据上述资料，三峡地区龙山文化时期的原始人类在住宅房屋的建筑形式上大致可分为三种类型：第一类为地面筑台式建筑；第二类是前面悬空、后面坐地的半干栏式建筑；第三类是零星的半地穴式建筑。建筑以前面两类居多，第三类较为少见。前两者应是该地区大溪文化、屈家岭文化时期原始人类房屋建筑的发展和延续，而后者半地穴式建筑可能是受了中原地区建筑形式的影响所致。因地理、气候环境的关系，半地穴形式房屋在三峡地区乃至整个南方地区都只是局部存在，没见大面积流行。

通过对长江三峡地区早期人类居住建筑遗迹资料的考察与梳理，我们可将整个远古时期人类居住情况分为两个阶段。

第一阶段：旧石器时代（距今约200万年至1万年）。此阶段为人类发展的幼年时期。这一时期，三峡地区原始人类多以"洞穴"或"树上构巢"为居，至旧石器时代晚期，人类逐渐从"穴居""巢居"方式向宽阔地带迁徙，并开始在地面搭建窝棚。

第二阶段：新石器时代（距今约1万年至4000年左右）。这一阶段，三峡地区的古人类大都以捕鱼狩猎为生，因此，靠山、逐水居住成为必然，峡区沿江两岸及其河、溪支流坡岸腹地，逐步出现大量早期房屋建筑。限于三峡地区特殊的地理环境，除了较为平坦的场坝、滩地、丘陵地区适应建造地面筑台式建筑以外，峡区古先民创造出了一种结构灵活，能适应环境的半干栏式建筑，亦名"吊脚楼"。这种半干栏式民居直接来源于"巢居"，但与我国西南地区的全干栏建筑有一定区别，建筑前部悬空，后部坐地，与地形完全融合，体现了三峡古先民非凡的创造精神。

峡区早期人类究竟是如何构屋的，他们建造的房屋是何种形态样式，由于年代久远，实物与资料无存，我们很难模拟出其真实的模样，但根据考古遗迹与相关民族学资料推测，还是可以大致描绘出这种早期人类住所的形态及其演变过程。[②]（图2-8）应该指出的是，三峡地区早期人类

①陈振裕、杨权喜：宜昌县白庙子新石器时代末期及东周遗址 [M]. 中国考古学年鉴，1987，文物出版社，1988，第200-201页.

②杨华：三峡地区古人类房屋建筑遗迹的考古发现与研究 [J]. 中华文化论坛，2001·2，第62-63页.

所搭建的房屋，可能比图中所描绘的还要简陋、粗鄙，但不可否认的是，这些看似粗鄙的原始建筑正是三峡民居发展的胚胎，孕育出后来三峡地域数百里民居建筑的洋洋大观。可以这样说，在200多万年前，三峡古先民为了求生存、求发展，就不断地在同恶劣的自然环境进行碰撞与斗争，寻找和创造适应自身与自然环境的的庇护所。通过长期摸索与实践，他们创造了与自然环境高度融洽的早期住宅形式，这些初始的建筑形态不仅较好地保证了古人类的自身安全，促进了生命的延续，也为后世三峡地区民居建筑的发展与辉煌打下了坚实的基础。

图 2-8　三峡地区干栏民居演变图

第二节　先秦时期的民居

先秦时期，人类由原始社会进入到了奴隶社会。这一时期三峡地区由于社会的进步、人口的增多、生产力的发展，人类的居住环境有了很大改善。据文物考古发掘资料来看，整个三峡区域，属于这一历史时期的居住遗址不仅数量多，而且遗迹面积也比原始社会人类居住的面积明显增大；从建筑技术层面上看，夏、商、周时期的居所建筑，无论是整个房屋的布局形式、房屋构架，还是各种工艺技术手段等方面，都有了明显提高和极大改进。

一、夏代民居

夏代是我国奴隶社会的开始阶段，这一时期三峡地区的人类的居住状况，很难从历史文献资料中得其形貌，只能从考古发掘的文化遗存中的建筑遗迹进行考察。建国以后，三峡地区考古发现的其时代相当于夏文化时期的房屋建筑遗迹以瞿塘峡以东地区居多，比较有代表性的有宜昌白庙子遗址、秭归下尾子遗址、巫山魏家梁子遗址等，这些民居建筑遗址基本上反映了峡区民居当时的筑构状况。以巫山魏家梁子遗址中房屋基址为例。1994年，中国科学院考古研究所在重庆巫山县魏家梁子遗址上的夏代文化层中清理出一座房屋基址。房址已经毁坏，仅残存硬土居住面约80平方米，硬土居住面上有柱洞，柱洞直径0.16～0.20米，有的柱洞内置有扁圆形砾石，估计这种扁石是作柱础石用。基面上有三个灶坑，椭圆形，大小相似，周边有厚约0.05米的青灰色烧结层，底部垫满小石块。灶坑内填灰土和红烧土，坑口距地表深为0.2～0.35米。除上述柱洞和灶坑外，在该房址的居住面上和遗址地层中都发现有很多的红烧土块。其中大块红烧土块长宽多在

0.20米以上，小块红烧土块多在0.1米之间。在一些较大的红烧土块中，都发现有木棍和植物叶子的印痕。[1]可以证明，这些红烧土块是当时房屋墙壁坍塌下来的遗迹。

根据上述遗址资料，这栋夏代民居应为"地面台式建筑"。房屋室内平整，并铺垫有一层用火烘烤过的红烧硬土，便于人们活动。房屋柱洞内垫有扁形石块，起柱础的作用。夏代的建筑形式与该地区新石器时代大溪文化、屈家岭文化、龙山文化时期的房屋建筑形式区别不大，但建筑技术上有改进和发展，如在柱洞里面垫石头作为柱础就是一种技术上的进步。

二、商代民居

三峡地区的商代文化遗存十分丰富，考古发现的建筑遗迹不仅数量较多，而且居住基址的面积也普遍较大，同时商文化的堆积层也明显深而厚。1993年，国家文物局三峡考古队在对宜昌中堡岛遗址进行的大规模考古发掘中，在清理商代文化层时发现了大片成排的房屋建筑基址和柱洞。柱洞底部一般垫有扁圆形砾石块，也有的柱洞是直接在底部基岩上凿出一圆形洞穴。有的房基内有红烧土硬面，有的还有灶坑。房屋多建筑在呈倾斜状的坡地上，多是向水面方向倾斜而筑，室内遗迹不见有红烧土块及其他物体的筑构痕迹，仅只发现有一些成排的柱洞，据此分析，这类基址多为干栏式建筑遗迹。

另外，在秭归长府沱商代遗址中，其文化堆积层底部基岩上发现有人工凿成的房屋柱洞，柱洞分布为前后两排，直径一般多为0.20～0.25米，深0.15～0.3米，柱洞分布排列的形状，皆是顺河流方向排成长方形，面向河面，后靠山坡，并且成排的房屋柱洞多呈倾斜状而分布江边，可以说是典型的干栏式建筑遗迹。这种直接在岩石上凿洞穴并将木柱栽入基岩洞穴中的悬空建筑形式，不仅使整个房屋框架与地基牢固地连接在一起，增强了房屋建筑的稳定性，而且也很好地适应了江水的涨落变化。这种峡区特有的建筑形态是在原始的干栏建筑基础上发展而来，是三峡地区古代先民在长期与自然环境争斗交融中创造精神的体现。

三、两周时期民居

两周时期是三峡民居建筑重要的发展期，从目前考古发现的资料统计，自重庆到宜昌的长江干流及其支流沿岸地区，西、东两周包括战国时期的古民居遗址分布十分广泛。这一时期，除长江及其支流沿岸的一些台地、缓坡、斜坡地区有密集的人类居住以外，已经有居民逐渐向后山冈上移居了。例如：宜昌周家湾两周时期的遗址，就处于一高出长江水面约150米的山冈上，比西陵峡地区沿岸的一般遗址要高出50～100米；宜昌苏家场遗址也位于一较高的山顶上，山下为新石器时代居住遗址，山顶上为两周时期居住遗址；秭归朝天嘴遗址，山下长江边的台地为新石器时代、夏商时期的居住遗址，而靠后的山冈上是一处面积较大的周代居址。

两周时期三峡地区的民居建筑，由于受三峡地区巴、楚两大民族生活与习俗的影响，无不打上这两大民族的文化烙印，其建筑结构形态大都为干栏式或半干栏式"吊脚楼"和筑台式建筑构

①中国社会科学院考古研究所：四川巫山县魏家梁子遗址的发掘 [J]. 考古，1996·8.

架。例如1997年，考古工作者在重庆市忠县中坝遗存中发现一规模宏大的东周房屋建筑遗迹，不仅建筑分布十分密集，而且建筑数量众多，共有房屋建筑基址48座，皆分别叠压在8个不同的东周地层下。根据遗址的地面状况和建筑遗存痕迹分析，这些民居多为"吊脚楼"干栏式建筑形态，其较平坦的地基上建构的房屋则为筑台式建筑。建筑平面布局有长方形和方形等，但以长方形居多。长方形的房屋面阔一般为三开间，一明两暗，明间与暗间有隔墙，并留有门道相通。房屋多靠山面水，排列而建，有的建在斜坡之上，有的建在平坝上，门一般朝东南方向。处于平地的房屋地面多经过加工处理，有的房屋地面用红烧土铺垫，有较强的硬度，也有的用一般的硬土铺垫，硬度稍低。斜坡上的房屋只有柱洞痕迹，并无红烧土遗迹。房屋的墙体应为泥墙，有的墙体中间发现有排列规整的孔洞，这种建筑遗迹一般为木骨夹泥墙或者竹骨夹泥墙。另外，在室外一些平地还发现有用碎陶片加工铺面的活动场所。[①]

中坝遗址中东周时期房屋建筑群的发现，是三峡地区考古发掘所取得的一项重大成就，这样宏大的古民居建筑遗迹在全国考古发掘中也十分罕见，在重庆辖区范围内更是前所未有。这一建筑群体遗迹的发现，为我们研究周代三峡地区人类居住形态的发展和演变，以及生活习俗等，提供了十分重要的实物依据。

综上所述，两周时期，是三峡地区民居建筑走向成熟的时期。一是建筑的布局形态更加丰富合理，更符合人类居住需求。房屋的平面布局有了明暗、动静的区分，各房间既有隔墙分割，又设置了门道相通，这样不仅使各个房间的活动具有了独立性，互不干扰，而且相互之间的联系也十分方便。至此，峡区的民居建筑已从原始的遮风避雨的场所，发展到功能相对齐全的人类住宅形态。二是建构技术更加成熟。先民们不仅保持和发展了石器时代的筑房基、室内铺设红烧土、凿柱洞、设柱础的施工手段，而且促使木骨和竹编夹泥墙工艺技术的应用走向成熟。这种夹泥墙一般用竹片、竹竿、木干、木条等编扎而形成墙壁内径，然后在其里外再抹上泥，用火进行烘烤，使得墙体坚硬、牢固、防水防潮。到了东周时期，峡区还开始出现用有板瓦或筒瓦盖屋顶的民居，板瓦、筒瓦烧制技术的出现，在三峡民居发展史上，有划时代的意义，使三峡民居建筑产生了质的飞跃。

从结构形态分析，两周时期，三峡地区民居建筑主要有两种构架方式：

第一，干栏式或半干栏式民居构架形态。从考古资料中我们发现，在三峡沿江及其支流两岸一些坡岸或者一些断岩建筑遗址中，都大量遗存有建房的柱洞，有些遗址柱洞成排分布，有一些房屋遗址处于江边的基岩上，柱洞明显可见。柱洞直径多在0.18-0.26米之间，深多在0.10~0.30米之间。柱洞所在的层位多为周代文化堆积层，这类房屋建筑遗迹一般为典型的干栏式建筑，这种建筑为峡区最为普遍的一种民居建筑形式。[②]

第二，筑台式建筑。这类民居一般建在地面较为平坦的地方，建筑墙体的下端墙基一般以石砌筑而成，然后在墙基两边夹上木块，填充黄泥黏土并经夯实，待干后，撤除木头再往上加，从

①忠县中坝遗址发掘获重大成果 [J]. 中国文物报，1999·2·10，第1版 .
②杨华：长江三峡地区夏、商、周时期房屋建筑的考古发现与研究（上）[J]. 四川三峡学院学报，2000·4·16，第24页 .

而形成黄土垒筑的房屋墙体。墙体砌好后待
其干透，再在墙体上搁置圆木屋檩，然后覆
盖房顶。三峡地区这种筑台式的建筑在商代
文化遗存中已经有所发现。（图2-9）

图 2-9　夯土筑台式民居

四、巴楚文化对三峡早期民居的影响

自古以来，三峡地区就是一个多民族集
聚之地，在峡区古代社会发展的进程中，有
众多氏族部落在峡江两岸及其支流的河谷山
地间繁衍更替，此消彼长，绵延不断；并且
还不断有外来氏族部落迁徙入峡。但是，由于许多氏族部落以渔猎为生，流动性较大，加之战争
与自然灾害等诸多因素的影响，峡中部族向外迁徙也颇为频繁，真正留下来的氏族部落并不多。
根据古文献记载和已发掘出的考古学文化类型综合分析，最早在三峡地区定居和建立国家的民族
是巴民族，春秋中后期楚人开始进入该地，逐步形成杂居现象，并有"江州以东，滨江山险，其
人半楚"之说。[①]因此三峡早期民居的形态演变和发展，必然受巴民族文化及后来进入的楚民族文
化的深刻影响。

（一）巴楚的族源及民族关系

巴民族是一个历史悠久而又强悍的古老民族。关于巴民族的起源，学术界众说纷纭，但多数
看法是：巴族属羌人的一支，源自于甘肃、青海一带[②]，辗转流徙，才迁至长江上游的东部和中
游的西部，最后进入三峡地区。《山海经·海内南经》记载："夏后启之臣曰孟涂，是司神于巴。巴
人讼于孟涂之所，其衣有血者乃执之，是请生。居山上，在丹山西，丹山在丹阳南，丹阳居属
也。"[③]晋代郭璞注："今建平郡丹阳城秭归县东七里即孟涂所居也。"这说明早在4000多年前的夏后
启时代，巴人已经繁衍生息在三峡地区了。

巴族到廪君时代，人丁兴旺，势力强盛，其活动范围北及汉中，西达成都平原，东南至洞庭
湖。商末，巴人亲附周人，并随武王伐纣，"巴师勇锐，歌舞以凌，殷人前徒倒戈……"；周初，巴
人因功而受封，"武王既克殷，以其宗姬封于巴，爵之以子"。[④] 于是，巴人建立起一个以江州（今
重庆市）为都城，"东至鱼腹（今奉节），西至棘道（今宜宾），北接汉中，南及黔涪"的土地辽阔的
奴隶制国家。

楚民族的发祥地在今大别山、桐柏山迤北和伏牛山迤东的中原南部地区，根据《国语·郑语》
和《史记·楚世家》记载，楚人是祝融芈姓后裔；商代，殷人称分布在其南境的祝融部为荆。[⑤]《说
文》释楚曰："楚，丛木，亦名荆也。"史称其楚人、荆人，或者合称荆楚。

①常璩：华阳国志·巴志 [M]. 北京：商务书馆，1958，第 7 页 .
②丁明山：巴人源流与巴楚文化概说 [M]. 彭万廷，屈定富，巴楚文化研究，北京：中国三峡出版社，1997，第 55 页 .
③沈薇薇：山海经译注 [M]. 哈尔滨：黑龙江人民出版社，2003，第 147 页 .
④蔡靖泉：巴楚文化关系论略 [M]. 彭万廷，屈定富，巴楚文化研究，北京：中国三峡出版社，1997，第 19 页 .
⑤张正明：楚文化志 [M]. 武汉：湖北人民出版社，1988，第 1—140 页 .

巴楚民族之间的交往，大概自楚先民在殷人的压力下南迁至汉水流域就开始了。但楚人初入三峡则在西周时期，《史记·楚世家》载："熊绎当周成王之时，举文、武勤劳之后嗣，而封熊绎于楚蛮，封以子男之田，姓芈氏，居丹阳。"后楚王熊渠又将自己的儿子熊挚分封到秭归一带为夔国，亦称"夔子国"。这说明此时楚人的活动仅限于西陵峡地区。[①]

楚人的大量入峡大约在战国中后期，这时，巴国势力已渐衰弱；而其邻居楚国经过楚武王、楚文王、楚成王等治理，"筚路蓝缕"，辛勤开发，逐渐勃兴，先后灭掉了权、息、邓、弦、黄、英、随等江汉地区的小国，已成为实力雄厚的南方大国。随着力量的失衡，巴楚两国从友好邻邦变为仇敌，一次次的军事攻伐战争，使楚国逐步掌握了对于三峡巴地的控制权。史载，战国后期，楚国已将自己的西边国界推至现今渝东的涪陵一带，三峡地区尽皆属楚。后楚军最终占领巴国故都枳邑（今涪陵），终于完全控制了整个三峡地区。伴随着军事占领，便是大量移民，以便对该地区的经济资源，尤其是盐泉进行占有和开发。大量楚军楚民进入三峡，使楚人在峡中居民的比例骤增，形成巴族与楚族混同杂居，半巴半楚的格局。

（二）巴楚民族的文化关系

巴文化与楚文化虽然都是我国古代文化的一部分，但是彼此属于不同的文化体系。从语言系属上看，巴语属藏缅语系，巴文化属蛮夷文化；而楚文化的主源，则是以芈姓为主体的祝融遗裔与长江中游土著三苗人相融合而形成的崇火尊凤的原始农耕文化，属华夏文化的一个支别。

尽管巴楚文化属不同的文化体系，但由于它们所处的地理环境特殊，两种相异的文化经过长期的争斗、碰撞与交融，形成一种密不可分、你中有我、我中有你的特殊文化关系。从众多的考古发现和文物资料来看，不管是以虎座凤鸟鼓架为标志的造型与髹漆工艺（图2-10），还是以吊脚楼式建筑为特征的建筑技术，抑或是以屈骚、宋赋为代表的巴楚文学，以及以民间舞乐为特色的巴楚歌舞，都呈现出两种文化的交错、交缠、互渗、互补、难解难分的结构特征。因此，国内有些学者提出将二者合称为巴楚文化，并且得到学术界的认同，二者关系之紧密可见一斑。

产生这种文化现象的主要原因有二。首先，在历史的进程中，巴楚民族长期互为邻居，互为敌友，其民间通婚、杂居现象十分普遍，尤其是在三峡地区形

图 2-10 虎座凤鸟鼓架

成了一种"犬牙交错、半巴半楚"的局面。在这种情况下，两种异质文化很容易产生涵化与混同。

其次，巴文化和楚文化都是多源的文化，本来就富有融合遗传的优势。彼此交流，容易产生非此非彼、亦此亦彼的文化事象，融合遗传的优势也就更加明显。学者谭维四先生曾精辟地总结形成巴楚文化的原因，称巴楚文化的形成是"民族融合的结果，文化交流的结晶，国家征战与结盟促成，自然地理条件与生态环境使然"。也就是说，无论在巴文化还是楚文化中，用人类学的术

① 刘不朽：巴楚在三峡地区的军事争夺和文化交融 [J]. 中国三峡建设，2005·1，第64-66页.

语来说，都有Cross Culture（即杂交型文化或混融型文化）的成分，其遗传优势即由此而来。

因此，作为历史性文化兼地域性文化，巴楚文化更多的是作为巴楚二元复合的文化实体，它以长江三峡为中心，辐射川、陕、鄂、湘、黔五省交界区域。巴楚文化的关系和主要特征可以概括为以下几个方面：一是地域内的重合交叉性，二是内核中的深层融合性，三是民族间联姻通婚的亲缘性，四是习俗上的涵化混同性。

（三）巴楚文化与峡区民居的关系

从三峡地区远古人类居住环境考察，早期人类除了地穴居住之外，巢居是其主要居住方式。随着社会的发展，巴人作为最早在三峡地区生存扎根的民族，在三峡地区特殊的山江地理环境条件下，加上巴民族"逐水而居"的生活习性，造就了其依山临江，在地无寻丈之平的坡阶地上"缚架楼居，牵萝诛茅"的吊角楼居住方式，这种"前厢吊脚，后堂坐基，依山就势，下虚上实"，状如空中楼阁的建筑形态特征，带有十分明显的三峡地区原始人类的巢居遗风，而且其发展和我国南方地区干栏式建筑基本同步。这种民居建筑对山地环境的充分适应与巧妙利用，既展示了巴族先民们的创造精神与审美意蕴，又表现了巴人对自然无限依恋和遵从的文化内涵；巴人吊脚楼的文化价值取向，体现了该民族独特的民族特征与创造精神。

但是，从"缚架楼居，牵萝诛茅"营建方式以及出土的文物资料显示：早期巴人的住宅比较简陋，一般就地取材，用木头支起绑成屋架，屋顶盖上茅草之类，四周用藤条树枝围成板壁，地板上铺上竹条或木棍，就构成了一栋最原始的吊角楼。春秋中后期，随着楚人的大量迁入，受楚文化影响，其建筑形态出现了"层台累榭"风格，吊角楼的规模也由简单的"一"型向"〓"和"冂"型等模式演变；屋顶覆盖物也有了变化，不光有草料，也出现了用泥坯烧制的板瓦和筒瓦。用板瓦或筒瓦来覆盖房顶，改变了巴人自远古以来长期用草料覆盖房顶的历史，这无疑是峡区建筑历史上的重大变革。在三峡柳林溪以及三家沱遗址中，发掘出了大量春秋时期的板瓦和筒瓦碎片，这些瓦的形制、花纹与江陵楚郢都纪南城遗址中出土的板瓦和筒瓦基本一致，只是大小上稍有区别；而且，这些瓦片只存在于东周（春秋）之后的文化遗存之中，春秋时期以前皆无发现。这就充分证明了楚文化和三峡古民居建筑艺术之间的渊源关系（图2-11）。

图 2-11　吊脚楼的"层台累榭"风格

如今，巴人遗裔土家族的吊脚楼，在鄂西南、湘西北、川东南、黔东北为数不少，基本形制和建筑方式相差不大，但其精美程度和艺术成就，则以鄂西南及三峡地区的最为突出。张良皋先生认为，该区域的土家吊脚楼处于中国传统干栏式建筑史的顶端。[1]究其缘由，应是这些地方离楚郢都最近，受楚文化的影响最深之故。

---

[1]张良皋：土家族文化与吊脚楼 [J]. 湖北民族学院学报（哲学社会科学版），2000.18（1）4.

第三节　秦汉、唐宋时期的民居

一、秦汉时期中原文化对三峡民居的浸染

公元前316年秦军南下，消灭巴蜀，并在三峡地区建立了江州、枳县、朐忍、鱼复、巫县、夷陵等6县制，将这一地区纳入秦中央统一管理，结束了该地自战国末期以来的战乱局面。随着社会趋于稳定，三峡地区的经济逐步得到恢复，居民生活也逐步得到改善，进而推动了当地的民居与乡村建筑的发展，城镇规模也进一步扩大，城乡建设呈现空前的活力与生机。据晋常璩的《华阳国志》记载，秦主三峡之后，渝州（重庆）"地势侧险，皆重屋累居"。此记载说明当时渝州人口增多，房屋鳞次栉比，民居建设开始出现繁荣景象。

与此同时，随着北方中央政权入驻三峡，中原文化开始进入峡区。汉民族的居住文化、筑构理念与工艺技术也开始对该地区的民居营建产生影响。经过秦汉时期的渗透与演变，三峡地区的民居建筑逐渐走向成熟，并融入汉式规制。这主要体现在两个方面：第一是汉民族房屋风水堪舆文化的植入；第二是儒家建筑伦理宗法礼制在峡区的流行。

三峡地区的民居不仅在建造时对地基的选择开始讲究风水，而且在建筑的构成关系、工艺技术、形态规模上也逐步向北方中原地区靠拢，追求北方民居合院格局成为峡区建筑的一种新趋势。合院式布局是汉式宗法伦理观念体现最典型的建筑形态之一。从三峡地区考古发掘的秦汉建筑遗迹以及出土的汉代画像石、画像砖以及明器陶楼，都记载了秦汉时期峡区民居建筑无论是单体形象构造，还是整体院落的组合模式，都在竭力向汉式建筑布局及规则靠拢的现象。尽管这些文物各有自己独特的民族与地域特色，但整体上受中原文化影响的趋势十分显著。如三峡地区出土的汉代画像砖上面绘制的当时民居建筑，除了还保留干栏建筑下层悬空结构之外，其建筑的木架构的抬梁构架关系也十分明晰，有一些民居还运用了斗拱构造形式，这些房屋建筑的构成关系明显是受北方地区官式建筑影响的结果。

还有一些画像石的建筑图像，其房屋完全是采用院落规制建构的合院结构，整个住宅以院墙和屋宇外墙围合形成合院式院落，内部建筑与院落空间完全按照尊卑伦理秩序进行划分，各空间以木构走廊相联系，有的院落正屋为单檐悬山式形态，前檐用挑斗承托，屋架又似抬梁，十分特别，整体院落组织有序，规模甚为可观。（图2-12）

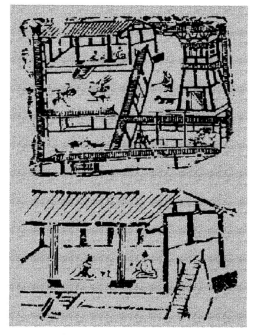

图2-12　汉代画像砖上的古代民居

二、唐宋时期三峡民居状况

（一）唐宋峡区建筑实物的缺失原因分析

唐代，是我国封建社会发展的最辉煌的时代。隋帝杨坚统一中国，结束了东晋之后长期的分裂局面。三峡地区在隋代社会一直比较安定，即使是在隋炀帝杨广暴政导致隋末动乱之际，三峡地区仍是全国最为安定的地方之一。唐时期三峡地区没有发生大的战乱，史书记载仅有武德六年渝州张大智的叛乱和安史之乱对这一地区造成一定影响。唐末巴蜀地区陷入动乱，但主战场在今四川中西部地区。三峡区域仅渝州因距离成都较近，受到的影响较大，但是对整个三峡地区而言，战乱的规模不大，持续时间也较短，造成的破坏程度轻，因此唐末五代时期巴蜀地区的战乱对三峡地区的影响有限。

宋代，除北宋初年宋军由长江溯源而上灭蜀和王小波、李顺起义的战乱之外，三峡地区社会局势一直较为安定，直到南宋末期元兵入川才再次将三峡地区推入战乱之中。因此，总体来看，在南宋之前的600多年间，三峡地区社会局势一直较为安定，这为本区的经济发展提供了良好的社会条件，也是民居建筑与城镇建设的黄金时期。

然而，从实际状况来看，三峡沿江两岸几乎没有留下这一时期的任何可资观阅的民居和其他建筑实物。唐宋时期我国古代经济文化高度发达，领先于世界，其中，城镇建设与房屋建筑营建也取得辉煌成就，从宋代画家张择端所绘制的《清明上河图》就可略见一斑。峡区以外的区域有大量建筑实物留存至今，从历史进程和相关资料分析，该地区与域外的建筑和城镇发展处于同一层面，不存在滞后之说。那么，为什么在漫长过程中峡区人民所创造的精美建筑与民居，在大三峡14万平方千米的土地上，竟没有留下遗存实物呢？针对这一现象，业内专家学者经过分析考证，大多数认为可能基于以下原因：

第一，宋后期至元以降，四川、巴蜀及三峡地区战争频仍，天灾、瘟疫不断，导致大量场镇及民居建筑损毁。明末清初，张献忠把四川作为人肉屠宰场，烧房毁城，杀人为乐，加上吴三桂两次入川，所过之处，狼烟一片。张吴二人对巴蜀川中的破坏是毁灭性的，造成该地区千里无人烟，赤地尽白骨。

第二，鄂西川东的房屋建筑一般就地取材，除了少量使用石质材料之外，大量使用草木做成，这类建筑材料遇火即焚，遇水即垮，遇潮即腐，很难长期留存，即使在多次天灾人祸中有幸留下一两处断壁残梁，也肯定被无情的岁月所消损。

第三，与峡区的地理环境和气候有关，三峡地区不仅山高坡陡，地无寻丈之平，而且雾多、雨多、阴天多，并时有洪水泛滥或山体滑坡与塌方，该区域房屋建筑一般都建在靠山临水的山坡上，或是建在沿江两岸的缓坡坪坝上，在这种恶劣自然条件下，要长期地保存下来也只能是天方夜谭。

以上三点，应该就是三峡区域秦汉至元建筑实物资料少的根本原因。

（二）从考古资料看唐宋时代三峡民居

尽管唐宋至元三峡地区的房屋建筑实物遗存付之阙如，但是，从考古发掘来看，三峡地区唐宋文化的遗迹还是十分丰富的。建国以来，在三峡地区的考古发掘中，共发现唐代至北宋中期的遗址133处。这些遗迹的性质虽然有区别，但绝大部分都是乡村聚落遗址。经过考古确认，蔺市、石沱、中坝、玉溪、涪溪口、大地嘴、下中村、余家嘴、乔家院子、私栗包、云安、明月坝、鱼复浦、跳石等一大批遗迹均为三峡地区唐宋时期的乡村民居遗址。这就为我们考察这一时期的民居建筑提供了依据。下面以石沱、玉溪遗址为例进行分析：

1. 石沱遗址民居分布状况

石沱镇遗址分布在长江南岸的临江一、二级台地上，现属重庆市涪陵区石沱镇团结村。20世纪90年代，考古人员先后在此进行过大规模的考古发掘，清理遗址总面积近1万平方米，堆积层十分丰富，包括有隋唐、宋元时期的堆积层；其中宋代的遗迹、遗物最多，有房屋建筑基址、灶坑、蓄水池、灰坑等；遗物有唐宋时期的钱币、瓷器、石器、铁器等，以及板瓦、筒瓦、瓦当和张口衔环的龙形青铜器等建筑构件和建筑材料。

建筑遗存中多为石砌台基的房屋，平面布局为团状。有些以一大型建筑为主体，周围围绕一些小型房屋形成组团。以2号建筑为例，该房屋为一大型筑台式建筑，平面呈曲尺形，北部长6.25米，西部长11.5米。该建筑周围还分布多处同时期的石结构建筑基址，形成一个小型建筑群。

石沱遗址以两宋时期的文化遗存为主，建筑多为组团布局，建筑布局较为松散自由，各组团之间有道路穿插联系，说明这是一处入宋以后才出现的新兴民居聚落。[①]

2. 玉溪遗址民居分布状况

玉溪遗址地处丰都县高家镇金刚村，位于玉溪河与长江交汇的冲击带，拥有良好的水陆交通条件。玉溪遗址分布于长江南岸的一级阶地上，总面积约8万平方米。2001年以来，重庆市文物考古所对玉溪遗址开展了连续若干年的大规模发掘，总发掘面积6000平方米，钻探面积数万平方米，完整地掌握了遗存的分布和堆积层状况。遗址中唐代的遗存非常丰富，出土大量的陶器、瓷器、建筑材料、钱币、印章等。瓷器以青、白为主，器物类型有碗、盘、壶、杯、钵等；钱币有"开元通宝"和"乾元重宝"等；建筑材料有板瓦、筒瓦、瓦当、兽面砖、柱础等。

唐代建筑的分布范围相当广，而且建筑基址呈现集中成片分布、沿江布局的特点。2003年的发掘中，在北部探方清理出成片的唐代板瓦、筒瓦堆积层，2004年清理出大片的唐代板瓦、筒瓦堆积层。

从玉溪唐代建筑基址分析，其民居形制有干栏式建筑，石块叠砌台基和墙基的建筑，以及立柱式木竹骨泥墙建筑等多种类型，有些遗迹保存完整，完全可以复原其建筑形制。

玉溪市镇遗存的年代在唐代中晚期至北宋。从发掘出来的建筑基址规模、密集程度，以及大量瓦当、兽面砖等建筑材料来看，可以认为玉溪遗址在唐代中期阶段已经脱离了一般乡村聚落的形态，是一处位于长江水上交通要津之地的区域性经济中心性质的古代场镇遗址。[①]

①李映福：三峡地区早期市镇的考古学研究 [M]. 成都：四川出版集团巴蜀书社，2010，第34—35页．

3. 民居建筑形制

根据唐宋时期三峡地区建筑遗存特点，可将该时期的民居形制分为四种类型，即简易的立柱木竹骨泥墙民居、石条围砌台基式民居、干栏式民居、石板围砌台基合院式民居四种形制。

（1）立柱式木竹骨泥墙民居

立柱式木竹骨泥墙民居是三峡地区一种常见的居住建筑形制，建造简单方便，其基本特点是根据房屋的规模，在地上竖立数目不等的木柱以支撑屋顶和墙体，墙体多为草拌泥的木骨或竹骨泥墙，屋顶一般为茅草顶，基本没有台基，室内平面大多与室外地面在一个标高上。这种房屋为三峡地区常见的一种最简易的居住建筑形式，到处可见。由于这种民居多为规模较小的茅草屋顶结构，建筑极为简易，使用的年限也不长，在居住过程中还可根据需要改变结构、移动、更换、增加立柱，或在主建筑旁边另行搭建，十分灵活，因此，在发掘出的许多唐宋的遗存中均有发现，其建筑规模都不大。

（2）石条围砌台基式民居

以长度、宽度、高度接近的石条或石块垒砌台基，是石条围砌台基式建筑遗存的主要特点。从发掘出来的唐宋遗迹来看，这类建筑的台基如果在平地上，高度一般在0.5米左右，如果在斜坡处，斜坡一面高度可达4~5米；台面平坦，并有按一定尺寸分布的柱础或礅墩痕迹。房屋的内部结构布局合理实用，开间、进深达到一定的规模；屋前一般有通道，门前有石阶踏步，屋子周围似有散水的痕迹。房屋不仅结构精巧紧凑，布局有序，符合使用要求，而且建造技术臻于完美。这种建筑属于三峡地区常见的一种民居形制。（图2-13）

图2-13　筑台式民居

（3）干栏式民居

干栏式民居是三峡地区沿江及其支流坡地运用最多的民居形态之一。唐宋时期这类民居有了显著进步，一是单独的干栏式民居结构更为复杂，建造更为精美，室内布局更为合理；二是出现一些大型的合院式干栏民居建筑，这类民居在悬空部分一般用木板和竹编夹泥墙维护，以减轻重量，坐地主屋一般用石条、片石叠砌台基边，并用石块垒砌墙基，上部用黄泥夯强，显得厚重沉稳有分量。这类民居明显受北方合院民居的影响，把北方的四合院与峡区的半干栏式"吊脚楼"巧

图 2-14 干栏式三合院民居

妙地结合在一起，形成一种干栏式合院民居，这种民居为三峡地区民居建筑的一大特色。（图2-14）

（4）石板围砌台基合院式民居

这类民居是三峡唐宋遗址中较高层次的建筑，一般建在地形比较平整的地方，其基本特点是以加工规则整齐、厚薄相对一致的石板围砌台基，台基地的高度0.3～0.5米；房屋营建使用的材料主要是木材与石材，并且经过精心挑选和加工，规格统一，表面光滑平整；房柱下面设置石质柱础，暗柱柱础造型比较简单，大都为方形，也有少数是圆形；明柱设磉墩，磉墩大多为圆形，也有鼓形、金瓜性、莲花形等多种形状，制作十分精美，工艺比较考究；屋顶以板瓦或筒瓦覆盖，檐口设置瓦当，瓦当纹样以植物居多，简练生动。此类建筑一般筑构为大型四合院落，由多栋单体建筑组合而成，其主体建筑高大宽敞，设置有廊道和主次两进踏道[1]；周围以建筑外墙和围墙围合成内部院落，入户有门楼，建筑外部封闭、壮观。

第四节　明清时期的民居

考察现存的三峡民居，我们发现300千米长江三峡两岸风格多样的古民居、古建筑群，其实大都是明代末期至清代及其以后所建。尽管其美轮美奂，与当地的环境相得益彰，互为补充，已经成为当地人文景观的一个组成部分，但仔细观察，不得不说这些绚丽多姿的古民居并非完全原生态的本土建筑，它们或多或少都带有域外建筑的基因，呈现出一种异彩纷呈的文化特征。究其原因，这与三峡地区多次移民的历史有很大关系。数千年来，三峡地区作为连接巴蜀与湖广的交通枢纽，不仅长期成为东西移民的主要通道，更是一个多民族、多文化碰撞交融之地。春秋以降至民国初年，这一区域有记载的大规模移民就发生过六次，其中两次影响深远。

第一次发生在战国中后期，巴楚两国为争夺三峡地区的土地与自然资源爆发长期战争，最后巴国失败，失去了对三峡地区的管控权。胜利后的楚军楚民大量进入三峡，彻底改变了峡江地区的居民结构，这次移民是巴楚民族的第一次大融合。

第二次发生在清朝初期。明末清初四川的战乱对人口损耗十分严重，为了稳定巴蜀，恢复经济，重建川康粮仓，入驻中原不久的清朝政府采取了一系列鼓励滋生人丁和招抚流民垦殖的政策，并从湖广地区迁徙大量饥民进入四川，形成一次大规模移民潮，这就是历史上有名的"湖广填四川"的移民运动。这次移民时间长，数量大，绝大部分移民是通过三峡地区入川的。据资料统计，清前期有时一天经过三峡进入四川的饥民就达千数，多者高达1万多人。在湖广移民的带动下，江西、福建、安徽、江苏、浙江、广东、广西，甚至北方一些地区如山西、陕西等省的移民也纷至沓来。三峡地区作为入川的必由通道，承接转运了大量移民，同时，在此过程中，也有不少移

---

①李映福：三峡地区早期市镇的考古学研究 [M].成都：四川出版集团巴蜀书社，2010，第49-64页．

民因为种种原因留了下来，融入了当地的生活，成为峡区永久居民。

在这次长达100多年的移民运动中，有大量移民迁入峡区定居，他们的到来使三峡地区的人口迅速增加，生产力得到加强，经济逐渐恢复，带动了士、农、工、商百业的发展，集市渐兴，峡区民众在饱经战乱与天灾的沿江废墟上重新建设起了新的城镇和乡村。

历代移民的迁入，不仅极大丰富了峡区人口结构，促进了民族交流，同时也丰富了三峡地域的文化内涵。各地方、各民族移民的进入，使三峡地区在不同的历史时间段，曾出现"五方杂处，俗尚各从其乡"的局面。但随着时间的推移，各种文化逐渐融合涵化，最后都纳入到了三峡文化的多元结构之中。三峡地区建筑艺术受此影响，也呈现出多姿多彩的格局。尤其是三峡民居，吸纳了各民族、各地方建筑艺术之精华，经过本土化的改造，形成了独具特色而丰富多姿的三峡民居艺术。（图2-15~图2-17）这些风格迥异、多彩多样的民居建筑尽管生于斯、长于斯，但却是多种文化交融与混同的产物，是三峡地区特有的一种文化艺术形态。

图2-15 吊脚楼式民居

图2-16 南方天井式民居

图2-17 青砖灰瓦马头墙式民居

不过，尽管三峡民居所蕴含的文化信息复杂而丰富，但其建构理念所遵循的依然是汉民族居住文化制度。其主要特征仍是风水选址、合院布局、中轴对称、伦理秩序、前店后宅、尺度约束等一套制度规范。正因为峡区民居营建遵循的是汉民族千百年来形成的制度规范，我们发现这样一种现象，其建筑不管是采用何种式样，如吊脚楼式，青砖灰瓦马头墙式，南方天井式等，也不管是建在平地还是坡地上，只要条件允许，追求合院式结构始终是其不二目标。（图2-18）合院结构的民居除了能较好地体现住宅的伦理秩序之外，其实用方面的效能也十分明显：院落对外封闭，对内相对开放，不仅便于家庭活动，也符合汉民族的道德观和心理习惯。在明清时代，为了便于商贸活动，峡区场镇中的民居，大多在合院的基础上采用非常实用的前店后宅的布局。

图2-18 合院式民居 （摄影：曹岩）

随着时间的推移，特别是到了清朝中晚期，重庆开埠为对外通商口岸，峡区内受外来文化影响，民居建筑又增加了新的内容，不仅在沿江城镇中出现了一些西式宗教建筑，还有大量本土民居吸收外来文化，做成中西合璧混搭风格建筑样式，颇有特色；有的民居由过去小青瓦盖顶，改成大洋瓦盖顶，也是一种尝试。（图2-19）

图2-19 中西合璧式民居

当然，最大的变化应是人们观念的变化。对外开放，不仅开阔了人们的眼界，活跃了商贸，也使峡区城镇逐步扩大，随着人、物流量的不断增加，城镇中原有的系统很难满足现实要求。比如前清时期峡区一般的场镇街宽仅为2米左右，街道长度不过30米，即使是位于最繁忙码头地段的主街也十分狭小。求变是当时现实的一种普遍要求。在清中后期，促进峡江城镇建设破局性的发展、推动民居建设向前迈进的事件有两次，一次是对外开放，如前所述；另一次是在咸丰、同治年间太平天国截断江淮盐道后，湖广食盐短缺，巴蜀盐业、商业界兴起的第二次"川盐济楚"运动。在这次"川盐济楚"运动中，大量川中食盐经过三峡航道运往两湖两广。这种大规模的商业贸易活动，不仅促进了三峡区域经济的繁荣，也给峡中城市带来了

图2-20 长江边的吊脚楼民居

难得的发展机遇，推动了新一轮的城镇建设高潮。三峡诸多场镇或民居集聚点借此机遇，使其边界空间得到了很大拓展，街区空间界面进一步扩大，街道在扩宽的同时，其两端也得到了加长。街面的拓展与扩充也就意味着民居有了更多、更大的生存空间。三峡民居在这轮建设高潮中，技术日趋成熟，工艺愈发精湛，风格更加多样，形制臻于完善。至此，三峡民居已发展成一个完整的建筑体系，独立于我国传统建筑之林，其辉煌的艺术成就，完美的工艺技术，标新立异的迥异风格，成为我国民居建筑史上的一朵灿烂奇葩。（图2-20）

综上所述，可以这样说，三峡民居建筑史实际是一部清代民居史。如果说，三峡民居以远古时代的洞穴、巢居、草棚为起点开出了初始之花，经过几千年的辗转演变、百折千回，终于在近代结出了一个丰硕的果实，那么，这个果实是在清代结出的。这不能不令人十分感慨。远观三峡沿江民居，除部分散落于乡野山林之外，绝大部分集中于长江及其支流两岸，沿江城镇与乡村中的民居建筑鳞次栉比，气象万千，蔚为壮观，成为三峡民居的一大特色。有清以来，三峡民居一改过去常建常毁的历史，历经数百年稳定发展至民国，仍然保持其完整性，本色不变，魅力不改，不能不说是一个奇迹。由此可见，某种传统的东西，要对它形成颠覆性的破坏，没有政治、经济、文化等全方位的冲击是不可能的。所以我们观察过去的民居，令我们最难忘的还是其所蕴含的传统文化，这也是其魅力所在，因为它浓缩了数千年的厚重深邃的民族文化精髓，展现在人们面前的不啻是一部内容丰富的历史书，一件凝聚民族精神与智慧的艺术品。

张良皋先生认为，三峡区域的土家吊脚楼处于我国传统干栏式建筑史的顶端[1]，我们通过对

①张良皋：土家族文化与吊脚楼 [J]. 湖北民族学院学报（哲社版），2000.18.1，第4页.

三峡民居历史的考察领会到，先生的确不是妄言。（图2-21）季富政先生说：与我国其他地方的建筑相比较，则其干栏加合院加坡地的综合特征是其他地方不宜通盘见到的。如湘、桂、黔交界的侗、瑶、苗族建筑物中干栏甚发达，但无合院格局；腹地土家有合院、有干栏，但坡地空间发育多限定在厢房层面的模式上，且合院发育不甚完善，多三合院而少合院组合。湘西在小溪小河边建镇建房可把干栏做到十分精致，但少大江大河气势。而在长江三峡地区动辄占地200～400平方米、4～6层10多米高的大型干栏。四川盆地众多水系比起三峡地区地形趋缓，干栏气度减弱。唯在三峡长江大流深切河谷旁陡坡悬崖间建房，无论平行江岸还是垂直江岸建镇兴场，其间民居才更能表现出一种大江河岸人征服自然的豪迈气势和风度。别无选择的用地选址，集中四川物质向川外的巨大流量，长期于艰苦地理、气候与大江环境中的磨练，使得三峡民居尤如三峡人一样，展现出一种气势磅礴的粗犷形态。这也说明此地居民历来以巴楚后代居多，还保留着一种雄浑的远古遗风。[1]

图2-21 背靠青山，面对绿水，层叠累居，美不胜收

①季富政：三峡古典场镇 [M]. 成都：西南交通大学出版社，2007，第117页.

第三章
三峡聚落的演变与城镇选址

本章在微观上解析三峡地区早期民居从最原始的零星居住点，发展到聚落直至城镇的历史轨迹，以及在其演进过程中对于城镇营建地址的选择规律，指出峡区聚落蜕变为城镇的客观条件，以及城市从初生到壮大的环境因素、风水因素及航运因素，等等。

第一节　三峡聚落的形成和演变

自远古时期始，三峡各族民众就在长江三峡区域集居成群，构屋为邻，形成一个个大大小小的集聚群落，分布在三峡长江干流及支流沿线。这些集居点从最初的零星住户，发育成聚落—场镇—城市，其过程是漫长而复杂的。聚落的兴衰，深刻地记录了当地经济社会的发展状况。

考察三峡地区聚落形成与演变的历史动因，主要有以下几个方面：一是与远古巴民族在此地的活动有关，二是与三峡地区存续数千年的盐业开发相连，三是由唐宋时期三峡长江的商业贸易活动促成，四是清代中后期社会稳定、经济发展的结果。

一、巴人的活动与三峡早期聚落的形成

峡区早期聚落的形成与发展，与巴民族息息相关。20世纪末期，考古工作者在三峡库区对数处古巴人的遗迹进行考察发掘，发现了"位于大宁河畔的巫山县大昌盆地双堰塘巴人遗址，占地10万平方米。经初步发掘，可以断定这里是距今3000年前巴人的经济中心"。与此同时，在"云阳县李家坝发现一个占地5万平方米的巴人遗址"。两处遗址不仅距离很近，而且年代相同。经专家确认，李家坝遗址"是巴人的第二个中心地区"。[1] 这两处遗址的发现表明，如此规模宏大的巴人经济中心，必然是由建筑组团，或建筑集群汇集而成。这就为我们探讨先秦时期三峡地区集聚群落提供了依据，也就是说，早在3000多年前，巴民族已经在三峡地区营建了大型集聚建筑群落，形成了峡区巴人最原始的"中心城市"。

巴人原本是一个族群不大古老的民族。他们以捕鱼狩猎为生，并且世代沿袭这种古老的生产和生活方式；他们熟悉水性，能造船，善掷剑射箭，并且能歌善舞，性格粗犷豪放，身体强悍。据传早期进入三峡地区的巴人，主要生活在长江支流清江河畔，居于武落钟离山及其周边地区。

远古时代，长江三峡地势险峻，江流湍急，暗礁怪石林立，山崩、坡垮、岸塌经常发生，舟木难行。川鄂水路交通，一般避三峡，走大溪—清江一线，再由宜都进入长江，通往下游。大溪古称乌飞水，与清江连接，是秦汉以前往来川鄂之间的交通要道。大约在公元前12世纪，为了拓展生存空间，巴族在其头领廪君的带领之下，由清江乘独木舟西上，经鄂西，沿大溪河北上，到达川东的巫山境内。此后，就在鄂西、川东长江两岸的广阔区域扎下根来，捕鱼打猎，繁衍生息。（图3-1）

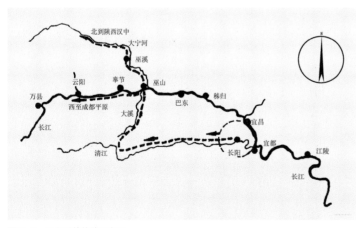

图3-1　巴人迁徙线路示意图

①屈小强、蓝勇、李殿元：中国三峡文化 [M]. 成都：四川人民出版社，1999，第69页．

巴人在发展过程中，由于地理条件的限制，以及原始状态下十分落后的捕鱼狩猎的生产方式，决定了他们最初居所不可能是固定的，而是以船或狩猎时的临时窝棚等作为居住场所。这种居住方式灵活方便，可随着猎物和鱼群迁徙而移动。随着生产力的发展，在巴人逐渐拥有了足够

的可资与周边部族进行原始商业活动的鱼类和猎物制品之后，这种居无定所的生活方式，必然制约其自身经济的发展，这时，在三峡区域长江干流与支流的缓坡地带就开始出现了巴人早期的定居点，并伴有原始的商品交换活动。到了夏商周时期，随着各种手工业作坊的出现，手工业作坊的营运使得巴人聚居点的规模不断扩大，人口逐步集中，这就形成了三峡地区早期民居聚落，直至演变为原始的经济中心。早期的巴人聚落有如下特点：第一，"逐水而居"，其聚落大都选择在临江的阶地上，背山面水；第二，聚居点构成的平面图形大都顺山沿水，呈"带状"布局（图3-2）；第三，聚居点的形成与手工业有关。①

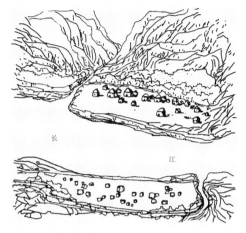

图 3-2　巴族原始聚落

二、盐业开发对三峡聚落演变为城镇的促进作用

三峡地区是我国古代井盐业主要产地。"盐"作为人类生活的必需品，在古代，曾是三峡地区军事争夺的主要物品，也是三峡地区对外进行商品贸易的主要商品。三峡沿江地区早期聚落的发展与辖区井盐的开发贸易有很大关系。《山海经》中有关三峡"巫国"的记载，已经与盐业生产有关。而后，古代巴人的活动，也几乎都和"渔、盐"生产相伴相随。《华阳国志·巴志》记载，"临江县……有盐官，在监、涂二溪，一郡所仰，其豪门亦家有盐井。"②由此可见，井盐业自古以来便是官府与豪门经营的重要的手工业产品之一。（图

图 3-3　古代井盐开采图

3-3）至秦汉时期，云阳、忠州等地盐厂灶户、佣工、商贩都在数千人左右，就是大宁、开县等中等盐厂这方面人员也在千人以上。③三峡地区盐业兴旺，也带动了其他贸易业的发展，使得各地商人、贩夫、灶户、佣工、搬夫纷纷入峡，造成盐井周围房屋密集，人口众多，江湖百业集中于此，街市贸易兴隆，俨然成为繁华之市。这些因盐业而发展的繁华之地不少最后都发展成为城镇。三峡长江两岸区域，因盐业而兴的城镇众多，如宁厂、云安、临江、朐忍、大宁、西

①赵万民："巴"文化与三峡地域聚居形态 [J]. 华中建筑，1997，15（3），第8页.
②常璩：华阳国志·巴志 [M]. 商务印书馆，1958，第7-9页.
③陈锋：清代两湖市场与四川盐业的盛衰 [J]. 四川大学学报（哲学社会科学版），1988，（3），第105页.

阳等都是因盐业的繁盛而发展起来的。正因为这些城镇因盐业而兴，其房屋、道路、桥梁、街道、商铺等均绕着盐井和厂房而建，空间布局形态和依托农业经济为主的城镇具有完全不同的风貌，其建筑组团不似农业场镇那种松散的无中心构成方式，而是环绕盐场层层展开，形成由中间向外逐渐扩散的组团结构，有地域性极强的盐镇特色，构成三峡盐业城镇特有的空间品格。（图3-4）

图3-4 古盐道

三、唐宋时期商贸、航运业的兴盛推动三峡沿江城镇的发展

唐宋时期是中国经济社会的鼎盛时代，民居与城镇建设在这个时期也空前繁荣，取得了前所未有的成就。从大明宫的巍峨壮观、豪华辉煌到汴梁城民居的鳞次栉比、典雅清丽，无不体现了这一时期我国人民的创造精神和聪明才智。与此同时，唐宋时期也是三峡地区民居建设与城镇发展的高峰期。这一时期，三峡地区不仅农业、渔业、手工业、盐业、商业贸易业等传统行业得到了前所未有的发展，兴盛兴旺，长江及其支流水路航运业也取得长足进步，大批满载商品的船队，由岷江、沱江、嘉陵江进入长江，驶往下游地区，三峡航道成为最繁忙的水运交通线路。杜甫有诗曰"门泊东吴万里船""蜀麻吴盐自古通，万斛之舟行若风"，就是当时三峡长江航运兴隆景象最为生动的描述。（图3-5）

图3-5 唐代川江航运图

在商品贸易、货物航运驱动下三峡区域经济的繁荣，必然促进峡区内及周边地区聚落的蜕变与提升，向更高一级的市镇形态转变。这是社会进步、经济发展的必然规律。在此过程中，三峡沿江的一些聚落或小场镇发展最快、变化也最大。过去一些默默无闻的小聚落，倏然间就变为具有一定人口与经济规模的区域性场镇或市镇，这已成为沿江经济发展到一定程度之后出现的一种普遍的社会现象。这些场镇或市镇有不少成为新兴的区域性政治、经济、文化中心：具有一定的商业服务能力和文教、卫生等公共设施，有一定的人口规模和相应的内陆腹地支持；且介于乡村与城市之间，是城市与乡村的中转站和物质集散地。这种城镇形态，在传统城乡结构系统中，是较一般城市低一级的小型区域中心，能为一定范围内乡村供应所需的生产资料和生活物资，收购、发售农产品和手工业制品，转运销售外来商品，以满足其辐射区域内居民对教育、医疗、娱乐、商品交换等多方面的需求，是城市与乡村之间过渡的桥梁和联系的纽带。[1]（图3-6）

图3-6 三峡古场镇 （摄影：黄东升）

[1]李映福：三峡地区早期市镇的考古学研究[M].成都：四川出版集团巴蜀书社，2010，第1-2页.

根据《元丰九域志》《宋会要》《舆地纪胜》《元史》等文献记载，唐宋时期，三峡沿江地区这样的集聚形态大自州县市镇，小至百户小镇，多达数百个，其中比较有影响的场镇分布情况大致如下：

涪州及其所辖温山镇、陵江镇、蔺市镇、石门镇等；

忠州及其所辖涂井镇、盐井镇等；

万州及其所辖渔阳镇、同宁镇、巴阳镇、北池镇等；

云安军及其所辖高阳镇、晁阳镇等；

开州及其所辖新浦镇、温汤镇、井场镇等；

云阳及其所辖夔州郡、毗石镇等；

大宁监及其所辖大昌镇、安居镇、江禹镇等；

归州及其所辖兴山、秭归等；

峡州及其所辖白羊、清江、安香、凌江、古驿铺、南湘、靖江等。

另外，三峡地域辐射范围的巴县、江津、武隆、彭水等地也有大量唐宋时代的场镇，如巴县有石英、玉峰、蓝溪、新兴、木洞、安仁、百崖、鱼鹿、双石、东阳等十镇；江津县有马鬃、沙溪、白沙、长池、圣钟、石羊、汉东、王栏、灵感、仙池、平滩、三超、石鼓、伏市、石洞等15个市镇，等等。（图3-7）

一些州县或场镇因处于长江及支流水道的交通节点，得航运之利迅速发展成为峡区重要的商业城市，如涪州、忠州、万州、开州、归州、夷陵等。尤其是夔州郡，原本属云安县所辖小镇，商贾之人携“鱼盐之利，蜀郡之奇货，南国之金锡，而杂聚焉”。各方奇货通过航运均屯集于此地，随之航发各地，此时该郡已然成为繁忙兴盛之地，人口已接近10万，已成为当时的大城市。

图3-7　重庆西沱古镇

值得注意的是，三峡地区聚落在历史的演进中发育并不平衡，有的居民点因时得利、顺风顺水演变为场镇进而成为城市，而有些民居点因交通、地理、物流等多方原因，尚未发育完全，只是成为当地乡民进行商品交换的定期贸易场所，时称“草市”。根据相关史料记载：唐宋时代，夔州路有草市镇81处，全路有草市镇的县17个，平均每县有草市镇4.8个。草市镇最多的永睦县，有草市镇17个。粗略估计，渝州以下瞿塘峡口以西的三峡地区至少有草市镇55处。从分布规模来看，唐宋草市镇相对集中地分布在忠州—万州—云阳一线的沿江地带，该区域也是三峡地区汉六朝、唐宋聚落分布密集度最高的地区。草市亦是乡村商品经济形态中孕育起来的小型区域型经济中心，在交通尚不发达的古代社会，对于活跃乡村商品交换、促进峡区经济发展曾发挥过无可代替的作用，是早期三峡场镇与城市的胚胎。这些草市镇，有些在后世的社会变迁中被淘汰，有些则逐渐成熟，在发育过程中房屋使用功能产生重新组合，并超越农村聚落形态与内涵，成为峡区新兴场镇或城市。

通过以上分析，我们基本厘清了唐宋时代三峡沿江城镇发展线索，勾画出了三峡地区唐宋时代民居—聚落—场镇—城市发展演变的大致架构。事实上，由于唐宋时期三峡地区的手工业、盐业以及贸易、航运业的发展促进了峡区经济、文化的繁荣，为民居聚落发育演变为区域场镇与城市，提供了充足养分；城镇的演进与扩张，也为民居建筑的进化与蜕变提供了条件，这种互为动力的模式致使三峡聚落与城镇的发展速度超过以往任何时期，同时也领先于周边地区。可以肯定，唐宋时代是长江三峡区域民居建设与城镇发展最好的时期之一。

四、清代后期社会稳定、经济发展奠定了沿江近代城镇的基础

明末清初，三峡地区是一个血雨腥风的年代，历经多次战火的摧残与自然灾害侵袭，峡区人烟稀少，百业凋敝，人口由明朝万历年间的310多万减少到清朝初年的60余万人；特别是川东地区，受战乱摧残最为酷烈，所谓"草蓬蓬然而立，弥山蔽谷，往往亘数十里无人烟"[①]，是当时境况的真实写照。长江沿岸历代所建民居、场镇与城市庶几无存，毁之殆尽。中华人民共和国成立之后，长江三峡区域能够看到的各类古建筑、古民居、古桥梁以及古典城镇，完全没有属于明代或以前的建筑及其相关作品。

三峡地区作为入川的咽喉要道，历来是兵家必争之地。在明末清初长达100多年的时间里，前期张献忠从此地多次出入川蜀，进行穿梭式掳掠破坏，后有清军进入烧城毁房，继而蜀军为抗清入川，不惜采用焦土政策，实行坚壁清野，焚毁一切可用之物，包括城池房屋和民居，名曰不给清军留下立足之地，实则自毁家园。两军为争夺西南重镇重庆的控制权，你来我往，杀得天昏地暗，血流成河。直到康熙初年清政府才算彻底完全控制了重庆府城，开始稳定秩序，恢复经济。清政府对重庆的控制，为在三峡地区各州县建立政权创造了条件，动荡不安的三峡地区逐步趋于安定。然而好景不长，夔东十三家，以及川楚、川陕边区的白莲教等农民起义的兴起，使三峡区域又燃战火；接踵而至的是吴三桂在西南称霸叛乱，这更是火上加油，再次将三峡地区重新推入了战争的深渊。清军与各路起义军和叛军在三峡地区展开拉锯战争，在很多重要州县如万县、云阳、开县等城市你来我往，反复争夺，持续经年。战争一直进行到康熙二十年（1681），历时8年之久，最后以清军的胜利而宣告结束。

明末清初三峡地区的动荡之烈、时间之久、破坏之惨，有史以来罕见。在长期的战乱环境下，兵荒马乱的岁月里，人的生命都可能随时失去，何谈城镇建设？谁还敢建房起屋？三峡地区民居与城镇建设的重新兴起，应该是在清朝政府完全统一中国，政治局面稳定，社会经济开始走上正轨之后。城镇建设稳定发展的局面直到乾隆中后期才逐步形成。以忠州为例：乾隆初年，"城市萧疏，仅如村落，其十字街一带均属人民住房，南门外河街，米粮而外，惟布店三间"；而到了乾隆中期，"野田之民，聚在市，茶坊酒社，肉俎脯案，星罗而棋布焉""或袜尚通海，鞋尚镶边，烟袋则饰以牙骨，熬糖煮酒，皆效重庆"。[②]由此可见，经过乾隆初期的经济恢复期，到中后期忠县的民众生活环境和城市面貌得到了极大改观，各类服务性的建筑相继出现，如茶坊、酒肆、肉

---

①蓝勇：从移民史的角度看三峡移民[M].光明日报，2001，10，第16版.
②（道光）忠县志，卷1.

铺、鞋袜加工作坊、水烟坊、熬糖房、槽坊等。在这一背景下，城市居民居住的住宅房屋——民居建筑，想必也出现了一个崭新的面貌。（图3-8）

图3-8　明清民居　（摄影：黄东升）

另外，清政府的一系列鼓励滋生人丁、恢复生产、发展经济的政策，在三峡地区产生了较好的效果。首先，农业经济得到快速恢复和发展；其次，城镇手工业和商业发展也十分迅速，城市手工业中尤以制盐业规模最大，需要的劳动力最多，对峡区经济发展的影响也最大。制盐业历来是峡区传统的手工业和主要经济来源。清初三峡地区只有井盐49眼，其中大宁2眼，云阳10眼，万县16眼，忠州35眼，城口1眼；至乾隆年间，发展到205眼，其中大宁4眼，云阳112眼，万县12眼，开县21眼，忠州54眼，城口2眼。道光时期，三峡地区的制盐业又得到了进一步的发展，规模更加宏大，如云安厂已经有盐井116眼，煎锅349口；大宁厂也有灶201座，锅603口。云阳、忠县等制盐业发达城市，盐厂的各类用工达到了10万人之多，而规模较小的大宁、开县等盐厂各类用工人员也在万人以上，日出盐3万斤上下。[①]

在农业和手工业的带动之下，三峡地区的商贸业也进一步繁荣。三峡地区本来就有经商的传统，三峡人历代盛行经商。乾隆中后期归州"呈舟船为客商载货物往来川楚者颇多"，东湖县商贾"土著者什之六、七，即士农亦必兼营。上而川滇，下而湘鄂吴越，皆有往者"。（图3-9）此时期三峡地区的主要商品是农副产品和手工业制品，农副产品的主要品种有粮食、水果、茶叶、木材、鱼类以及山区特产等；手工业品主要品种是丝、棉、麻等纺织品和皮革制品，以及食盐、糖、烟叶等，其中食盐占的比重很大。值得注意的是，清代三峡地区的商品以本地区自产的

图3-9　清代川江航运船队

①陈锋：清代两湖市场与四川盐业的盛衰[M].四川大学学报（哲学社科版），1988，06（29），第104-106页.

农产品、食盐及山林产品为主。这一时期的贸易商品与唐宋时期的差别较大，唐代与宋代峡区以过境贸易为主，自主产品为辅，除了食盐之外主要转销来自云南地区的象牙、烟叶，成都地区的蜀锦，以及西南少数民族的手工艺品等。而此时的贸易则以当地产品为主，过境商品为辅。商品构成的变化，给峡区的经济发展带来了更多的实惠。

随着三峡区域经济的复苏、繁荣以及商品贸易的兴盛，以川东重镇重庆为龙头的长江三峡上游地区，与中、下游的楚、吴地区的物质文化交流日趋频繁，带动了三峡地区新一轮的城镇建设高潮，沿江许多城市与场镇在此时迅速发展壮大起来，其中尤以重庆、云阳、大昌、万县、新滩等城镇发展最快最好。

（一）重庆

重庆是我国西南重要城镇。自康熙帝平定西川叛乱之后，经济好转，川江航运也开始趋向繁忙。嘉陵江、沱江、岷江三大流域肥沃富庶的天府之地所产的粮、棉、糖、麻、柚、桔等产品，以及其他手工制品和山地特产，纷纷汇集重庆码头，然后再通过三峡转运到长江中下游输送各地，而长江中下游地区的货物，也溯江而上，先在重庆汇集，再销往川中各地及邻近西南各省。至乾隆中期，重庆已是"商贸云集，百物荟萃……水牵运转，万里贸迁"，一片繁荣盛景。望城外"九门舟集如蚁"，看城内"酒楼茶舍与市阓铺房，鳞次绣错，攘攘者肩摩踵接"[①]，240 条街巷商铺林立，人流踊至。据考证，清代后期，重庆的各类商行帮会达 25 个，各业牙行达 150 余家。此时的重庆已然成为鄂西、川东的商业都会城市，是川东、黔北以及西南地区的物质集散地。[②] 四川境内及西南大部地区的航运船帮基本云集于此，仅往来于长江三峡地区的职业水手、纤夫常年都在万人以上。所以，以重庆为中心的船帮、袍哥、帮会组织十分发达。重庆市区建有很多以异地商人为核心的移民组织——会馆，以湖广、江西、福建、广东、江南、浙江、山西、陕西等八省会馆最具规模。会馆设"首事"一人，主持会馆日常事务，处理与会馆所代表的乡民利益相关的事件，并负责与地方政府进行联系和沟通。[③] 至后来，以会馆为代表的帮会、袍哥组织不断扩展，势力越来越大，甚至发展到直接参与地方政府的行政事务，在税收、保甲、消防、团练、债务清理，以及公益慈善事业的管理、商业行规的制定等方面都有自己特色的话语权。应该说，这些带有乡情和行业色彩的帮会、袍哥组织，在草创及其发展阶段是很有积极意义的，它确实代表和维护了外乡商人、移民在当地的生存和发展的种种利益。但在发展到一定规模，或者说其势力发展到了不可控制的程度时，就必然要开始异化，甚至走向了反面，成为绑票、杀人放火、敲诈勒索、收取保护费等无恶不作的黑恶势力。三峡地区很多袍哥组织的发展过程均是如此。

不过，帮会组织对城市的发展也有明显的积极意义，主要体现在两个方面：

第一，会馆建筑的营建推动了城市乡土建筑的发展。会馆建筑是城市最具乡土特色的建筑物，是城市中最具观赏价值的房屋。重庆市区的众多会馆无疑是故乡建筑本土化建设的主要推手。（图 3-10 ~ 图 3-12）

---

①乾隆·巴县志，卷 2.
②民国·巴县志，卷 1.
③隗瀛涛：近代重庆城市史 [M]. 成都：四川大学出版社，1991，第 94 页.

图 3-10　重庆湖广会馆之一（禹王宫外观）　图 3-11　重庆湖广会馆之二（禹王宫内部）　图 3-12　重庆湖广会馆之三（禹王宫屋顶）

　　第二，帮会还是凝聚人心、留住外来人口最有效的民间组织机构。据统计，嘉庆末期，重庆拥有常住人口 17750 户，65286 人，道光中期由于各商业会馆的兴起，重庆城市人口增加到 10 万人以上，到开埠前夕，重庆城区已经超过 20 万人①；城内的部分街区工商业人口所占的比重已超过其他行业人口比重，整个重庆区内工商业人数已经占到了总人口的三分之一以上。至此，重庆成为了长江上游最大的商业贸易城市之一。人口是城市发展的动力，重庆人口数量增加得如此迅速，与帮会组织发达应有很大关系。（图 3-13）

图 3-13　重庆清代民居

　　经济繁荣与人口数量的激增，加速了城市发展的步伐，城市边际在不断扩展，城市环境在快速改善，城内建筑在不断更新，其中民居建筑异军突起，在城市建设中起到领跑作用，山上江边新建的住宅层叠栉比，变幻莫测的民居使重庆正在成为一个"山在城中、城在山中，江在城中、城在江中"的魅力城市。（图 3-14）因此，清末，重庆成为了国外列强垂涎的对象，英、日等国首先逼迫清政府开辟重庆为商埠，随后又获取了川江的航行权，以及在通商口岸开设工厂的特权。客观分析，重庆的开埠，市场的对外开放，虽然有被迫之嫌，但也给三峡地区沿江城镇和乡村带来发展机遇，主要有三点：

图 3-14　重庆暨龙民居　　（摄影：黄东升　曹岩）

　　第一，加速了三峡乃至整个四川地区农副产品的商品化转换，各类农副产品和原材料源源不断地出口，使民众获得利益。

　　第二，推动了沿江城镇的建设。为了适应外轮的停靠及各类物资的进出口，沿江一些有条件的中小城市，如宜昌、万县、涪陵等地，在码头及相关设施与环境建设方面，必须增加投入，加快修建与改造，使其与之相适应。这些城镇实际上是以此为契机，加快了建设的步伐。

　　其三，大量"洋油""洋布""洋蜡""洋灯"等西洋货物的进口销售，方便和改善了民众的生活。到 1881 年，重庆成为仅次于上海、天津、汉口的第四大洋货销售中心。此外，清中后期以来，重庆出

---

①孟广涵等：一个世纪的历程——重庆开埠 100 周年 [M]. 重庆出版社，1992，第 231 页 .

现的航运业、纺织业、金融业等民族工商业和金融业，也为其成为近代商业大城市奠定了基础。

（二）云阳

云阳是一个以盐业贸易为主的大镇，乾隆年间就有盐井112眼。据民国《云阳县志》卷三十二记载："此县商务尝大蕃盛，父老言西关外老街皆贾区，多湘、汉人，故城内多两湖会馆，并有岳、常、澧、永、保诸府分馆。"这说明当时云阳城内已经十分繁华，商业贸易发达，商贾及各方人士云集，除了邻近的湖南、湖北两地设有会馆之外，其他各地均在此地设有分馆。

因此，云阳的会馆建筑也十分丰富。会馆建筑是同乡或同行聚会的活动场所，是一种特殊的带有行业、宗教和乡土意义的建筑，有极强的凝聚力。在三峡地区的城市与场镇中，会馆祠庙类民间公共建筑于行政建制之外，在场镇的形成过程中开始代替传统城市政治性内核"署衙"发挥作用，成为核心凝聚力和场域的"标志定位点"，它们所构成的地缘或业缘性空间成为场镇空间结构基础，并且起到很强的控制作用。一般来讲，一些长期旅居异地的商人或移民的住宅，都会围绕自己认同的会馆或者祠庙来展开建构，形成各种类型民居组团：线型的、团状的、棋盘格型的，等等。这种状况在三峡地区商业型和移民型城市与场镇中表现尤为明显。云阳作为商业之大镇，当时城内围绕各地会馆而建的乡土民居，交相辉映，蔚为壮观。经数百年沧桑巨变，云阳旧时风貌不复存在，现只遗存张桓庙一座，似乎还能让观者感受到昔日云阳建筑之余晖。

（三）大昌

大昌古镇地处宁河中游腹地，始建于晋，距今已有1700多年历史（图3-15）。商周时期称泰昌，战国秦昭襄王时初设巫县，为县治所在，西晋太康元年（280），在此设建昌县，又称泰昌县。后周时改为大昌，置永昌郡。隋属巴东郡。唐属夔州。宋置大宁监，以大昌为属县。清康熙九年（1670），废县并入巫山县。[1]大昌也是一个因盐兴镇的古镇，但该镇并不产盐，主要是占了交通之利。

大昌古镇牌坊

大昌古镇街道

大昌古镇城门

大昌古镇种类繁多且数量集中的封火墙是该镇古民居最为突出的风格特色，有三山、五山、七山、圆弧形等多种造型样式

大昌古镇民居室内天井

图3-15 巫山大昌古镇民居

① http://baike.baidu.com/link?url=7SpJb2yODhTES7FhMmlHAfmK_YUngJEjTHW1q5b–UVnfCcMXpcl1dd9cYpE–VeB–AMzzttDcAkdDLCwHS4FH1_.

大昌镇地处陕、鄂、渝交界之地，由于便捷的水陆位置，成为当时之交通枢纽，自然成为宁厂盐的集散之地，自古商贾云集。相比之下，紧靠长江的巫山县城巫峡镇，虽宁河、峡江一水相通，但远离宁厂，尽管也是盐运集散地，但只有长江水路之便；而大昌兼陆路之便，在盐业管理与贩运上更具优势，所以历代王朝在大昌设置郡县，成为宁河流域的中心城镇。据《巫山县志》载："大宁河石孔，沿宁河山峡俱有，唐刘晏所凿，以引盐泉。"《大宁县志》载："石孔乃秦汉时所开凿，以用于竹笕引盐泉，至大昌镇熬制。"从以上记载看，不管是秦汉时代还是唐代，似都与泉熬制食盐有关。可以说，没有宁厂的盐，就没有大昌。

大昌境内地势复杂，山峦陡似城垣，峡谷窄如走廊，"上扼巴蜀，下控荆襄"。从春秋时代的巴、楚之争到三国时期的吴、蜀的夷陵之战，从明末张献忠率军三过大昌，到清初"夔东十三家"义军抗清，大昌均难逃战乱厄运，城市多次被毁。

清中后期，由于大昌地理位置优越，加之宁厂盐业的繁荣，大昌古镇恢复发展很快，不仅被毁的城市被重新建设起来，而且成为三峡地区清代特色民居群最为集中的地方。综合考察大昌古镇民居，有三大特色：一是种类繁多且数量集中的封火墙；二是沿街立面上的披檐、特别是双披檐的形式；三是天井在传统建筑中的大量运用等。

（四）万县

万县是清代中后期川东大米、桐油、棉布三大货物的集散地，这些货物行销滇黔荆鄂等地。城内"灯光闪烁，台榭参差……商贾云集，桅樯缘岸，排二里无隙处，喧声潮涌。梁、嘉米船多聚焉"，有"万商之城"之美誉。清末万县开埠后商业贸易更是繁忙，号称四川第二商埠，地位仅次于重庆。

（五）新滩

顺浩浩长江东下，进入雄奇险峻的西陵峡3～4千米处远远望去，有一片鳞次栉比、层叠参差、迤逦清雅的青砖古屋小镇，这便是长江三峡地区最典型、最有特色的新滩古民居建筑群。（图3-16）

新滩，又名青滩，古名豪三峡。据《归州志》载，大约在2000年前，此处"始平坦，无大滩"。东汉永元十二年（公元100年），此处第一次崩山，后又崩塌数次，从而形成数百余米的滩礁。古人诗"蜀道青天不可上，横

图3-16　新滩古镇

飞白练三千丈""十丈悬流万堆雪，惊天如看广陵涛"就是吟咏此地之惊险。

由于新滩险阻，各路商贾来到这里便望而却步，纷纷上岸打尖歇步，而后想办法过滩，这里便有了领滩、放滩、绞滩的主业人员，以后又出现了专门经营此道的"板主"。久而久之，新滩便成了长江中上游的转运港和物资集散地。正是这"难于上青天"的蜀道险滩，才演绎出一串串有关新滩的故事，才造就了滩边这些历经沧桑的古屋小镇。

文献记载，自清乾隆始，随着长江木船业的发展，新滩转运及商贸随之兴旺，收入颇丰的船

主与商人竞相在新滩的南北两岸造屋建房。转瞬之间，滩头两岸便层叠层出片片青瓦，幕幕白墙，成就一片古屋麇集的滩头小镇。令人遗憾的是，1985年6月12日新滩发生特大滑坡，新滩北岸的清代石板小街和古民居毁于一旦，留下的则是新滩南岸的数百栋民居老屋，不仅令人潸然！

新滩民居群充分利用地形地势，沿江依坡面而建，因地制宜，随形就势，灵活多变，负阴抱阳，择水而居，充分强调人与建筑、建筑与自然的有机结合，反映出人与大自然的和谐关系。新滩江南民居群由庙巷子、陈家巷子、郑家巷子等巷道组成。整个建筑群充分反映了江渎庙的文化主题，其布局均围绕江渎庙展开。据《秭归县志》记载：江渎庙建于北宋，陆游入蜀曾往拜谒；皇佑三年（1051年）进士曾华旦撰《江渎庙碑记》；江渎庙是"神人阴修"，祭祀江神场所。江渎庙坐南朝北，靠山临江，造形别致，风格独特，是新滩南岸标志性建筑（图3-17）。整个南岸民居建筑继承和拓展了江渎庙的风格，其造形布局虽然绚丽多姿，各具特色，但均不失江渎庙建筑之神韵。整个场镇民居依地势而建，平面布局根据地形变化有方形、长方形及不规则等多种形态变化。普通民宅，其构造多为大门外立面有门楼，室内以厅堂、天井和正房堂屋为中轴，两旁为厢房，天井居中，形成外面封闭、里面通透的格局；大户人家宅院，往往是三四个天井层层进深，台阶叠上，回廊九曲，在不同标高的地基上形成层次丰富的室内环境。新滩民居建筑结构以砖木为主，主体架构多为穿斗式或抬梁式。梁之造型多为月梁形式；梁之间以雕饰有如意云的驼峰连接。房屋墙体由青砖清水墙砌成；两侧山墙多为封火墙，造型多为三山、五山、七山及弧形等，变化多端；屋面为硬山顶，盖以小青瓦，但瓦头则用白灰堆塑成四叶花瓣；卷草花纹滴水为土坯烧制，山花上堆塑以游龙为主的如意云纹，大有腾云驾雾倒海翻江之势。从江面上望去，青墙灰瓦高低起伏，其造型与自然

江渎庙

江渎庙正门

江渎庙室内

图3-17 搬迁后的江渎庙

环境融汇一体，分外秀美。

新滩民居室内装修更具有浓厚的地方特色，是民间建筑技术与精湛的建筑工艺有机揉合在一起的民间建筑典范。其装修精美，陈设古朴、雅致，雀缩檐、廊轩、卷草挂吊楣子及门窗、轩顶栏杆大多饰以浮雕，或人物走兽，或花鸟鱼虫，装饰构件非常讲究，形象生动，工艺精湛，独具匠心，充满了浓厚的乡土气息和深厚的文化底蕴。可以说，新滩民居内的一幅木雕就是一件传统的艺术珍品，就是一个古老的故事。

在三峡地区广袤的土地上，无论是城镇还是乡村，无论在水边还是在山间，民居始终是乡土建筑的主旋律。清乾隆之后，由于三峡地区未发生大的动乱，社会稳定，经济繁荣，各地移民也已经适应了当地环境，这时营造安生立命的场所——住房，已成必然之势。这期间，在三峡区域广大城市、场镇、乡场、农村，人民群众创造了大量美不胜收、特色鲜明的住宅建筑。这些绚丽多彩、风格迥异、格调清雅的秀美民居高低错落，或靠山、或近水，或建为吊脚楼结构，或筑为合院规模，鳞次栉比，毗邻成片，时有宗祠、会馆、寺庙、署衙、府院等公用建筑间列其中，交相辉映，构成为数众多、各具特色的沿江系列城镇空间形态。长江就好像是一根线，沿江及其支流数以百计的大小城镇就像这条线上的珍珠，被长江串联起来，形成一条璀璨的珍珠链，流光溢彩、夺目耀眼、独具特色。在这条珍珠链上，除了宜昌、秭归、巴东、万县、巫山、奉节、忠县、云阳、丰都、涪陵、重庆这些知名城市之外，还有一批享誉中外的中小场镇串列其中，如大昌、西沱、石宝、龚滩、宁厂、云安、洋渡、武陵、大溪、陪石、新滩等。而西沱、大昌二镇因个性突出、特色鲜明，在川中历来的城镇评选之中，多次入选本省历史文化名镇目录。在长江三峡地域，除了上述这些大家耳熟能详的城镇之外，根据资料显示，还有大量藏于深山尚不为人知的优美场镇。这些场镇分别建于自清以来的不同年代，至今有的恐怕已经消失了，有的或许还有残留遗迹可考，有的可能还保存完整处于休眠期。现统计如下：

道光至同治时期：忠县有43个乡场[1]；城口有29个场镇[2]；万州江北有场镇31个；江南有场镇18个[3]。（图3-18）

光绪至民国时期：长寿县有20个乡场[4]；丰都县最多有过76个场镇，其中，关圣场为明代所建，林家庙场（现崇兴镇）生意繁盛，而高家场则"户口稠密，生意繁盛"[5]。

根据蓝勇的考证，湖北境内的场

图3-18 三峡古典场镇

镇分布情况如下："同治时宜昌东湖县仅城郭就有13个集市了，其他乡场还有集市18个之多，兴山已有14个集市（其中两个在城内），巴东有8个集市。到民国时期宜昌地区的城镇有了很大发展，宜昌县就有5个乡，38个铺，16个市镇；归州4个乡镇市；兴山县有2个乡，15个市镇；巴东县有18个市镇。"[6]

①道光·忠县直隶州志，卷1、卷2.
②道光·城口厅志，卷3.
③同治·万县志，卷8.
④光绪·长寿县志，卷1.
⑤民国·丰都县志，卷8.
⑥蓝勇：深谷回音 [M].重庆：西南师范大学出版社，1994.

第二节　三峡城镇的选址

长江三峡库区从湖北宜昌到重庆600多千米。我们前面形容长江好比是一条曲折优美的丝线，把沿江两岸犹如珍珠一样的城镇串联起来，形成一条璀璨的珍珠链，精美别致，赏心悦目。但是，这些沿途各就各位如珍珠一般的大小城市与场镇，为何能够在其所处的位置落地生根，历经数千年而不衰？探讨个中原由，虽然涉及的方方面面的因素很多，但最根本的原因在于城镇所处的地理位置，也就是说，城镇选址的优劣决定了其后期的发展。从三峡地区的民居聚落及后来的场镇、城市的形成与演变的历史过程来看，绝大部分城镇是在自然与社会演进之中通过岁月的检验，时间的打磨，自然形成与自然生长起来的。其成长过程是一个自然、地理、人文、社会、经济、文化、交通、商贸等综合作用的过程。在这个过程中，有的居住点发展了，成为场镇甚至发展为城市，而有些却衰落，甚至消失了。综合考察和比较这些城镇成长发展的各方面因素，可以完全肯定，地理位置的选择是导致城镇发展成败的关键之所在。（图3-19）

图 3-19　三峡古典场镇

研究证明，自古以来，华夏先人们对于居住环境的选择就相当谨慎，并形成了一套相当完整的风水理论，用以指导人们的建镇造屋行为。考察分析三峡地区古往今来那些发展较成功的大小城镇所处的环境位置和地理节点，笔者认为，其选址十分注重以下三个方面的因素。

一、环境因素

环境是什么？

百度百科的解释："环境既包括以大气、水、土壤、植物、动物、微生物等为内容的物质因素，也包括以观念、制度、行为准则等为内容的非物质因素；既包括自然因素，也包括社会因素；既包括非生命体形式，也包括生命体形式。环境是相对于某个主体而言的，主体不同，环境的大小、内容等也就不同。狭义的环境，指如环境问题中的'环境'一词；广义的环境，往往指相对于人类这个主体而言的一切自然环境要素的总和。"

维基百科的解释："环境是指周围所在的条件。人类生活的自然环境，主要包括：岩石圈、水圈、大气圈、生物圈等。和人类生活关系最密切的是生物圈，从有人类以来，原始人类依靠生物圈获取食物来源，在捕鱼狩猎和采集事物阶段，人类和其他动物基本一样，在整个生态系统中占有一席位置。但人类会使用工具，会节约食物，因此人类占有优越的地位，会用有限的食物维持日益壮大的种群。"

对于三峡地区早期人类来讲，"用有限的食物维持日益壮大的种群"是第一位的，因此，在对环境进行选择时首先考虑的是生存的需要。三峡地区峰峦叠嶂、山高地险，但自古以来长江三峡河谷众多，支流纵横，渔类资源十分丰富；同时，山林茂密，野兽成群，可供狩猎的猎物也很多。在农业经济还不发达的古代，捕鱼狩猎在相当长的时间内一直是三峡区域内民众沿袭的生存方式。早期因生产工具落后，捕的鱼、打的猎物不多，不一定需要固定的住所，随着鱼群和猎物的迁徙搭个临时窝棚暂住就行了。但随着生产工具的更新，生产力发展之后，收获的鱼和猎物多了，就要找地方存放，甚至腌制晒干后储存起来，以备不时之需，或者与其他人进行物质交换，这就需要固定的住房了。但满眼望去，三峡地区到处都是高坡陡坎，很难找到一块平坦的地方。

长江干流沿线有很多支流，人们发现支流与干流相交之地的驳岸由于长期同时受两股水流的冲刷，一般会形成一个体型巨大的三角缓冲淤积带，地势相对平坦；两水相交时形成的回流漩涡不仅会使流速放缓，还会使大量鱼食滞留，引来各类鱼群到此觅食，这里的鱼特别多；如果遇到暴雨、洪水来袭，这里还是大小船只遮雨避风的好地方。从自然环境来看，两水相交时的地方是最

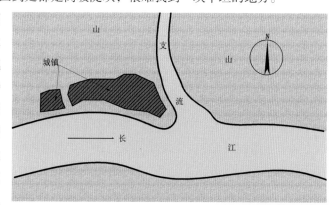

图 3-20　三峡地区城镇选址示意图

优越的，也是最适合人类居住的地方（图 3-20）。人们发现这些地方之后就不愿意离开了，不仅选择在这里捕鱼、避风避雨，而且在岸边搭建起了房屋，逐步在此地定居下来，并在这里进行初始的商品交换活动。这里从最初零零星星的茅屋，到后来形成聚落，最后发展演变为场镇或城市。这就是从古到今三峡城镇一般都坐落在长江与支流两水相交之地的原因。

从长江三峡库区沿线观察，我们发现，大江大河与长江交汇容易形成大城市，如重庆市、涪陵市。重庆市位于嘉陵江与长江交汇处，涪陵市位于乌江与长江交汇处。两城均为大城市，重庆市还发展成为特大城市。两城均具有悠久的历史，两江交汇处构成了两座城市的发源地。

小江与长江交汇则形成小城市，如云阳、巫山、秭归等。云阳县城位于汤溪河与长江交汇处，巫山县城位于大宁河与长江交汇处，这些小县城都有自己鲜明的特色，在沿江地区占有特殊的历史文化地位。

小溪与长江交汇形成场镇。如忠县的石宝寨、秭归的香溪等。这种小溪汇入长江，在交汇处形成的聚落，大小规模不等，大到数百户人家，小到一个村落，是该地域历史上一种聚居形态的反映。考古发现，三峡库区沿线，历史上这种聚落小镇有很多。如《三峡工程库区四川省云阳底下文物一览表》记载，云阳位于万县与奉节之间，境内河网发达，其中汤溪河、彭溪河、磨刀溪均为长江支流。在库区考古发掘过程中，共发现商周前期的聚落遗址15处，其中3处分布于汤溪河流入长江的双江镇。彭溪河中下游地区分布有遗址10多处。两汉六朝时期，云阳境内的聚落遗址增加到20处，但分布区域没有多大变化，聚落仍然维持在长江与彭溪河、汤溪河交汇处的地带，并维持了以彭溪河中游高阳为中心区域的分布态势。由此可以看出，聚落与城镇的选址，环境因素是第一位的。

二、风水因素

风水，为五术之一相术中的相地之术，即临场校察地理的方法，古代叫地相，也称其为堪舆术，是以研究建筑选址为目的的一门学问，也是古人在筑构宫室、村落、房屋以及墓地等建筑物时选择建构地址的基本方法和原则。经过前面的分析我们已经知道，三峡库区的城市与场镇，一般都是在历史发展的过程中自然生长形成的，而不是经过风水先生相地之后，在某处建造起来的。那么，三峡地区的城镇选址，还和风水有关吗？答案是肯定的。风水说到底就是根据水陆两大环境来进行选址，具体操作方法是"相土尝水法"和"山环水抱法"。其理论是"负阴抱阳""山环水抱必有气""觅龙（主山脉——大环境的地理形势）、察砂（土壤资料——农业）、点穴（寻觅主要地区）、观水（河流、水源）、取向（阳光阴影、气流方向——适宜居住）"，主张"背山、向阳、面水、案山"，还有所谓"左青龙、右白虎、前朱雀、后玄武"之说。按其理论，聚落或住宅选址要后靠青山，面对碧水，山环水抱，前有朱雀、后有玄武、左有青龙、右有白虎，坐南朝北才为上佳，如若不能面朝正南，退而求其次，面向东南或西南亦可。风水理论其实是集中华民族南北优秀传统聚落及住宅选址之大成，然后把它综合化成指导性经验而已。其实，只要我们稍加考察，在我国，即使是最早的传统聚落和民宅遗址，对于地址的选择都存在对于风水的潜意识关照。早期人类不懂风水，更不知堪舆学，但他们懂得最基本的生存法则，一定会找地势较高且平坦、向阳、面对水源、取水方便、靠山避风、避洪水的地方来营造自己的房屋，难道这不就是典型的风水选址？只不过有时候人们在面对自然环境时，因受到具体地段的地理条件、水系、交通等诸多限制而不可能求全罢了。

具体到三峡库区，长江河流为东西走向，一般城镇和聚落都坐落在沿江两岸。但有两点现象值得注意：其一，如前所述，人们总是愿意选择在长江干流与支流两水相交的地方居住与生活，因此这些地方城镇最多、人口也最集中；其次，仔细观察，坐落在长江干流北岸的城市不仅比南岸的城市大，而且数量也比南岸多。请看，北岸不仅有重庆这样的特大型省级重镇，而且有万州、宜昌这种发展中的大中城市，另外还有秭归、巫山、奉节、云阳、忠县、丰都、长寿等一大批县级城镇，以及为数众多的场镇和民居聚落；再看南岸，除了涪陵这个较大城市之外，县级城市只有巴东一个，外加一些场镇和居民点。选择两水相交的地方建城或居住的好处前面已述，但为何众多的人群愿意选择在长江北岸居住和生活呢？只要稍加分析，就会发现，只有在长江北岸筑屋构房、建城兴镇，才能更直接地享有靠山面水、坐北朝阳之利。即使人们不得不在长江南岸的城市与场镇中居住，在地形十分受限的状况下，其居民住宅也不会直接面对北边的江面开门，而是想办法把门开向东、西或者东南、西南诸方向。这就是人类普遍存在的风水意识，而这种意识有时候是潜移默化在人的行为之中，成为一种潜意识。事实上，若严格地按照风水理论的要求，处在两江交汇处的城镇，即使是坐北朝南，也很难在其所处的位置左右两边找到所谓青龙、白虎的意向山峦，更别谈什么严格遵守其他风水要旨了。在这里，人们更多的是从生存角度来考虑并确定城镇及住宅基址的。一切以生存为出发点，从更深层次的意义上来讲，这种古老的选址方法，何尝不是在一定条件下对风水理念的一种更高级、更灵活、更生动的运用，实际上，在特定的环境里，人类首先考虑的是水源与粮食这两大基本生存条件的保障与满足，只有这两样东西才是生命所必需的，而其他的则是对环境的修饰性的补充和完善，即有它可以生活得更舒适、更美好，进一步提高生活质量，无它也无关生存之忧。道理其实很简单，青龙、白虎可以不要，人完全可以活命、可以生存。由此可见，数千年以来，三峡沿岸居民在选择城镇和住宅基址时，更多关注的是山川陆地与河流水源的相互关系，也就是风水中的"龙脉"与"朱雀"的关系。这两者才是人的生存与生活中不可须臾离开的。于是我们看到从古自今，不论城市乡场、村落民居都不约而同地在两水交界处，在长江干流和支流交汇的三角地带纷纷落地生根。在这一过程中，长江干流北岸更令人们趋之若鹜。那些宫观庙宇亦按此观点选址，如云阳张飞庙、香溪水府庙、奉节白帝城、忠县石宝寨等，选址无一不是如此。以此，形成了三峡库区沿江两岸的城镇与聚落布局与发展的恢宏大观。

在长江三峡地区，山、水、城镇与民居互为依存，和谐共生。但是在与山和水的关系上，峡区居民的特殊性在于多数靠"水"生存，而不是靠山务农种庄稼来维持生计。在一定意义上讲，他们对水的依赖性大于对陆地的依赖性，所以长期以来他们视水为生命，对水的感情尤为深厚。正是这种对水的神圣感情，支配着大江两岸的城镇、聚落、寺庙、民居等各种建筑形态的形成与发展，并以此衍生出了许多与水有关的风俗习惯，以及故事与传说，成为长江三峡地区特有的"水文化"。其中选址"临水而居"和"与水为邻"最为关键，它不仅让身临其中的所有人真切体验到人与生俱来的亲水本能，而且还让人亲身感受到水与生命、水与生活休戚相关。因此，三峡地区城镇聚落的选址在风水理论的框架下，与"水文化"息息相关，联系紧密。

三、航运因素

"城因水兴，水为城用"，三峡长江沿岸城镇的发展与兴盛，都和水有直接关系，而水又和航运紧密相联。自古以来，峡区先民就和水亲近、靠水生存，在沿江两岸借助简陋的木船、木筏捕鱼捉虾，运送物品，进行产品贸易活动。他们来往于浩淼长江，穿行于支流溪水，选择那些长江干流与支流交汇的三角地带停靠船只、躲避风雨、修补捕鱼工具、进行物品交换、晾晒衣服、搭棚休息，形成了最初的原始聚落。据《华阳国志·巴志》记载："巴子时虽都江州，或治垫江，或治平都，后治阆中。其先王陵墓多在枳，其畜牧在沮，今东突硖下畜沮是也。又立市于龟亭北岸，今新市里是也。其郡东枳有明月峡，广德屿，故巴有三峡。"[1]此段文字说明：世代生活在长江三峡沿岸、以渔猎为生、以船为家的巴民族发展壮大之后，不仅在长江、嘉陵江、乌江三大流域交汇的广大区域建立了一个幅员辽阔的国家，并且兴建了江州（重庆市）、垫江（合川）等都城，筑构了枳（涪陵）为其先王的陵寝之城，建立了一批新市于龟亭北岸。值得注意的是：江州的地理位置在长江与嘉陵江的交汇口，枳的地理位置在长江与乌江的交汇口，两个城市都有两条水路交通之便，都是后来川江航运发展的中心城市。可见数千年前，巴人对城市建构的选址是经过精心选

①常璩：华阳国志·巴志 [M]. 上海：商务印书馆，1958，第 8 页.

择的，其所处的位置，不管陆路还是水路都十分畅通发达。

自秦汉到元明，这漫长的1000多年的时间，虽然在三峡地区没有留下一件建筑实物，但我们仍然可以从川江航运的发展历程中看到沿江城镇与聚落兴衰演变的轨迹。季富政先生在《三峡古典场镇》中对秦汉至唐宋三峡航运有这样的描述："秦并巴蜀后伐楚，万船顺流而下。西汉以来，巴蜀造船技术迅速发展。唐宋时期万斛之舟频繁往来于成都维扬之间。"① 这段文字至少说明了三个问题。第一，长江三峡位于川鄂之咽喉，自古以来就是交通要道和战略要地。其航运的经济地位和军事价值都十分重要，秦灭巴之后三峡水道就成为运兵伐楚的直接通道。其二，我国的造船技术自秦以后快速提高，从秦军的万船齐发到唐宋时期的"万斛之舟频繁往来"都说明了造船业的进步和成熟。在我国造船与造房都属于木结构技术，在技术上讲是相通的，没有本质区别，这是否也可以间接证明此期三峡地区木结构房屋建造也处于高潮期？其三，航运本身是驱动沿江城镇发展的动力源之一。唐宋时三峡航运发达兴盛，"万斛之舟频繁往来于成都维扬之间"，这样的大船在长江三峡往来停靠，需要建造许多相应的码头与相关设施，这对城市建设与发展有很大的促进作用，尤其是处于交通要冲的城镇。

明末，四川战乱不断，三峡航运中断。清初雍正时期，移民入蜀，四川经济开始恢复，三峡航运对移民迁徙起了十分重要的作用。随着经济形式的好转，三峡航运重新兴旺起来，到了雍正后期，川米不断顺江东下，平均每年下运110万石以上，成为三峡水运的主要货物之一；川盐及其他如棉、麻、茶叶、烟叶、蜀锦等也大量下运，销往湖广和江浙广大地区。清代中叶以后，峡江水运开始出现专业化趋势，形成了以某种船型、某条航线或以专运某种货物为主的各类船帮。这种分门别类的船帮的出现，标志着峡江航运中分工进一步明确，各类物品的航运正在朝专业化、规模化发展。同时，航运安全也进一步得到沿江各个城镇的重视，为了保护船运安全，有些城镇，如归州、万县、巫山、奉节、涪陵、巴县等，都在峡江沿岸设立救生船站，随时拯救发生危险的船只。

三峡航运的发展、成熟与壮大推动了沿江城镇的建设。自清初重振三峡航运之后，三峡沿江城镇开始恢复性建设，在被明清交替之际天灾人祸彻底摧毁的城镇废墟上重新点燃了希望之火，经乾隆转折期的重建与发展，嘉庆、道光时期进入建设高潮。至清末期，三峡沿江两岸已是城镇林立，村落接踵，形成城镇、乡村、高山、流水互相辉映、和谐共生的美丽壮观景象。（图3-21）

在三峡地区城镇与聚落发展史上，除了农业、渔业、手工业之外，川江航运业的发展繁荣更是直接加快城镇建设步伐的关键。沿江城市为什么不约而同地选择长江与支流相交的三角地带建城，理由其实很简单，除了如前所述环境因素、风水因素之外，还有一个重要因素，那就是航运交通因素。我们看到，凡是处在支流与长江交汇要津处，且水路航运发达的地方建构的城市，发展就快，人口就多，城市就大。否则相反。即使长江支流也是这样，如乌江之芙蓉江、郁江、唐昌河，云阳小江之彭溪河、普里河、南河、东河及汤溪河，大宁河之马连河、后河、西河等。这些过去通航的河流对两岸城镇的形成与兴建起着决定性的作用，并构成三峡地区城镇的精华部分。

---

① 季富政: 三峡古典场镇 [M]. 成都: 西南交通大学出版社，2007，第50—53 页.

尤其是两江交汇口的位置，往往成为重要城镇选址所在，形成三峡城镇特色，起到一个地区政治、经济、文化中心的作用。

图 3-21　宜昌车溪民居

第四章
三峡城镇的空间形态

　　长江之水，是峡区民众的生命之源、生存之泉，更是他们与外部联系的纽带。因此，三峡地区的居住形式，不管是散居、聚落，还是城镇的布局与生长，都围绕长江展开。城镇与长江及其周边环境互为依存，关系紧密。如果从远处观望三峡区域的城镇结构，其空间形态随着江水的曲直、岸线转折变化而变化，能深切领略到一种"山在城中、城在山中，江在城中、城在江中""既是山城，又是水乡"的天人合一的壮美风光。

第一节 城镇的空间结构与环境

环境是城镇建构的基础，不管是古代自然生长的城镇，还是现代规划新建的都市，都离不开当地自然环境的制约，因此，城镇的空间结构形态的构成与其所处地形环境有很大关系。就此而言，不同的环境条件，往往就能决定一个城镇或者聚落的平面布局、空间结构、整体形象等。如平原地形环境下形成和建构的城镇与山区地形环境下建构的城镇有完全不同的空间结构形态。在实际情况下，城镇环境大致可分为地域环境和用地环境。地域环境，是指城镇形态与大地之间的关系：如江河、湖泊的大小、形状及其走向与交汇状态，地基所处的位置、地基与山水的关系、水陆通道、著名的风景点与景区等因素对城镇构成的影响和作用。用地环境，是指城市用地与地形地貌的关系：如坡地、阶地、平地、生态绿化环境，用地的坡度大小、陡峭程度、范围的大小、形状特点等因素对城镇构成的影响和作用。因此，城镇与环境的关系是一种依存关系，环境的差异对城镇的空间形态的构成起着至关重要的作用。(图4-1)

图 4-1 传统聚落与长江山、水的关系 （摄影：黄东升）

三峡地区的城镇大都具有悠久的历史文化传统，沿江及其支流城镇的发展变化又受历史上军事、政治、交通、商贸、旅游文化等多种人文环境的影响，因此，三峡地区的城市、场镇、聚落的布局特点、结构方式、空间关系，不仅与用地客观条件密切相关，体现出城镇与自然环境的相互作用，同时也与地域文化环境联系紧密，体现出人文与自然相互合作的关系，进而形成了本区域大多数城镇的形态格局。

一、城镇、聚落与水的关系

（一）长江对城镇的平面形态的影响

三峡地区，山、水是最基本的环境格局。在这里，无论是聚落还是城市的建设与发展，均受这种格局的制约。长江作为城镇生存和发展的生命通道，与城镇的兴衰关系密切，因此，三峡城镇大都以长江为依托，依山面水，沿江而建，形成山、城、江共生共存的和谐关系。由此，长江水流及其两岸坡岸环境对峡区城镇平面形态构成有直接控制作用。一般而言，城市、场镇、聚落均建在长江干流与支流交汇处，这里因两江相交而形成的客、货两运集散与中转码头，是辐射峡区内陆腹地的最佳场地。三峡区域长江干流沿线支流密布，既有大江大河，又有溪沟细流。我们在前面章节中分析过，大江支流与长江相交，因支流辐射范围广，容易形成大城市，如重庆、涪陵等；小河支流因辐射纵深相对较小，在与长江交汇处一般形成小城市，如奉节、巫山等县级城市；小溪与长江相交则只能形成场镇或者聚落，如香溪新滩等。因为长江航运是沿线城镇发展的主动脉，也是沿江民族赖以生存的黄金水道，所有沿线城市一般以码头为中心节点展开布局，形成建筑平面组团。两江交汇的二级、三级阶地往往是最初城镇发生与形成的最原始基址，是最具文化内涵的历史传统部分，也是城市中最古老的街区，通常也是城市最为繁华的商贸交通地带。（图4-2）

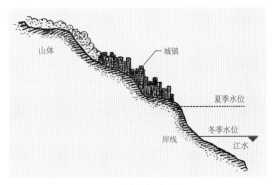

图4-2 长江水位变化与城镇的空间关系剖面图

（二）长江对城镇空间形态的影响

三峡沿江两岸的城市、场镇和聚落，大都建在临江的阶地上，在江与山之间非常狭长的带状地面上建房和发展，用地环境受很大的限制。所以，背靠大山，面对大江，在倾斜坡地上起屋建城，是三峡库区城镇空间形态构成的典型格局。（图4-3）

图4-3 现代城市与长江山、水的关系

在三峡区域，一般情况下，除了部分传统的老城区是建设在相对平坦一些的用地上之外，大部分后来新发展起来的城镇建筑都建于坡度在25%以上的坡地上。长江水流对岸线常年的冲刷，使沿岸的区域形成多级阶地。城市发展，也大都在阶地和阶地斜坡之间进行。绝大多数三峡库区的城市和场镇，一般都建在一级、二级阶地上。长江的水位，冬夏两季，一枯一洪，城市与长江的关系，就有一年一度的一高一低变化。冬天，长江水流枯落，留出一片宽阔的岸线，城镇边际扩展了。宽阔的岸线往往是城镇的交通运输，货物堆放，船舶维修，以及市民消闲的地方；到当今岸线区也往往是如今来到城市打工的农民们形成"棚户"聚住的地方。夏天，江水上涨，建城区与江水紧密相连，江水与建筑结合成岸线，城市形态得到了回归。所以，三峡地区的城镇空间形态的发展变化，始终受到长江水流的控制与影响。

二、城镇与山的关系

三峡长江沿岸的坡谷山地造就了沿江城镇与聚落的空间形态，城镇与聚落充分利用山地条件，顺山沿水，在山与水的天地间慢慢生长，随地形山势变化而变化，逐步形成地域特色浓厚的山水城镇、山水聚落，这就是库区城镇聚落的空间特点。地形的起伏变化，使城镇空间犹如音乐节奏一样高低错落，各种风格的建筑房屋有如音符列置其间，灵活多样，美轮美奂；地形的转折，使城镇聚落空间顺应等高线的蜿蜒变化，形成"带状""点状""组团"等各种不同形态样式，以此，三峡城镇衍生出变化丰富的城市空间。在三峡地区，城镇在形成与发展的演进中，虽然复杂的地形条件限制了其发展的任意性，缺乏一般平坦用地城镇的正方形格局，大都显现出一种似乎不太"均匀"、不太"完整"的城镇构成关系。但是，正是这种城镇所体现出的自然性和地域性，反而更突出了城镇形象的个性特征，避免了城镇空间形态的千篇一律。综观三峡库区，每个城市、场镇几乎都有自己特有的、有别于其他的特殊形象和风格，在人们的视觉感受中印象深刻，不易混淆。三峡库区富有个性特征的城市、城镇、聚落及其建筑个体与群体，组成了我国城市类型学中不可替代和重复的重要部分。

在三峡库区，影响城镇空间形态的因素是多方面的，但其中一个重要因素是城市、场镇用地坡度。当城镇用地坡度比较平缓，一般小于15%时，虽然城镇居于山水之间，但城镇自身的构成方式，仍然具有平坦用地城市的特征。这类城镇在库区占一定比例，如丰都县城、开县县城，以及一些小的场镇等。城镇最初的建设用地，是在相对平坦的阶地上，近年城镇的发展，也大都集中在旧城区重复建设。这是建城区用地给人的总体印象。

当城镇的用地坡度比较陡峭，一般大于30%以上时，城镇基本与山地融为一体，"山即是城，城即是山"。这一类型的城市、场镇在三峡库区占主要部分。以丰都和忠县为例，这两个城镇是三峡地区的两个小县城，人口和用地的规模相差不大。但由于所处的山地环境不同，所构成的城市形态也完全不一样。两个城市都坐落在长江北面，临长江呈带状发展。但从用地坡度上来区分，丰都建在临江相对平坦的阶地上，城市用地坡度大约在10%～30%之间。忠县是建在斜坡上，城市用地坡度大约在30%～80%之间。丰都城市从整体上看，有如一条人工建设带，位于山、水之间。而忠县城市的整体形象则是城与山完全融为一体。（图4-4、图4-5）从这两个例子可以看出，山体的坡度对城市空间形态的形成与变化有很强的控制力度。

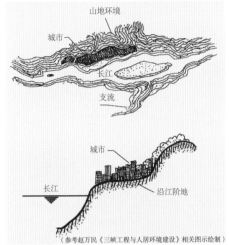 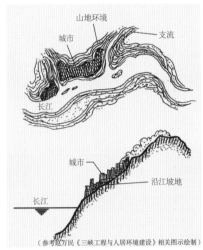

图 4-4　丰都县城与地形的构成关系示意图　　　图 4-5　忠县县城与地形的构成关系示意图

三、城镇与山水环境的整体关系

总体而言，三峡地区城镇与峡区山水环境的关系实际上是一种共生关系，城镇的空间形态构成与环境是"你中有我，我中有你"，共生共荣，不可须臾分割，体现出了人文与自然、山水与建筑合二为一的山地城镇特征。人们游览过长江三峡之后，对于两岸众多的个性突出、特色鲜明的传统山水城镇总是印象深刻，难以忘怀。长江三峡地区千变万化的地形环境，造就了三峡城镇、聚落千姿百态的地域性特征。当人们谈到三峡某个城市、场镇时，同时想到的总是这个城市的建筑特征、山水概貌、生态绿化环境等方面的内容，很难将城镇的概念从环境中剥离开来。

在三峡地区，一些以风景旅游为主的城镇，其特色环境与景观，已成为当地城市特征的代表形象和名片。如丰都"鬼城"的名山、双桂山，云阳的张飞庙，奉节的夔门、白帝城，巫山的巫峡入口，秭归的屈原祠，兴山的香溪河等，往往是代表这些城市形象的主要标志。通过浏览这些景观，自然环境与城市的概念，已经在人的印象中融为一个整体。（图4-6）

丰都"鬼城"名山　　　　　　奉节白帝庙　　　　　　　秭归屈原祠

图 4-6　三峡地区著名景点

第二节 城镇空间的平面布局形态

三峡城镇与聚落由于受地形环境限制与影响，空间结构一般较为自由，在平面布局上依山就势，灵活多样，反映出与峡区山江自然环境相适应的特征。依据地理环境的差异，其布局形态主要有以下几种：

一、平行江面布局

城镇的布局与江流的走势一致，依山沿岸，与山体等高线走向一致，呈带状结构；街道一般建在面江的一、二级台阶上，地势相对平缓，每一级通过阶梯连接；建筑一般向两端发展，一字形的街道延伸至一定长度，用地受限之后，便在其上方再建街道；街道两侧的民居，一侧依山而建，呈爬坡之势，一侧背水而筑，呈吊脚式样，两侧建筑一高一低，形成"爬坡下坎"的格局。此类场镇在峡区比较普遍，如巴东的信陵老街，巫山的培石镇、大溪镇，石柱的沿溪镇，忠县的洋渡镇，以及巫溪的宁厂镇，等等。（图4-7）

图4-7　民居平行江面的布局形态　　（摄影：黄东升）

二、垂直江岸布局

这种布局形态是由于城镇顺江方向发展的用地受阻，无法平行延伸，城镇只能顺山脊走势向上生长，形成与江面垂直、攀缘而上的阶梯形街道。阶梯既是通往江边码头的通道，也是商业主街，城镇民居建筑沿阶梯两边营建。云阳的双江老街和石柱县西沱镇等，是这类古镇的代表，而以西沱镇最具典型意义。西沱镇始建于汉代，全盛于清代中叶。该镇自长江岸边的码头起始，建筑物沿蜿蜒的山脊向上展开，曲折攀缘千步石阶，直到山上独门嘴，全长约2.5公里，故有"云梯街"之称；建筑多为木框架结构，前面为商店，用来经营各种商品货物，后面为住宅；房屋采用黑色柱枋为经纬的竹编夹泥白墙围护，人字形挑檐屋顶以小青瓦覆盖，鳞次栉比，层层叠叠，沿级而上；加上建在濒临江岸南北两侧状如龙眼的单拱石桥——"南龙眼桥""北龙眼桥"，在晨霞、江雾、暮霭中，构成一种气势磅礴的巨龙下江态势，由江面望去，蔚为壮观。

三、团状紧凑型布局

在自然环境的变迁中，长江与一些支流交汇处，以及一些支流的腹地，形成一些相对平缓的坪坝，这些地方的古场镇，由于建设用地稍微宽松，其构成形态多为小规模的圆形或准矩形团状布局。这种结构形式是城镇受"最低消耗，最大生产"的经济意识潜在支配而自然形成的，能最大限度地发挥场镇的原始集居效应。[①] 这类场镇以奉节的永安镇、巫山大昌镇、丰都的名山镇等为代表。以巫山大昌镇为例：该镇地处长江支流大宁河中游，是一个占地不大、历史悠久的袖珍古城，城内东、西、南三条长短不同的街道，呈"丁"字形结构。这座小城经历多次战乱与自然灾害，屡毁屡建。清道光元年（1821 年）大宁河洪水泛滥，使该镇严重损坏，后重修加固，仍维持原貌。[②]古镇城池平面形态为圆形，城内北部设置兵营，筑有炮台和九宫八庙等建筑；南部街道两侧为典型的南方天井式民居，青砖黛瓦，雕梁画栋，翘角飞檐，古朴幽雅，是建于明、清两代不可多得的古民居建筑群；南城门外有石砌台阶直入大宁河，为与外部联系和物质进出的码头。大昌古镇依山傍水，环境幽静，与自然和谐相融，展现出"天人合一"的美妙境界。

四、自由布局

三峡地区一些古场镇，由于建在复杂的地形环境之中，很难把它界定为哪一种具体的构成形态，如秭归新滩镇南岸古民居群，其平面关系极其灵活自由，房屋的布局并不形成特别明确的街巷结构，完全是一种自然生长的格局；建筑多顺应地形起伏，高低错落，朝向各异，聚散江边；这种不拘一格的自由布局形态，不仅反映了中国古代"因天材，就地利，城郭不必中规矩，道路不必中准绳"[③]的城镇筑构理念，而且给人以自由、自然之美。

第三节 城镇空间的布局特点

一、开放式

中国古代城市最显著的特点就是以高大的城墙环绕围护城市，城里城外完全隔开，仅以城门为进出联系的通道，城内形成一个相对封闭的空间环境。这种以城墙围护的方法是古代落后生产方式在城市建设上的反映，不只是中国，国外的城市也多筑有城墙。据考证，我国在殷商时期城池就已经开始筑城墙了。在科学技术不发达的冷兵器时代，城墙确实是一种防范敌人攻击，保护自身安全的有效方法。但经过数千年的延续传承，城镇城墙已演化成为一种传统文化，成为城市的象征，有其丰富的历史文化内涵，我们看到，我国历代城市或者一些较大的场镇，甚至一些村寨都要修筑城墙，以展示自身形象。当然，这类城墙更多的只是一种精神上的象征意义，多数与军事防御已无多大关系。

然而，这在广袤的三峡地区却是个另外。考古证实，除明清之外，在漫长的奴隶与封建社会期间，三峡地区以及西蜀国版图内发掘出土的为数众多的城市遗址，多数不见有城垣，也无明确的城市边界；尤其是两周时期，重庆成为巴人建国的都城，巴国以此为据点，东征西讨、纵横捭阖，一度称雄于西南，但考古工作者在这一区域里至今竟没有发现西周、东周时期的建筑城墙的痕迹。唐宋时期是三峡地区城镇建设与发展的高峰期，在大量唐宋城镇建筑遗址中，也无城墙遗

①王松涛，祝莹：三峡库区城镇形态的演变与迁建［J］，城市规划汇刊，2000，（2），第 68 页.
②赵时华，周璐等：三峡地区传统聚落形态和古民居建筑［J］，人民长江，2007，38（12）第 94 页.
③管子.

迹可考。即使是明清时期，三峡地区有城墙的城镇也只有少数大中城市以及一些地势较为平坦的场镇——如大昌古镇，一般城市与场镇也是没有城墙的。由于三峡地区大多数城镇没有城墙的限制约束，也没有明确的规划设计要求，城市建筑房屋只是根据地形环境来让其自然生长，建筑的建构与扩展免除了人为的干扰，相对自由，因此其布局形态呈现一种开放态势。主要表现在三个方面：

（一）建筑组团最初在一级、二级阶地上开展，向两边发展，两边发展到没有用地之后，再向上一级发展，形成二级街道并依此循环。这种循环的结果是城镇的老街位于下层江边，新建街道一层层往上发展，形成不同层级，直到没有用地为止。

（二）建筑组团如果向两边发展受到地形限制，城镇建筑依山体向上发展延伸，街道与江面垂直，形成梯状街道。

（三）城市没有固定的边际线。其一，在上述两种情况下如果没有地形限制，城市就会继续沿着相应方向生长，边线不固定。其二，长江的水位夏涨冬落，冬夏两季所形成的长江岸线完全不同。冬季，长江水枯，留下大片河岸，这里成了临时建筑的天地，城市边界扩展了；夏天，江水上涨，河滩淹没，建筑撤除，城市边界又缩了回去。这同样也使得城市的边际线不固定。

二、簇群式

"簇群式"的特点是城镇建筑组团不是以单个房屋建筑组成的，而是以多个簇群建筑组成的建筑组团来进行布局。其主要特点反映在两个方面：其一，根据城镇的大小，可能有多个建筑簇群组团，各组团形成一个整体，高低错落，青瓦白墙，连成一片，这是一种整体式的簇群组团结构；其二，在组团内部，各个建筑簇群自成体系，根据各簇群建筑所处的位置和地形，随高就低，随地形的变化而变化，形成各簇群不同的高低组合关系，但与整体组团建筑形态基本保持一致，与山地环境、长江水岸等自然景观构成一个和谐统一的态势。

"簇群式"组团使建筑组团内部按簇群聚合，各簇群既有区别，又有联系，构成一个整体，形成建筑与建筑、建筑与街道、建筑群体与环境相互衔接、相互衬托、相互映照、缺一不可的建筑组团格局。

这种"簇群式"组团城镇布局来源于地方的建筑文化和环境条件。三峡地区坡陡地不平，民居的小青瓦屋顶、木板和竹筋摸泥墙、木架构建筑，顺应地形和坡度，忽高忽低，起伏变化，自然生长，聚簇而居；不仅如此，每一个建筑簇群的形成还与血缘、姻亲、宗教、文化、习俗有关。这些都是三峡传统城市簇群构成的基本因素。另外，这种城市的簇群形态，还与三峡地区用地狭窄紧缺，居民出门以步行为主，生活出行距离短，长江岸线是城镇繁华商业区，地区气候冬少太阳、夏日暴晒的基本条件相适应。

三、以码头为节点式

三峡沿江两岸城镇的发展、演变史，几乎都与码头有关。自古以来，三峡地区沿江两岸的各族人群，逐水而居，靠水吃饭，水是三峡人民最为主要的生存来源，因此，在数千年的历史发展过程中，三峡区域的无数聚落与城镇得水而兴，近水而盛，失水而衰，去水而败。因此，连接长江水道与城镇的码头就成为城镇兴衰的标志。由于三峡城镇大都背山面江，依山顺水布局，码头不仅是城镇的重要节点，而且是城镇选址的重要依据。在三峡沿江地区，码头所在之地，多为两水相交台地或坡地地势较高处。早期的三峡人类，常年在长江中捕鱼捞蟹，向水里讨生活。长江干流与支流相交的三角地带是他们经常停船靠岸、避风躲雨之地。他们在此上岸采集或休息，或修整渔具，久而久之，这里变成了避风的良港和最初的原始码头。人们便开始在码头周边的坡岸陆地上，搭建草棚和房屋，由临时居住，到慢慢在此定居下来。随着定居人口与房屋的不断增多，早期的原始聚落开始形成，这便是后来城镇发展的胚芽。此后，随着经济的发展，社会的进步，长江航运的兴起，码头更成为长江三峡地区各个场口的货物集散地和客流的中转点，下江各地商品物质和客人通过三峡地区各处码头转运到巴蜀腹地及西南地区，西南地区及川江腹地的各种物质也通过峡区各个码头转运到长江下游出售。码头带来的商机在为峡区人们提供生活便利的同时，也为城市的建设与繁荣提供了源源不断的"营养源"，对于城镇发展的重要性越来越大，以至于整个城镇的物质生活都围绕码头来运转，码头成为城镇的中心。因此，三峡地区民间长期流传"码头兴市、码头兴镇"之说。（图4-8）

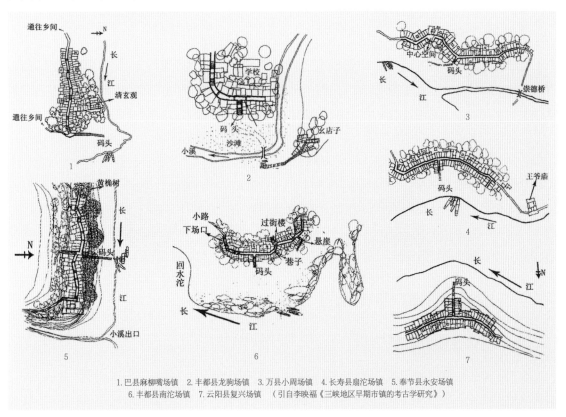

1.巴县麻柳嘴场镇　2.丰都县龙驹场镇　3.万县小周场镇　4.长寿县扇沱场镇　5.奉节县永安场镇
6.丰都县南沱场镇　7.云阳县复兴场镇　（引自李映福《三峡地区早期市镇的考古学研究》）

图4-8　三峡地区码头与场镇的关系示意图

由此可见，码头不仅是城市初始生长的原发地，更是城市发展繁荣的动力源。正是因为码头的作用如此重要，三峡地区传统城镇中码头一般位于城镇的中心地段或主要街区，往往是城市最繁华之处。从街区到江边码头设置主干道直接与其相连接；城镇布局围绕码头而形成中心空间，道路是这一空间的基础，道路两边营造街房、商铺、民居、城门、公共建筑等，形成以码头为节点的建筑组团，以此构成三峡区域特有的码头街区空间形态。（图4-9）

20世纪初期的重庆东水门码头　　　　　　　　　　　　20世纪中期的万县码头
（图片引自季富政《三峡场镇与码头》）

图4-9　三峡沿江城市码头

三峡地区以码头为节点的城镇布局特色体现在围绕码头并直接为码头服务的各类建筑组团，这些建筑组团的参与才真正构成一个码头空间的完整概念。在三峡城市与场镇码头的营造中，建筑的类型非常庞杂，建筑形态迥异，体现出建筑的多样性和丰富性。但仔细观察，大部分建筑有一共同之处，即以航运为生计的人群住宅建筑和以宗教为目的的祠庙建筑，构成码头房屋建筑的主体，亦即王爷庙、江渎庙及船工住宅房屋紧紧依靠江岸道路边的组团布局，而其他诸如饮食、客栈、货栈、商铺、酒馆、茶铺、烟管等服务性建筑则多临街面而建，形成码头街市。有的码头边上不仅有王爷庙、江渎庙之类祭祀江神的宗教庙宇建筑，同时又有各类会馆建于其中，使码头建筑组团的内涵更为丰富，如忠县洋渡码头原就有天上宫，石柱西沱码头有禹王宫，龚滩上码头有三抚庙等，这些就是例证。

第四节　城镇空间的审美特征

一、自然与城镇相融之美

山美、水美、城市美，是三峡沿江城镇最本质的审美特征。在数百里长江两岸，建筑聚落、山形地貌、江流水景三位一体，互为依存，呈现出一种"山在城中、城在山中，江在城中、城在江中""既是山城，又是水乡"的百里建筑长廊。这一美轮美奂的建筑长廊在我国绝无仅有，杜甫诗云："千家山郭静朝晖，日日江楼坐翠微。信宿渔人还泛泛，清秋燕子故飞飞。"这是对三峡长江两岸空间美景的传神写照。[①]从重庆顺江而下，放眼望去，沿江聚落与城镇，或建在长江干流与支流的缓坡阶地上，或筑于两水相交的夹角地段；或依山势顺水流呈"带状"，或沿山脊而上似"云梯"，这些城镇，在苍山绿水、晨曦江雾的映衬下，有的面江矗立，体量巨大，气势宏伟，有的依山傍水，小巧玲珑，婀娜多姿；各类城镇建筑，毗邻而立，层层叠叠，鳞次栉比，攀缘而上，呈现三峡特有的建筑大观。游历其间，俯首低瞰，山葱水秀、黛瓦粉墙、鸟语花香；登高望远，建筑与山水相倚，自然与人文相融，落霞与孤鹜齐飞，长天共秋水一色[②]，传递出三峡地区城镇特有的自然与人文相融的特色美景。

二、城镇民居的向"天"性之美

三峡沿江城镇民居聚落空间形态的构成及其变化，无不受当地山水环境的限制与影响。从沿江两岸城镇的整体观察发现，这种限制与影响主要表现在两个方面：其一，是促使建筑高度聚集，向高密度发展，不仅建筑间距及簇群公共空间狭小，而且建筑本身也呈现一种"层叠累居"现象；其次，是建筑整体的空间形态尤其是沿江面的建筑簇群打破中国建筑向"地"性传统，出现明显向"天"性的审美特征。从江面观看，由吊脚楼构成的建筑群体紧密衔接，比邻相生，从江边顺山面爬坡上坎，其向上拔升的趋势十分明显。尤其远观峡江雾中一些大中城市层层上升的各类建筑，有一种从波涛滚滚的江面拔地而起，蒸腾而上，不可阻挡的宏伟气势，体现出一种拔地向天之美。这些悬空吊脚结构的建筑，带有南方古代先民"结巢而居"的鲜明印记，把峡区民居向天性的空间特征展现得淋漓尽致。这种向天性的建筑空间形态，是当地民众在长期与自然环境交流和碰撞中的一种智慧选择，它适应长江及其支流沿岸促狭的地形环境，使本来不利于人类构建屋宇的坡地斜谷变成了一座座美丽城镇与村寨。

三、城镇街道的"灰色"之美

灰色空间是三峡城镇民居聚落一种特有的空间形态。由于受三峡地区用地环境的限制，峡区传统城镇的街道非常狭窄，一般只有2～4米。街道两侧建筑的屋檐出檐较深，这样，两侧的檐廊遮挡住了阳光，组成三峡城镇独具特色的既非室内、也非室外的空间过渡地带，形成了三峡传统城镇特有的"灰空间"。这种空间在聚落狭窄的街道中，是一种"不开放、不封闭的中间路线非极端空间形态"，它不仅使街道两旁的民居建筑的室内空间得到了扩展，是人们夏天免遭骄阳暴晒，纳荫乘凉，冬天躲避寒冷侵袭，遮风避雨的地方，同时也扩大了室内商业活动的空间范围，成为峡区集市、圩日的交易场所，是当地民众赶场、行商以及各种社交活动的主要空间。

三峡地区传统城镇街道空间这种特有的、统一檐廊架构形成的"灰色"之美，反映了场镇居民认识上的高度默契；宽窄举架，上下不可参差错落，不仅是大家配合协调，认知统一的结果[③]，更是当地居民在与峡区自然环境长期的交融与碰撞中所形成的居住观和审美观的集中体现。

①赵万民，赵炜：三峡沿江城镇传统聚居的空间特征探析［J］，小城镇建设，2003，3，第33~34页．
②周传发：蓄水后三峡库区居民资源的旅游价值及开发对策研究［J］，三峡大学学报（人文社会科学版），2010，第94页．
③季富政：三峡古典场镇[M].成都：西南交通大学出版社，2007，第159~161页．

四、城市边线的变化之美

    峡区民众倚江而生，长江水不仅是他们的生命之源，更是他们与外界进行交流与商业贸易的唯一通道。因此，如前所述，以码头为节点的沿江地段成为峡区聚居点进行商贸活动的主要区域。然而，由于这一区域直接受长江汛期的影响，加之江上船运贸易的特点，房屋与街市的各种设施建设不仅须考虑江水涨落的因素，而且还要根据船运生意淡旺季节的变换规律，使之便于随时搭建或拆除，因此这一区域的房屋建筑一般多为临时建筑。这样一来，沿江城镇的边缘就很难形成较为固定的形态，一年四季始终处在动态的变化之中：当汛期来临时，江边搭建的生意摊位、商贸场所，以及临时生活与居住的房屋与棚户等，就要立即拆除，这里成为江面；汛期过后，又陆续搭建，这里又变为街市。江边的临时建筑物成了限定城镇空间的动态边际线。尽管通达码头的石阶没有改变，但街市没有固定的起点和终点，城市空间也不存在明确的边界。这种在长江水岸、街市贸易的共同作用下所呈现的城市动态空间，是沿江聚落空间形态最典型的特征之一，也形成了三峡两岸城镇形态的动态变换之美。（图4-10）

自然与城镇相融之美

城镇街道的"灰色"之美

城镇民居建筑的向"天"性之美

图4-10　城镇空间的审美特征

第五章
三峡城镇街道的空间构成

　　城镇的基本单元是民居，由民居串联而成街道；街道是构成城镇空间的基础骨架；骨架有长有短、有方有圆、有高有低、有上有下，这就决定了城镇的整体空间结构的基本格局与样式。三峡地区城镇的街道布局，基于山与水的地貌环境，高低错落，长短回旋，或平铺于江岸，或垂直于水面，或层叠于山坡，林林总总，独来独往，地域特色十分鲜明，体现出与众不同的山水街区风貌。

　　一座城市或场镇无论大小，皆由街道组成。街道的纵横布局及其穿插组合，不仅串联起各个不同功能的建筑群体，而且构成了城镇空间的基本骨架，是城镇运转的脉络和功能运行的基础。因此，街道的长短、宽窄、曲直、疏密、高低、坡度等就决定了一个城镇的空间规模及构成框架。要获取某个城镇的空间形象信息，了解其内部结构形态，只有详细掌握其街道布局特点，并近距离观察其街道运行状况才能完全了然。美国城市学家凯文·林奇（Kevin Lynch）教授在《城市的印象》中，将街道作为城市形象形成的首要因素。他指出："道路，这是一种渠道，观察者习惯地、偶然地或潜在地沿着它移动。它可以是大街、步行街、公路、铁路、运河。这是大多数人印象中占控制地位的因素。沿着这些渠道，他们观察了城市。其他环境构成要素沿着它布置并与它产生联系。"[①]三峡地区城镇的独特个性，地方特色鲜明的空间形象，无不是以街道作为其支撑体系和基础框架的。在这里，街道基于客观地貌环境，长短曲折，高低回旋，变化万千，与该地区特有的各类建筑一起，构成三峡地域特有的山水城镇街道空间形态，体现出其城镇与众不同的街区风貌，具有独特的审美特征和实用性价值。

第一节　平面构成

一、街道的平面类型

　　在峡区，这类城市或场镇用地坡度不大，城镇地基较为平坦，高程一般为 140～160 米，平均坡度 10°～25° 左右。城市道路的主街沿江顺水布局，城市发育的第一级街道往往是城镇街道结构的主干道，也是城镇最繁华的商业街区。当然，随着城市的发展与扩充，城市主街不止一条，新的主街一般顺传统主街方向靠后建构，形成多条主干线。新旧主街道基本上是顺山地等高线布置，垂直于主干的次要街道起穿插交通连接作用。由于这类城镇用地相对平坦，街道布置形成纵横交错的网状结构。开县、丰都等县城属于此类。

（一）平坦型

　　城市或者场镇用地比较平坦，坡度不大。用地高程在 145～160 米，平均坡度 10°～25°。城市道路的主街，走向顺长江方向延伸，是城市街道网络结构的主干，也是城镇最繁华的传统商业街区。有的城市主街不止一条，新的主街一般顺传统主街方向建在靠后的地方，形成多条网络主干线。主街基本上是顺山地等高线布置，垂直于主干的是次要的交通街道，主要起穿插交通连接作用。由于这类城镇用地相对平坦，街道布置构成具有较强"网络"意识，城镇街道能够形成较为简单网状结构。丰都、开县良县城属于此类。（图 5-1）

①赵万民：三峡工程与人居环境建设 [M]. 北京：中国建筑工业出版社，1999，第 142 页 .

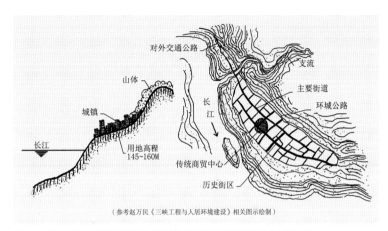

（参考赵万民《三峡工程与人居环境建设》相关图示绘制）

图 5-1　平坦型城镇用地剖面示意图和平坦型城镇街道平面网络布局示意图

（二）缓坡型

这种类型的城镇用地有一定坡度，但坡度较缓。用地高程在 135～176 米。平均坡度在 10°～40° 之间。城市用地相对宽松，街道布局的网络结构一般较为舒展，道路的构架基本成正方布置，两条主街十字相交，交叉口处形成了城市的中心区，其他支路与两条主街纵横交错，形成网络。这种类型城市有奉节、巫山、秭归等。（图 5-2）

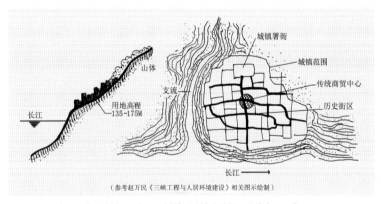

（参考赵万民《三峡工程与人居环境建设》相关图示绘制）

图 5-2　缓坡型城镇用地剖面示意图和缓坡型城镇街道平面网络布局示意图

（三）高坡型

高坡型街道结构的城镇地面环境的坡度较大，用地高程多在 102～260 米之间，平均坡度 30°～80°，城市基本上是在面临的长江和背靠的高山相夹的地形中建成，形成一长带形空间形态，主要街道基本上顺等高线走向布置，主干道仅有一条，从西往东贯穿整个城区。其他的支路街道十分狭小，垂直于等高线方向几乎是阶梯联系。可以看出，这类城市道路的布置，由于受地形的制约，比较自由灵活，以充分适应地形的变化，形成十分独特的城市道路网络，但街道不多，难以形成街道网络。这种类型的城镇在峡区占的比例较大，涪陵、忠县、云阳、长寿、巴东等均属此类。[1]（图 5-3）

① 赵万民：三峡工程与人居环境建设 [M]. 北京：中国建筑工业出版社，1999，第 143-145 页．

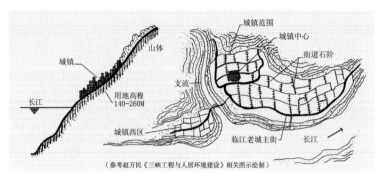

（参考赵万民《三峡工程与人居环境建设》相关图示绘制）

图 5-3　高坡型城镇用地剖面示意图和高坡型城镇街道平面网络布局示意图

二、街道平面构成方式

（一）街道与地形

1. 顺等高线布局。三峡城镇用地的特点就是山地、斜坡，所以街道布局一般是因地制宜，依山就势，顺着等高线的方向布置。这样，沿长江的方向一般是城市的主城区和交通主干道，而垂直或斜交于等高线的方向是城市的支道，坡度较大的城市，支道往往由阶梯道路组成。因为顺等高线走向而布置，城市的主要街道之间，大多平行于等高线。主次街道之间，一般以小道或阶梯小巷连接。

2. 垂直等高线布局。在三峡地区还有城镇较为特别，街道顺山脊走势向上发展，垂直等高线布局，形成与江面垂直、攀缘而上的梯状街道，十分壮观。不过这种街道布局方式只限于规模不大的场镇，且在峡区不占多数。云阳的双江老街和石柱县西沱镇，是这类布局方式的代表。

3. 交叉等高线布局。城镇街道交叉等高线与垂直等高线布局有相似之处，街道都是与等高线相交；但交叉布局街道不是垂直的，而是有左右曲折变化，不过街道总体走势仍然是顺山脊走势向上发展，与江面形成对应关系。这种布局形式在三峡地区传统城镇中也经常见到。另外，根据不同地形，峡区城镇街道还有"枝状结构""不规则结构""之字结构"等多种布局变换形式。（图 5-4）

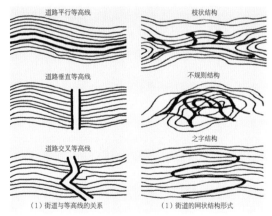

图 5-4　地形因素对街道的影响示意图

（二）街道的层级

城镇临长江岸边的区域，往往是城市最初生成的原发地，是历史上所沿袭过来的经济文化集中区域，也是传统的商业街区。这些街道往往比较狭窄，房屋店铺十分密集。店铺一般采用前店后宅结构，房屋的主人同时也是店铺的主人。传统街区的形成，不仅与峡区农耕文明兼小商品经济社会有很大关系，也反映了数千年来三峡地区在自然与人文作用下所形成的基本生存形态。

随着时代的进步，经济的发展，城镇人口的增多，传统的商业街肯定不能满足城市发展的要求，于是，城市的用地范围不断向后、向两端延伸，形成新的商业街区。一般来讲，因地形限制，新街区常常与传统主街平行，处于主街的靠后位置，形成一种层级关系。随着城市的发展，这种层级可能是多层的。（图5-5）

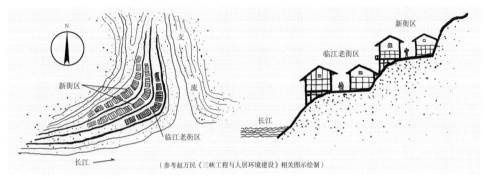

图 5-5　城镇街道层级发展平面示意图和城镇街道发展层级剖面示意图

第二节　空间构成

一、街道与山地环境的关系

　　三峡地区城镇的街道空间充分体现了本区域山地环境的特点，高低错落，变化明显。街道形态大致由两种形式构成：一种是坡型道路，另一种是梯型道路。坡道一般用于比较平缓的坡地段，梯道用于比较陡峭的山地上。坡道多用于长距离大断面的主要街区，而梯道一般用于小街道或是高差较大的街道以及街道与街道相连接的巷道。不过，在三峡的城镇中两者结合使用也十分常见。在实际情况中，是使用坡道还是使用梯道，或者坡道、梯道同时使用，完全取决于地形坡度，一般街道与坡度的关系为i=H/D（坡度=路面高度差/路段水平距离）。在坡度小于15°较为平坦地段，对街道地面的处理方式基本为坡道，而对于背靠山地的街区与沿江主街连接的支路巷道的处理，往往由于坡度大于15°而采用梯道作为连接方式。有时因为地形的特殊性要求，还会在不长的街面出现坡道与梯道并存的情况，使得街道呈现多维变换的形态。此外，当坡度大于30°时，必须组织双向阶梯（纵横两个方向的阶梯），才能保证道路的畅通和行走安全。（图5-6）

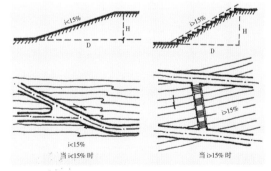

图 5-6　山地坡度对城镇道路构成的影响示意图

二、街道与建筑空间的关系

　　街道的构成形态与建筑的空间关系密不可分，特别是三峡地区传统城镇的街道，由于山地建筑结构的灵活性和建筑外部形态建构的自由性，更体现出街道与建筑相互依存、相互作用的和谐关系。在三峡地区传统城镇中，街道和建筑相互渗透，空间序列高低变换、起伏跌宕、连续不断、完整有序，体现出传统街区建筑与街道共生同构的完美主调。在这种街道与建筑同构的空间形态里，既有主街两侧统一又不失变化的建筑界面，又有由建筑相狭而产生的灵活多变的线形巷道。在空间关系上，街道随地形的坡度变化而高低起伏，致使建筑外部产生参差错落的空间变化；起伏的街道所形成的城镇整体空间形态，给人以轻松自然、灵活亲切的城镇印象。从建筑与街道的相互关系来看，街道因建筑而产生，建筑因街道而成序列，地面则是承载建筑与街道的基础。地面的高低、建筑界面与位置的进退不仅丰富了街道空间层次，而且使其产生了音乐般的节奏感。人们徜徉其间，与其说是在品尝步移景异的视觉盛宴，毋宁说更像在欣赏一段曲调变幻丰富的美妙音乐。三峡传统城镇的建筑与街道的完美融合及其对山地环境的充分适应与利用，是峡区民众在与自然环境交融碰撞中的智慧结晶，也是三峡地区山地城镇与众不同的特色之所在。（图5-7）

坡型地面街道

平坦型地面街道

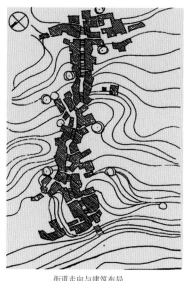

街道走向与建筑布局

图5-7　地形、建筑与街道的关系示意图

三、街道空间的构成类型

城镇的街道空间主要是由建筑围合而成的。尽管地形的变化会对街道空间的构成形态产生影响，但对空间形式起决定作用的最终还是街道两边的建筑。可以说，没有建筑，就没有街道，建筑是街道不可或缺的生成要素。因此，建筑对街道的围合方式，街道两边建筑距离的远近，建筑的高矮，包括建筑本身的风格样式，都直接对街道的空间形态的构成样式产生直接影响。在三峡地区的传统城镇中，由于用地狭小，街道宽度一般只有2～4米或者更窄，这种影响就更为强烈。综合起来，街道空间的构成主要有如下类型（图5-8）：

露天式

单出檐式

双出檐式

顶棚式

半边街式

图5-8　街道空间的构成类型

（一）露天型

露天式街巷是传统城镇中最为常见的街巷形式。街巷两侧建筑屋顶一般不出檐或浅出檐，街巷断面形成"U"形，两侧建筑立面与地面构成三面围合之势，只有顶面敞开，形成三合一开的空间形态。

（二）檐廊型

檐廊街是街巷空间形态与山地气候相适应的最典型实例。根据出檐形式的不同又可分为三种类型，即：单出檐式、双出檐式、顶棚式。

1. 单出檐式。街巷两侧的建筑只有一侧采用深出檐的形式。单出檐的街巷普遍不宽，而且只在夏天正对太阳、日晒严重的街道一侧出檐，背阳一侧一般不出檐。出檐一侧檐口出挑深远，长度可以达到 2～3 米，街道刚好被遮住。这样，就在街道与临街店铺之间形成了一个过渡的灰色空间，有的店家甚至把商品陈列从店内延伸到檐下，扩大了店铺的空间尺度。这种深出檐的街道空间形态既解决了向阳屋面夏天曝晒问题，又有利于雨季排水、保护墙体，同时还可获得大面积的檐下空间。这里是商品交易以及居民休息、娱乐、做家务等活动的特殊空间。单出檐街巷在三峡传统城镇中是一种常见的街道空间形态，现存的江津中山古镇就有多处单出檐式檐廊街。单出檐式街道空间的广泛应用与三峡地区夏天太阳毒辣、春秋多雨的气候条件有关。（图5-9）

图 5-9　单出檐式民居

2. 双出檐式。两侧建筑都采用大出檐的形式。这种形式的街道在山地城镇也最具代表性。檐廊窄可数尺，宽则近两丈，出檐到达一定宽度，就以柱支撑，由列柱将街道划分为明显的街心和两边檐廊三个部分，形成别具特色的檐廊街道，这种街道俗称"凉厅子"。有的城镇檐廊式街道发展到极至，成为街巷景观。如涪陵大顺场，两侧檐廊向街心紧靠，两檐口几乎接拢，露天部分已十分狭窄，其形如"一线天"。露天的街面已不作行道之用，下挖两尺，形成阳沟，仅用作排水沟渠；阳沟上每隔一定距离，建一小石桥，连接两侧檐廊；两侧廊宽一丈八尺，实则取代露天街道，因此，不管是天晴、下雨还是阴天，人们赶场全在廊下。

3. 顶棚式。有的街巷两侧建筑没有出檐，街道本为露天，为防日晒雨淋，居民在街巷顶面加建凉棚，使街道完全处于凉棚的遮罩之下，形成别具一格的顶棚式檐廊街。如彭水黄家镇老街，街道宽2.5米左右，街道两侧民居的屋顶皆为两层，处于同一高程，这为在顶面上加建凉棚提供了条件，凉棚采用双坡顶穿斗式结构，每5米一步架，形成长约百米的顶棚式内廊街，街道内冬暖夏凉，人们的生活、生产、交流、休闲皆在街道上。

（三）半边街型

半边街是三峡传统城镇特有的街巷构成形式。为了避免因拓宽街道而带来大量土石方工程，

图 5-10 半边街型民居

同时也为了避免遮挡人们的视野，以便于将山光水色尽收眼底，在用地环境十分受限的情况下，往往采用半边街的布局手法。根据半边街布局的方位与周边环境的关系（图5-10），可以分为：

1. 依山式。建筑布置在靠山的一面，街道对面是开敞性空间。

2. 朝山式。街道布置在建筑与山坡之间，保持山坡的绿化与山地的自然风光。

3. 滨水式。靠山一侧建房，建筑沿江面开放，可以纵览江面景色。

（四）过街楼型

建有过街楼的街道在平原与山地历史城镇皆有之，其形式通常采用低层架空，作为公共交通空间，在二层以上建房，以作生活居住之用。三峡城镇街巷在地形的影响下，其空间构成形式更为多变。例如龚滩镇冉家朝门处，步行阶梯经过几次转折到达朝门口，为了使巷道与主街相互通达，民居采用低层局部架空的形式，这样使得住在高处的住户能够通过此处顺利到达主街。此处过街楼对于路径的引导、空间的利用都把握得恰到好处，反映了当地民众的智慧，不仅方便实用，而且已成为该区域具有历史文化意义的标志性建筑物。

第三节　界面构成

一、底界面

传统城镇空间的底界面一般由自然地形、街面铺地和建筑底部组成，底界面是传统城镇街道的基础。底界面的地形环境，在城镇街道结构与空间构架中，往往起着支配性的作用。由于地形原因，三峡城镇街道空间的底面不仅在平面上曲折蜿蜒，而且在高程上起伏变化。行走于这样的街巷之中，视点忽高忽低，视觉不断变幻。平视，地面窄逼曲折，两侧建筑立面或进或退，质感、色彩、纹理变化丰富；仰视，街道两侧建筑屋檐长出，透过建筑立面与屋顶形成的缝隙向上望去，天空真正成了"一线天"，而且，天空的亮色与街道的暗色形成了鲜明的对比；俯视，街道底面几乎完全被层层跌落的灰色青瓦屋顶所覆盖，街道成了穿行或串联于这些屋顶中的缝隙或线条，或遇雨天，这些缝隙或线条被各种花花绿绿的雨伞所遮盖，在大片朦胧的灰色中，点缀出几条流动的彩带，那真是美不胜收！

三峡城镇的铺地材料一般就地取材，如卵石、青石、五花石、碎石等，能与自然环境和建筑达到质感上的高度协调。使用这些材料不仅利于雨水较快地渗入地下或者排出，减少地面积水和径流，而且还能使地面快速干燥并保持硬度。因此，三峡地区很多传统的古老城镇和乡村街道的石铺

地面，一般可保证几十年甚至数百年依然平整，只是青石地面被磨损得十分光滑。（图5–11）

街道随地形变化

房屋基石

青石地面耐用、渗水性好

图5–11 底界面

二、侧界面

　　街道空间的形成，离不开沿街房屋立面的围合界定。因而，由建筑组合而成的沿街立面是形成街道空间特色的重要因素。在三峡地区传统城镇的街道空间中，沿街立面主要是由各类不同功能的建筑立面单元组合而成的。中国传统建筑的单体立面构成主要有三个部分：一是台阶，二是梁柱构架（屋身），三是屋顶。这就是北宋匠师喻皓在《木经》中指出的："凡屋有三分，自梁以上为上分，地以上为中分，阶为下分。"这种水平划分法反映在建筑立面上，即"上分"为屋面，"中分"为屋身，"下分"为台基。然而，这样的立面划分规律是以官式建筑为蓝本的，在民居建筑中，台基一般可忽略不计，因此，民居的"下分"在立面构成中多不显著，在三峡传统城镇中，沿街的立面单元也是如此。（图5–12）

商铺建筑立面

会馆建筑立面

会馆戏台建筑立面

普通民居建筑立面

图5–12 侧界面

　　三峡传统城镇中，沿街房屋以民居为主体，房屋布局一般表现为"前店后宅"，街道两边的立面单元构成主要是屋面和屋身。如果仔细观察三峡城镇民居，就会发现，其建筑立面存在着下层斗枋这一明显界线。下层斗枋以上为墙面，多开小窗透气，在形态上总的来说是封闭的；下层斗枋以下是铺面，可开启的铺板门和透空的横窗，在形态上完全是开放的。有些立面单元上，这样的虚实变化还通过材质上的区分来加以强调，下层斗枋以上以刷白的竹编夹泥墙为主，黑色柱枋木筋点缀；以下则以木质为主，间或有砖石护墙。如此明显的界线不仅使沿街的立面变化丰富，而且对传统的三分法理论注入了新的内容：上分为屋面，中分为屋身，下分为铺面。而这里的屋身是指屋面与下层斗枋之间的部分，已不是传统意义上的"地以上为中分"的"屋身"。三峡城镇中传统民居立面这种别具特色的构成规律，加上近似的开间宽度，使沿街立面既变化又统一，形成强烈的节奏韵律感。

然而，沿街立面也并非千篇一律，各立面单元之间还存在着相对的微差。立面单元屋面和檐口的高低、街道的坡度变化赋予沿街立面平缓起伏的天际轮廓线；立面单元挑檐的深浅，挑廊、披檐的有无，使沿街立面产生丰富的阴影变化；立面单元所开的众多大小门窗，以及门窗、檐枋上的装饰纹样，又使沿街立面具有细腻的肌理和质感……这些都使沿街立面在统一中不乏变化。

此外，宅院和祠庙会馆的沿街立面和民宅相比又有很大差别。宅院由于在平面布局上采用封闭的围合格局，其沿街立面也较为封闭，有的还用院墙相隔，虽然这些立面也符合"间"的模数，但上述立面单元"三分法"的水平构成规律在此却不成立。宅院的沿街立面特色主要体现在解决内外交通的屋宇门或墙门上。门作为宅院的主入口，其处理大多比较考究。如潼南县双江镇的杨紫丰宅，在临街面上设有屋宇门联系内外，屋宇门采用迭檐的形式，并通过两侧对称的屋面起伏加以强调。而在同一场镇上的杨守鲁宅中，宅院内外则用院墙相隔，由左右两侧对称的墙门进出。如此封闭的沿街立面，与店宅和坊宅底层开放的格局形成了鲜明的对比。

祠庙会馆在沿街立面上的特别之处主要体现在屋面形式上。祠庙会馆常在临街面设戏台，尽管戏台大多是内向的，但在沿街立面上，其造型飞扬的歇山屋面仍十分突出，与城镇中多数的悬山屋面形成强烈对比。并且，祠庙会馆在临街入口处还常设有牌坊。牌坊一般是石制或砖制的，形式和材质上的对比使之在整个沿街立面中显得十分突兀。另外，宅院和祠庙会馆的沿街立面在屋脊和门窗式样上也比较特别，灰塑屋脊和其上张扬的中堆与鳌尖，明显不同于店宅和坊宅朴素的瓦屋脊；而其门窗式样一般也比店宅和坊宅的复杂。如此看来，宅院和祠庙会馆的沿街立面在整个街道空间的沿街立面上属于比较特殊的组合单元，点缀其中，使沿街立面更加多姿多彩。

综上所述，三峡城镇的街道空间立面在总体秩序上是统一的，但其中蕴含着丰富的变化，各种不同的建筑立面交错参差，呈现出绚丽的机理结构和美妙的视觉韵律，使人产生美的享受。此外，沿街立面的单元组合模式还使其在整体上形成一个开放的、有机的系统，单元之间是并列的，单元可增可减，其增减都不会破坏原有的秩序，街道空间整体上保持一种稳定的状态。

三、顶界面

三峡传统城镇中，各类建筑的坡屋顶构成街道空间的顶界面。这种高低错落的顶界面，成片成块，绵绵延延，与夹杂其中的白色墙面形成一种三峡沿江城镇特有的视觉效果。如果从江面望去，在朦胧的雾霭中，面江直立的白色墙面与倾斜的灰色屋顶鳞次栉比，层层叠叠，如梦如幻，"如鸟斯革，如翚斯飞"，使人产生一种视野开阔，升腾舒展的畅快感！

从近处看，屋顶的坡度延长了建筑物的墙面，并对街巷空间产生了影响，形成了峡区街道特有的灰色廊道，延伸了人们的活动空间。

　　或行走于空间较窄的巷道，特别是当街道笔直，且无明显坡度时，街道两侧墙壁与屋顶向远处不断延伸合拢，透视效果强烈，大屋顶随视线灭点向前方叠落、消失，与天空形成强烈的对比，产生一种纵深的平衡美感。（图5-13）

图5-13 顶界面

第六章
三峡民居的建筑特征

　　多元文化的浸染，孕育了三峡民居丰富的形态式样与建筑特征，这里有最适应当地环境、独具峡区地域特色的"吊脚楼式"民居，有蕴含了丰富中原文化因子的"合院式"民居，有混合江南民居尤其是徽派建筑基因发展变化而来的"天井式"民居，有基于防匪拒盗理念而建的"碉楼式"民居，还有近代以来受西风东进的影响、糅进了西方文化色彩而具有混搭风格的"中西合璧式"民居，等等。这些不同类型式样的民居，构成了三峡民间居住形态的多样性与丰富性。

　　三峡民居作为峡区多元文化的一种物质形态，其建筑风格特征千变万化，绚丽多姿，在历史上的各个时期，各类民居建筑在三峡长江及其支流沿岸麇集荟萃，形成别具一格的三峡民居大观，成为我国民居建筑史上独特现象。现就三峡区域主要的民居建筑形态特征，分述如下。

第一节　吊脚楼式民居

　　吊脚楼是由巢居建筑发展而来的，是我国南方一种古老的干栏式建筑形式，其特点是底层架起悬空，人在楼上居住和生活，状如空中楼阁。[①]

　　三峡地区山地地形复杂，河流纵横，植被茂密，物产丰富，气候温热潮湿，降雨频繁，湿度大，因而孕育产生了适应其气候及物源特征的"干栏建筑体系"。吊脚楼不仅是干栏建筑之集大成者，也是三峡地区最为常见的一种民居形态。它的空间营建、结构功能、外观造型、室内布局表达了民众对三峡地区的气候条件、地理环境的理性思考；吊脚楼的艺术特色及其审美价值取向，体现了该地域独特的文化方式与精神特质，是峡区社会生活与审美观念的直接反映。（图6-1）

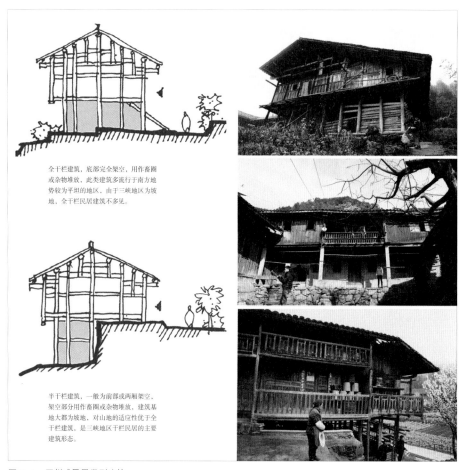

全干栏建筑，底部完全架空，用作畜圈或杂物堆放，此类建筑多流行于南方地势较为平坦的地区，由于三峡地区为坡地，全干栏民居建筑不多见。

半干栏建筑，一般为前部或两厢架空，架空部分用作畜圈或杂物堆放，建筑基地大都为坡地，对山地的适应性优于全干栏建筑，是三峡地区干栏民居的主要建筑形态。

图6-1　干栏式民居类型比较

①周传发：鄂西土家族传统民居研究［J］.安徽农业科学，2007，35（25）：7822.

一、空间形态构成

　　吊脚楼传统民居是典型的穿斗式木结构，一般依山傍崖、靠岩临水而建。峡区吊脚楼的构建方式为"干栏式"与"半干栏式"，又以"半干栏式"为其主要造型特征。建筑的前半部或两厢用立柱架起悬空，后半部处于实地，悬空部分在与后部地面平齐的高度搭置横木，铺上木板，形成基面，四面围以壁板，开启门窗，盖上屋顶，这样就构成了一个最基本的吊脚楼。吊脚楼一般建构上中下三层，整体构架采用穿斗结构，以榫卯相衔，不用一钉一铆，构筑严密，牢固耐用；其外部造型和室内空间构造都呈现出恰到好处的比例关系，房顶、屋身、楼基等各个部分和谐稳定，气韵生动，体现了实用和审美的完美结合。[①]

　　吊脚楼在长期的营建过程中，为了适应不同的地形环境，形成了多种结构形态与造型式样，常见的有：半截吊、半边吊、单吊式、双手推车两翼吊、钥匙头、三合水、四合院、临水吊、跨峡过涧吊、平地起吊式，等等。但是，从平面布局来看，吊脚楼的建构主要有四种基本形态，其他各式都是这四种形态的嬗变与演化。这四种基本形态是：

　　（一）"一"型，也叫"单吊式"。这种住宅是吊脚楼最基本的形式，其开间按一字形横向排列，通常有三间、五间和七间，造型朴素，简洁实用。

　　（二）"〡"型，也叫"钥匙头"。此类住宅以"一"形正屋为主体，在一头尽端，向前加一两间厢房——也叫龛子，其平面造型状如钥匙，故称"钥匙头"。（图6-2）

"一"型吊脚楼　　　　　　　　　　　　　　　　　　　　"〡"型吊脚楼

图6-2　吊脚楼结构形态

　　（三）"〖"型，又称为"双吊式""撮箕口""三合院"或"三合水"。这种形式的吊脚楼是在"一"形正屋的左右两端建一对称的厢房，形成"三面闭合，一面看天"的撮箕形状。

　　（四）"口"型，亦称"四合院"和"四合水"，有长方形与正方形之分。此型建筑形态主要出现在秦汉以后，是受北方四合院民居影响的结果。这种民居围绕天井布置成为一个四面封闭的宅院，但因建筑的两边厢房和前部门楼为悬吊构架，大门有设在前部门楼地下的，也有设在两边厢房楼下的。（图6-3）

①周传发：论鄂西土家族传统民居艺术的审美特色［J］，重庆建筑大学学报，2008.1，第13页．

"┌┐" 型吊脚楼

"口" 型吊脚楼

图 6-3 吊脚楼结构形态

　　长江三峡两岸多为坡地，因此靠山面水的吊脚楼就成为峡区最为常见的民居形态之一；吊脚楼对自然环境的巧妙利用和充分适应，不仅反映了峡区民众的聪明才智和创造精神，而且从美学角度看，有十分独特的审美意味。公元766年杜甫客居夔州时，有感于赤甲山吊脚楼之美妙，写诗赞曰："赤甲白盐俱刺天，闾阎缭绕接山巅。枫林橘树丹青合，复道重楼锦绣悬。"[①]

　　以巴东长江南岸土家族楠木园村万明兴老屋为例：这栋民居建在一溪流的坡岸上，平面布局为"┌┐"形，主屋南北向，三间三层带阁楼，建筑前部的厢房和走廊采用悬挑结构，后堂坐基，属于典型的半干栏式住宅；该建筑依山就势、层叠而上、布局合理、造型完美，生动地展示了吊脚楼"层台累榭""复道重楼锦绣悬"的审美情趣。

二、室内布局

　　三峡地区气候潮湿、多雨，夏天闷热、少风、虫蛇野兽多，冬天雾多、阴天多、阳光少。吊脚楼的架空结构不仅适应复杂的坡度环境，而且具有防潮、防兽、通风、降温等功效，为人们的生活营造了一个比较舒适的空间环境。其结构一般分上中下三层，下层放置牲畜杂物，中层供人居住，第三层用于储存谷物农具等，各层之间以木梯连接。第二层是以生活为中心的居住空间，主要包括堂屋、卧室、厨房、火塘间，以及储藏室、挑廊等附属空间。堂屋是吊脚楼住宅的精神空间及活动中心，具有神圣的象征意义，多用来从事祭祀祖宗、家庭聚会、议事待客、红白喜事等活动。靠左边房间，多设置有火塘，又叫"火铺堂"。火铺堂中央以石板围成一小火坑，架上三角铁架，在上面放置瓦罐和砂锅，用来煮饭、炒菜、取暖等，亦可除湿、排烟、熏腊，火塘的火长年不熄。火塘是三峡地区最具地域特色与乡土意味的生活设施，冬天一家人往往围在火塘周围，一边烤火取暖，一边做家务或谈天说地。尽管生活方式与建筑空间布局随着时代发展在不断发生变化，但大部分吊脚楼民居仍然保留着火塘。这反映的不仅是一种习惯，一种偏爱，更是一种观念和一种文化。

---

①周传发：论三峡传统聚居与民居形态的地域特征［J］，三峡大学学报（人文社科版），2009.3，第6页．

图 6-4　吊脚楼民居

吊脚楼上层一般都设有天楼，天楼分板楼和条楼。在卧室上面的是板楼，用木板铺设，是放粮食、干果等生活用品的地方；在伙房上面的是条楼，用木棍竹条铺设，上面主要放置坛坛罐罐、农具家什。（图 6-4）

有厢房的吊脚楼，厢房楼下通常作为猪、牛栏和厕所；中层叫姑娘楼，是未出嫁的姑娘绣花、做鞋以及睡觉的地方；姑娘楼上层一般当作书房或者客房来用。

富户人家大宅院，除了房间多，用途划分细之外，其上层还设有专门的阁楼，阁楼空间相当于"透气层"，夏天，用来缓解太阳辐射，通风透气；冬天则用来储藏杂物。有的还把绣花楼或藏书楼修建在宅子的最高处，在楼上可俯视整个院落或远眺四周的风景。

三、地域特色

三峡地区毗邻川、鄂、湘、贵四省边界，域内多为峡谷山地，坡陡水急，草茂林深，环境极为复杂。因而，峡区吊脚楼与滇黔干栏虽然同为干栏建筑体系，但为了适应峡区环境，在自身发育过程中形成了与滇黔干栏完全不同的地域特征。其主要表现如下：

1. 建筑结构特色。三峡地区的吊脚楼，其结构一般为房屋的前面或两厢用木柱架起悬空，后半部或正屋则处于实地，构成一种前虚后实的"半干栏式"结构形式。这种前厢吊起、后堂坐基的半吊式结构与滇黔之地的全吊式干栏民居完全不同。这种结构方式的形成与发展，完全是峡区特殊地形环境下的产物：三峡沿江及其支流的地形地貌多为"V"形或"U"形谷地[①]，峡区居民在这种"地无寻丈之平"的岸边建造房屋，不仅要顺依沿岸的斜坡地形，还要适应江水的涨落，因此，采用前虚后实的半干栏式构屋方式，既解决了地基倾斜的难题，也能较好地适应长江水岸的动态变化。

2. 建筑布局与体量特色。受北方合院民居影响，加之儒家文化的长期浸染，三峡地区的吊脚楼建构竭力向合院结构靠拢，以寻求一种外部封闭，内部稳定且符合宗法礼教要求的建筑秩序与内部空间环境。因此，峡区有很大部分吊脚楼形成一种干栏加合院的特殊空间混合形态，其平面布局多为"┏┓"型和"□"型。而且，只要地形条件允许，一些民居规模建得很大，其平面面积可达数百平方米，其高度可达三四层。这种大体量的合院式吊脚楼在渝东南、鄂西土家族居住区比较常见。

四、建构的灵活性

干栏式吊脚楼在三峡地区存在与发展已有几千年历史，从早期巴人的简陋、粗糙的原始吊脚楼，到后来的"重屋累居"及合院干栏民居，无不是适应环境的结果。三峡地区多山、多水、多河谷的复杂地形地貌造就了峡区干栏建筑与大地接触方式的灵活性与独特性。"架空"形态，是解决在复杂的山地地形上营建房屋这一问题的最有效、最实用的方法。穿斗构架多柱落地的结构，更利于自身作出各种变化以适应环境。三峡地区的吊脚楼就是干栏建筑为适应特殊复杂的山地地形所衍生发展出来的独特的建筑形态。吊脚楼与干栏的区别在于吊脚楼的架空空间多不作功能空间使用，并且几乎不改变地表形态，而是保持基地原有自然地貌，其构造方式更灵活自由。吊脚楼的立足点在于因地制宜、灵活布局、巧用地形、争取空间，在实际营建过程中结合地基环境，灵活调整空间架构，使得建筑与地形结合得天衣无缝，相得益彰，并在实践中形成了一套行之有效的构筑理念。无论是岗、谷、脊、坎、坡、壁，灵活飘逸的吊脚楼都能因势利导，化不利为有利成功造建；在不可想象的悬崖峭壁，坡谷陡坎，常常会营建出状如"仙居"的悬空楼阁。这些时而临江、时而跨崖、时而附坡，千姿百态、多变典雅的吊脚楼，是我国民居发展史上的奇葩，是山地民居建筑的奇迹，更是三峡地区几千年民居建筑发展的精华。（图6-5）

---

①舒从全：三峡库区城市形态的变迁［J］.重庆建筑大学学报，2000，22（3），第1页.

临江吊脚楼　　　　　　　　　　坡地吊脚楼　　　　　　　　　　崖边吊脚楼

图 6-5　不同地基条件的吊脚楼

第二节　合院式民居

公元前 316 年巴国为秦所灭，三峡地区并入秦建制，中原地区汉文化开始浸染三峡区域，由于中原文化的成熟与强大，以及公用府衙建筑的带领作用，自汉代始，合院式建筑格局成为峡区民居追求的主体。尽管三峡地区的合院建筑由于地形关系不可能像北方平原的合院建筑那么舒展完善，但是，一些富裕人家哪怕是把院落分布在不同的标高平面上，也要把宅院布局成合院结构，足见汉文化影响之强大。尽管三峡地区现存民居几乎都是清代以后建造的，但清代住宅所遵循的依然是汉民族数千年沿袭的居住文化制度：风水选址、合院格局、中轴对称、伦理秩序、前店后宅、前厢后堂、尺度约束、比例适当，等等。因此，从三峡长江干流及其支流两岸遗存的建筑观察可见，尽管民居建筑丰富多彩，风格迥异，但所遵循的还是汉族居住体系，只要条件允许，合院结构是民居营建的一致目标。（图 6-6）

图 6-6　三峡地区的合院民居

峡区的民居，包括干栏式民居在内，在建构过程中也要极力向合院格局靠拢，追求一种封闭性的院落空间。及至峡区后来盛行的天井式民居，就更是一种缩小版的合院建筑。文化上的强势及建筑空间格局上的优势使得合院建筑成为峡区主要传统建筑形式之一，不仅许多庄园、会馆、祠庙等大型建筑，均以合院形式来组织空间，在普通民居中四合院、三合院、混合多重院落也得以常见。（图 6-7）

西阳龚滩三抚庙院落实景

西阳龚滩三抚庙建筑测绘图

图 6-7 西阳龚滩三抚庙院落[1]

合院建筑为何在三峡地区受到如此青睐？究其原因，一方面是因为汉民族的居住文化制度进入峡区之后经过潜移默化的作用已为民众所接受并融入其观念形态之中，另一方面则是契合了民众的现实需求。在三峡地区，面对"地无寻丈之平、朔雨江风"的恶劣自然条件，人们力求通过住宅的建构来改善自己的生存空间，在这一过程中，除了运用吊脚、高筑台基来克服宅基地不平的造屋难题之外，还须借助一种四周较为封闭的建筑样式，来阻隔外界风雨的侵袭，营造"家"的港湾。于是，选择合院结构的建筑无疑是最佳方案。

合院建筑占地较宽，一般建于平地。三峡地区的合院建筑则多建于平坝或两水相交冲击的台地上。但也有把合院建在坡地的，形成不同地面标高的错层院落。小型的合院类似于天井式结构，占地相对较小，对地基的要求较为宽松，因此，这种小型合院民居在峡区占一定比例。合院建筑根基于儒家文化，其空间布局形态以汉民族居住制度为基础，在外形上，形成一个比较方正的封闭性整体，在内部则围合成一个开敞通透的院落空间。院内布局十分讲究礼仪规制，遵循伦理纲常、中轴对称、前院后堂、尊者居中等布局法则，一般由前厅、两厢、后堂组成；如是双重院落，还要加上中厅，形成前院和后院；规模较大的民居还可建成混合多重院落。除了四合院这种封闭性很强的民居建筑之外，峡区还常见一种较为开放的三合院民居，所谓三合院，就是除了后堂正屋和两厢，前面一般不建门厅，呈开放状态。这种三合院结构，吊脚楼民居也经常采用，称为"撮箕口"。三面围合后中间形成的场院一般为晒场和打谷场。在三峡区域以农业为主的山区腹地，多采用这种民居建筑形式。

---

①资料来源：巴蜀传统民居院落空间特色研究（徐辉，硕士论文）。

一、合院建筑的空间特色

（一）院落

合院空间的核心是"院落"。对于单一建筑的民居而言，人的日常活动只能在两种空间进行，一是室内，一是室外。但人的活动分很多种层次，有十分私密的，有不十分私密的，还有半私密的或者不私密的。显然，只是室内或室外两种空间很难满足人的需要，人类还需要一种介于公共空间与私密空间之间的场所来进行相关活动。合院建筑就较好地满足了人类这一要求。合院建筑由于"院落"的使用，从空间上使围合其中的各个建筑从室内到室外产生了若干个不同使用功能、不同私密程度、不同礼仪等级的空间场所，为满足人们进行各种类型、不同层次活动的需要提供了极大方便。合院作为民居，不仅能满足家中男女老幼各种空间要求，而且还有效隔绝了外面世界的喧闹，对院内安全起到了维护保障作用，使一家人处于不受外界干扰、自由安静的空间环境。"院落"还是居于其中的人们与自然宇宙进行沟通联系、吸纳大自然气息

图 6-8　合院民居的院落空间　（摄影：曹岩）

图 6-9　四面围合的合院民居　（摄影：曹岩）

的通道。因此，院落得到广大民众的喜爱。合院建筑一般是围绕"院落"来组织空间序列，并以院落中心为中轴线，按照伦理道德、礼仪规制来安排布局各功能建筑空间。不过，在三峡地区，由于地理环境的复杂性以及居住文化的多元性，礼制上并没有北方严格，建筑院落的尺度、空间布局、规模与形式依据地基的情况均可进行相应的调整，显得相对自由。（图 6-8）

（二）围合

合院，尤其是四合院最本质的空间特征就是通过"围合"的方式使之成为院落，没有围合就不会形成合院。围合的介质有院墙和建筑。院墙只有围合的功能，而起围合作用的建筑本身就是合院的功能空间实体，承担双重功能。三峡地区的合院建筑受用地紧张的影响，院墙多直接用房屋所替代，只在局部需要的地方加筑少量院墙，从而形成三峡地区合院民居的建筑特色。（图 6-9）

（三）堂屋空间

堂屋是合院中一种特殊的公共空间形态，作为宗法礼仪的重要场所，明亮、宽敞、简洁是其典型的空间特征。由于堂屋具有家庭祭天祀祖、迎宾送客、议事聚会等重要功能，所以始终被安排在宅院的后堂主屋中央；其布局十分讲究，一般要挂中堂、设神龛、置条案、贴对联，陈设八仙桌、太师椅，等等；遇到节日，或者红白喜事之时，在根据内容严格按规矩进行重新布置的同时，还要在神龛前摆放香纸蜡烛及贡品，以示对神灵、祖先的尊重。堂屋这一空间形态，不仅集中体现了峡区民众"法天敬祖、尊重伦理"的宗教、文化信仰，而且，也反映了他们对人文价值的重视以及对特殊空间品格的思考与追求。

（四）灰色空间

合院建筑有向内部开放的"院落"空间，也有在院内空间里相对私密封闭的"房屋"室内空间，还有介于二者之间的"廊"空间。廊是联系各功能空间的通道，也是连接院落空间与室内空间的纽带，是处于一种半封闭状态的"灰色空间"。大尺度的廊在北方四合院中不多见。在三峡地区则由于日毒、多雨、湿热，人们很多活动往往在廊下进行，这已成为三峡人一种特有的生活方式。因此，三峡的合院建筑大都增加朝向庭院的屋檐跨度来营造廊空间。另外，还有一些合院民居设置"敞厅"，来增加活动空间。敞厅也是一种介于室内与室外之间的灰色空间，实际上也是扩充变化了的廊。廊的设置既利于建筑的通风散热，也为居于院内的人们提供了更多的休闲活动场所，可谓一物多能。[①]这也成为三峡合院建筑的一大特色。（图6-10）

图6-10　合院式民居中的灰色空间

二、合院建筑的空间类型

（一）四合院

"四合院"是我国民居建筑中发展最为完备的建筑体系，是北方民居建筑当之无愧的代表。四合院民居源自于汉文化，是在儒家礼教思想体系的基础上形成和发展起来的，院落严格按照宗法礼制、长幼尊卑、伦理道德来进行建构，各建筑以中轴线为基础，严格按照一套行之有效的清规制度进行布局，如：左右对称、尊者居中、男左女右、尺度合宜、比例适度，等等。我国的传统民居建筑，以北京四合院发展得最为完善。三峡地区的四合院建筑虽然源自北方地区，在营建过程中，亦按此规行事，但受地方环境限制及峡区多元文化的影响，思想相对自由，房屋布局并不完全拘泥于法理，更重视房屋建筑格局的实用性；院落多以房屋围合，建筑可相互连

①杨宇振：中国西南地域建筑文化研究，重庆大学博士学位论文，2002，第191-192页．

接，亦有多进院落的布局，但空间紧凑；不苛求于严格的形制，在用地条件有限的状况下往往采用不对称布局以便把房屋或院落建在不同高程的基地上，形成多层次合院构架。这种合院已和北方的合院民居有很大区别，有十分强烈的三峡地域色彩。(图6-11)

（二）三合院

在三峡地区的村镇尤其是农村民居，"三合院"民居随处可见。这类建筑以"一正两横"布局房屋为结构特征，又称"撮箕口"式民宅。"撮箕口"多为一层，少数正屋为两层。入口常设成"燕窝"形式，正房中间为堂屋，两"横"为厢房。三合院民居亦讲究对称布局，两边厢房长短高矮基本一致，形成对称。建筑围合成开敞的院坝，方便进行农事活动。在三峡区域的土家族传统民居中，三合院成为他们典型的建筑形制，两端厢房通常架空为两层，又称"半边楼"；下层置畜圈或杂物间，上层设有挑廊，用以连接正屋与厢房；厢房屋顶常采用歇山形式，后面正屋一般不架空，坐于地基之上，形成半吊式建筑结构，有十分浓厚的土家民族居住特色。这种"三合院"适应了长江三峡腹地农村用地较为宽松的山地环境，较好地结合了变化的地形，开敞的院坝与当地生产生活方式相吻合，反映出三峡地区三合院的地域特征。

四合院民居

三合院民居

混合院落民居

图6-11 合院民居建筑的空间类型

（三）混合院落

"混合院落"是三峡地区在仿四合院的形制的基础之上，结合本地地形条件、文化背景及欣赏习惯发展起来的一种多空间组合的院落空间。北方合院住宅中规中矩，开合有度，尊卑有序，完全按照儒家礼教思想和汉民族居住文化的要求来营建。三峡地区地形复杂，地理位置较为偏远，虽然受中原文化苛求形制规范的影响，但建筑形式处理还是相对自由灵活，在房屋建造过程中，一般会根据当下的客观环境与自身需求来调整建筑的格局，因此合院建筑往往除了中心院落

图6-12 混合院落民居

为基本对称的形态之外，四周则会根据需要进行变化，从而形成了各式混合型院落空间，如四合院与三合院混合，四合院与天井院落混合，等等。(图6-12)"这种住宅在北方比较少，可是在南方诸省，从简单到复杂有各种不同类型"，这种混合型院落空间的出现，不仅进一步丰富了三峡地区民居建筑的空间形态，而且体现了峡区民众在特殊的环境条件下，灵活变通的创造精神。

第三节　天井式民居

天井式民居明显受长江中下游地区民居风格的影响，但和峡区早期的筑台式建筑也有渊源。这类建筑不似合院建筑那么庞大，也不像干栏式建筑那么单立独行，更符合外观封闭、内部开敞、自成一体的汉民族居住理念，因此，受到三峡区域民众的喜欢，在清代中后期发展很快。这类建筑远观黛瓦白墙，黑白分明，近看飞檐翘垛，庄重平和，有一种江南民居特有的古风神韵，体现出典雅如诗的建筑魅力。（图6-13、图6-14）

图6-13　天井式民居

天井式民居（一）

天井式民居（二）

天井式民居（三）

图6-14　南方天井式民居

天井式民居（四）

一、天井式民居的形成

天井式民居在峡区的形成和发展，原因是多方面的。早期三峡民居虽然以干栏式建筑为主，但在一些较为平坦的地方，也有一些以砌石筑台为基础的民居出现。由于这种筑台式民居规模不大，且建房须在较平缓的地段砌石筑台建地基，在生产方式与生产力均比较落后的古代，注定这种民居建筑难以成为主流。至秦汉之后，生产力有了较大发展，但随着中原汉族居住体系及儒家文化的进入，合院建筑开始在峡区兴盛起来。干栏式建筑也开始向合院建筑靠拢，做成四合、三合院。筑台式建筑与合院建筑有许多类似的地方，只是规模太小，最终与合院式建筑合流，其结果是筑台式建筑的身影基本被淹没。

明末清初，峡区城镇与乡村恢复重建，各地移民的进入，使各类风格迥异的民居应运而生，峡区建筑出现兼容并蓄、绚丽多姿的局面。由于移民中有很大一部分来自湖广、安徽、江浙及江苏等长江中下游地区，因此，带有江浙、徽州一带建筑特色的天井式民居建筑在峡区成为一种时兴的建筑形态，得到峡区民众的青睐。另外，随着长江航运的恢复开通，商业贸易的发展，长江下游地区的徽商巨贾，纷纷溯江而上，在三峡长江及其支流沿岸兴宅建房，这也促使徽派天井式建筑进一步在三峡沿岸兴盛。时至今天，当时建筑的天井民居在峡区大量存在，部分保存完整，使我们能够一睹其风采。例如：重庆辖区的大昌古镇、酉阳龙潭古镇，四川的南充阆中古镇及湖北的新滩等，都是南方天井式民居最为集中的传统城镇（随着三峡工程的建成蓄水，有很多传统古镇被淹没。不过，一些古镇以及部分价值突出的建筑在蓄水之前已按原样进行了搬迁复制）。这些知名古镇，当时都是物质丰富，商贾云集，人口众多，建筑特色鲜明，十分繁荣。（图6-15）

图6-15　天井式民居

不过，虽然三峡地区的天井式民居与长江下游安徽、江浙地区天井式民居建筑存在渊源关系，但在建构过程中，大都依据当地文化与地域环境，进行了本土化改造。

主要变化有如下三个方面：

第一，与地域环境融合。安徽、江浙地区的天井式民居建筑多建于平地，不受地形限制，一般为四面围合，前厅后堂，中轴对称，左右两厢，天井居中，四水归堂，外形方正规矩。但三峡地区由于受用地环境的制约，再加上本土居住文化的开放性，以及民居建造过程的灵活性，具体表现为遵循规制，但不拘泥于规制。在地形条件不允许的情况下，除了四面围合的基本要求不变之外，内部空间布局均作灵活调整，如：不一定中轴对称，围合的形状不一定是正方形或者长方形，有可能正屋一侧有厢房，另一侧无厢房，只是围墙，天井也不一定在中轴线上，有些多重天井结构的民居，各个天井甚至不在一个地平台上，等等。这反映了外来建筑形态与本地环境的融合。（图6-16）

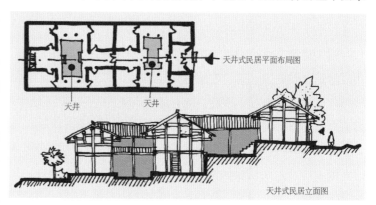

天井式民居平面布局图

天井　　天井

天井式民居立面图

图6-16　南方天井式民居（二重天井）与山地结合示意图

第二，与本土建筑的融合。天井式建筑虽然与三峡地区的本土建筑干栏式吊脚楼差别很大，但与峡区早期的筑台式建筑基本类似，因此，天井式建筑在建造过程中融入了许多筑台式民居的建构要素，如对砌石台基的处理方式，室内空间的划分，大门立面及檐口、屋脊的处理都融入了筑台式民居的相关基因，使之更符合峡区人的欣赏与生活习惯。

第三，与合院建筑的融合。秦代以后，合院建筑传播到三峡地区。在相当长的历史时期，合院建筑格局作为主流建筑形制之一，在三峡地区落地生根，广为传播。为了适应三峡山地环境，合院式建筑在整体布局、空间组合、建筑规制等方面都进行了适应本土化的调整，如顺应地势的"抬院"空间，压缩院落以灵活地适应山地变化，合理利用有限地形，等等，但合院式形态一般只应用于较大型的房屋建筑。南方天井式建筑传入之后，很快与合院式建筑结合，在三峡地区形成了一种具有山地特征的紧凑型"井院式"建筑，不仅解决了大多数中小型民居对合院天井式建筑形制的需求，而且这种建筑综合了两种建筑的长处，成为三峡地区独具特色的新型民居样式。（图6-17）

图6-17　天井式与合院式民居的融合

二、天井式与合院式民居之比较

天井与院落不仅是我国传统建筑中最为常见的空间构成形态，而且也是组织建筑单体或群体空间的一种非常有效而且实用的建构方法。这两种建筑形态都适合用于创造具有内向性的空间和公共交往空间。天井与院落在建筑构成方面虽然有相似的地方，但在规模与组织方式上仍存在一定的区别。

（一）尺度差异

天井民居与院落民居最根本的差异表现在建筑物的规模和尺度上：天井建筑空间主要在"井"上做文章，从屋面到地面，形成"井"状虚空间，周围建筑以"井"为中心进行围合，"井"的直径一般不大，因此，天井民居通常比较紧凑；而院落民居利用围墙与建筑物进

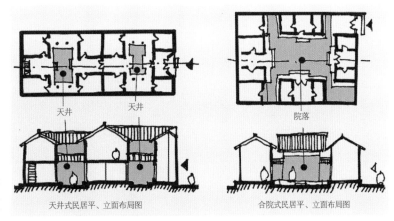

图 6-18　天井式民居与合院式民居比较示意图

行围合，建筑规模较大，内部空间十分开敞，人在里面的活动范围开阔，相对建筑室内空间而言，院落实际上是一种被围起来的室外空间。（图 6-18）

（二）空间差异

天井空间形态往往与厅堂及檐下空间成为一体，是一个无具象界面的类井状泛空间，也是介于室内和室外的灰空间，可看作单体建筑的一部分；而院落则是属于室外的空间，是与建筑形成图底关系的室外空间。从建筑整体空间布局来看，天井建筑由于尺度较小，可因山地进行错落变化，调整室内或天井地面的标高，这个特征在三峡天井建筑中体现得尤为突出。而合院建筑多布置在完整的平地，少做高差变化的处理。当然，也不绝对，在峡区，为了适应地形，也有把院落布局在不同标高平面的。

（三）功能差异

天井的设置更多的是出于解决建筑基本的采光需求，以及通风、防晒、遮雨、排水、防火等多方面的实际需求，在解决建筑实际功能方面优于院落，并且布局紧凑。合院的院落空间活动范围比较宽敞，常结合室外绿化的布置，且与儒家所提倡的人格修养有关，讲究与自然亲和，在这一方面封闭性较强的天井则不如合院建筑的院落。

（四）细部差异

天井式民居一般为单栋建筑，屋面中央形成向内倾斜的井口。这种井口不仅是采光、透气的天窗，而且是室内排水的通道。因此，居住者一般比较重视室内天井的细部构造。如：天井周边

通常要用砖或条石砌筑，井内底面铺设的材料通常也采用熟砖或青石板，形成光滑的硬质地面，四周设排水沟；周围屋檐的雨水落入天井汇集，通过排水沟流至屋外。而院落民居一般比天井式民居规模大，由多栋建筑构成，建筑之间通常会有一定的间距，以墙做补充围合，各个建筑相对独立；院落民居注重的是建筑前后左右的排序以及大小的组合等室外细节问题。

三、南方天井式民居建筑的空间特色

清代后期，南方天井式建筑在三峡地区几乎成为主流民居建筑，只要稍有平缓之地，就有这种天井建筑出现，尤其是在一些商贸较发达的城镇，更是风火墙相连，小青瓦屋面相接，栉比接踵，蔚然成片，十分壮观。此类民居一般为商贾富绅住宅，最有代表性的是秭归新滩古民居建筑群和巫山大昌古镇建筑群。（图6-19）其空间建构特点有二：

图6-19　烽火墙呈圆形的天井式民居

第一，这类民居大都建在地势较为平坦的地台上，如果一层地台有限，可筑多层地台。在空间布局上，遵从中国传统建筑"尊者居中""左右对称"的建构理念，十分注重房屋的中轴线，一般以后面居中堂屋为正厅，以左右厢房和前后厅堂围合成一重或多重天井，形成建筑外部相对封闭、内部通透开敞的空间环境。

第二，建筑空间结构上一般采用穿斗屋架、抬梁屋架，以及硬山搁檩屋架等结构形式，外观上以五花封火山墙围护，小青瓦屋面，大门入口作立式贴面，门头叠涩出檐，形成门楼景观。

第四节　碉楼式民居

一、碉楼式民居建筑的成因

自古以来，我国先民就十分重视自身住宅的安全，古代先民常在住宅旁边建造望楼，用以观察周边环境。望楼一般与住宅相连，下部设置较高的立柱，顶上建瞭望小楼，内置木梯上下相连，用于登临瞭望、警戒。将碉楼与望楼作一对比，我们发现，碉楼除了比望楼体积更大，建造更完善之外，其平面布局、功能要求几乎完全一样，充分说明碉楼与古代望楼一脉相承，只是在承袭的过程中又有进一步的改进和发展。（图6-20）

图 6-20　碉楼式民居

图 6-21　碉楼式民居

三峡碉楼民居历史悠久，从峡区考古发现的汉代画像砖上，就有对其形象的描绘，但经过明末清初长达一个多世纪的破坏，三峡地区各类建筑包括碉楼民居已无迹可考。

三峡地区虽山高水险，但却是巴蜀咽喉要道，历来兵灾匪患不断。清代中后期，随着三峡经济的繁荣，富裕人家需要保家护院、防匪拒盗，碉楼式民居应运而生。自此之后，碉楼民居在三峡地区生成传播，成为传统民居建筑中特色鲜明的一脉。以下是现今仍然保存完好的碉楼民居统计：巴县太极圆场镇碉楼、木洞场蔡家石碉楼、清溪场双河口大碉楼、丰盛场口碉楼、忠县拔山场碉楼、涪陵大顺场碉楼，等等（图6-21）。

二、碉楼与住宅的关系

碉楼式民居包含碉楼与住宅两个部分，共同组合在一起，但各有不同的功能。碉楼用于防御，是住户临难时的庇护所，平时储藏贵重物质，也供登高远眺，造型比较简朴；住宅供生活起居和生产劳动使用，造型富于变化，建筑形态丰富。在大部分碉楼民居中，碉楼的形态与住宅大体一致，但也不完全受此约束；同时，住宅的形式也并不要求与碉楼完全一样，两者均可自由地选择适合的建筑形式，力求在统一中求变化，在变化中求统一；它们的组合关系实际上是一种互补的关系，有时候造型上的差异往往成为民居建筑的视觉亮点，使人过目不忘。碉楼数量一般取决于住宅的规模。通常小型民居设一个碉楼，大中型民居设两个甚至更多。碉楼布局须符合有利防守、方便使用的原则，一般设置在地势高峻、视野开阔、与住宅联系快捷的地方。小型民居是普通人家的住所，平面多一正一横或一正二横形式，常只设一座碉楼，且多置于宅前一侧并靠近厨房的位置。这样的布局既有利于观察监护住宅周边环境，也有利于使用：当住户被困时，一是能及时熄灭厨房的火种，防止火灾；二是能准备充足的食物补给。因此，靠近厨房布局是碉楼民居最实用最典型的布局方式。一般大中型民居建筑规模较大，用地也比较宽阔，其安全保障由多个碉楼共同承担。这样的宅院为追求气魄，往往在宅外沿转角部位将碉楼作对称式布局，有的还将其中的一个碉楼构筑得特别高大雄伟，使之成为主碉楼，能在楼上环顾全部屋宇，并方便与各碉楼间进行观察和喊话联系，形成立体监护网。碉楼与住宅的组合有三种形式，即毗连式、分离式和混合式。毗连式是将碉楼与住宅紧密地连接并同时建造，具有方便使用和进出碉楼时动作隐蔽性好等优点。分离式是将碉楼与住宅完全分开建造，使之占据有利地形，以充分发挥其防御功能。但是，由于碉楼与住宅之间相隔一段距离，因此需要廊道、栈桥或围墙等为两者提供连接和掩护，其实用性与隐蔽性等不如前者。混合式即是同时采用毗连和分离两种手法作碉楼布局，这种形式兼备了两者的优点。不过，混合式布局一般运用于大型碉楼式住宅，其对住宅周边的监控也是通过多个碉楼设置来完成的。（图 6-22）

涪陵增福乡炎苏堡田家碉楼民居

碉楼造型

丰都邱香鲁碉楼民居

宜昌木质碉楼民居

图 6-22　一宅一碉式碉楼民居示意图

三、碉楼式民居建筑的特点

三峡地区碉楼民居一般因地制宜，就地取材，与当地其他民居建筑和环境融为一体。碉楼的外观以"青瓦出檐长，穿斗白粉墙，悬崖伸吊脚，外挑跑马廊"为建筑特色。碉楼与住宅相辅相成，互为依托，构成碉楼民居建筑形象。（图 6-23）

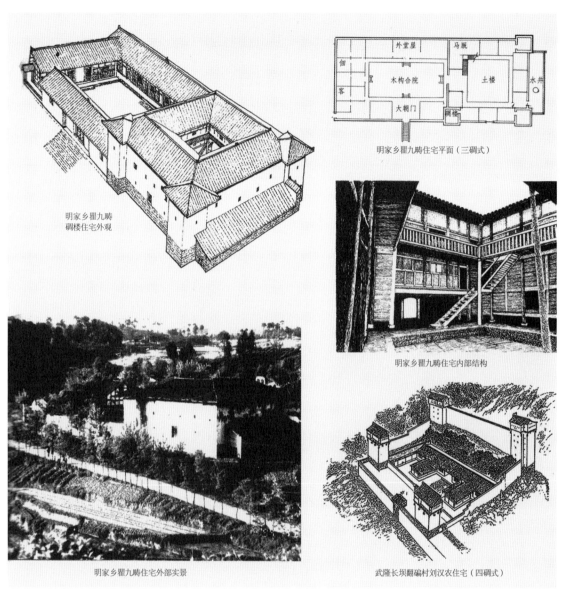

明家乡瞿九畴碉楼住宅外观

明家乡瞿九畴住宅住宅平面（三碉式）

明家乡瞿九畴住宅内部结构

明家乡瞿九畴住宅外部实景

武隆长坝翻碥村刘汉农住宅（四碉式）

图6-23　一宅三碉、四碉式碉楼民居示意图

（一）空间布局特点

碉楼平面多以方形为主，层数较多。常见每层面积 20～30 平方米，各层面积相等或相近，层数少则 3 层，多则 5～6 层，层高 3 米左右。碉楼仅在底层设一出入口，宽度以能容单人通行为准则，位置力求隐蔽。小型碉楼在楼面开辟上下口，以活动架梯解决人的上下问题；大型碉楼内有固定扶梯，垂直较为畅达。在很大程度上，碉楼的坚固性是由墙体来保证的。因此碉楼的外墙十分坚固，厚度一般不少于 36 厘米，最厚达到 60 厘米左右。不但如此，外墙一般不开窗户，尤其底层绝对不允许开窗，这不仅是为了避免外部的窥探与袭击，也是出于防火的需要。第二层以上的外墙，在适当部位开凿一些间隔距离基本相等的小孔，既供对外瞭望、射击使

石砌碉楼

砖砌碉楼

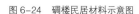
图6-24 碉楼民居材料示意图

图6-25 美轮美奂的碉楼民居

用，也作通风换气之用；有的碉楼还设置专门的投弹孔（图6-24）。通常三层高的碉楼自室外挡土墙基座起，其顶层楼面的凌空高度已达10米左右，安全已有保障。民居中的碉楼都有屋顶，这是区别于军事碉堡的重要标志。碉楼屋顶常用悬山式和歇山式，为达到视觉美观效果，有的将屋顶做得复杂而华丽，或四角起翘，如鸟欲飞；或装饰线脚，加以衬托；有的沿外墙逐层披水，构成叠降的韵律与节奏，还有的将楼面外挑延伸，沿墙作回廊环绕，以供凭栏眺望，纳凉观景。碉楼也因这些特殊处理成为整栋宅院的视觉焦点。（图6-25）

（二）材料应用特点

就地取材是三峡碉楼民居一大特色。碉楼的墙体采用砖、石、夯土等本土材料和传统的施工方法构筑，不仅能满足防卫要求，而且取材方便，能较好地与地形环境及住宅组合协调。通常小型碉楼，因受经济条件限制，多采用夯土墙。夯土墙具有取材便利、施工简易、坚固耐用、冬暖夏凉等优点。三峡地区的夯土技术精湛，经验丰富，对夯墙用的土壤要求非常严格。土壤既要有黏性，还要有砂性。土壤如果水率偏高，墙体容易开裂；水率偏低，又不利于施工。而土壤中如加以一定比例的砂砾，则能解决这些问题。夯土墙施工是将厚木板制成的箱模架在石勒脚上，把拌合均匀的土料，分次倾入模内，用木槌连续沉重冲击，捣鼓密实而成。一个等高的周圈完成后，再升高箱模做第二个等高周圈，如此逐渐加高墙体。为了加强每段夯土的水平连接，还要用竹片或木材做墙筋，尤其是墙体转角部位。夯土墙上的孔洞，待全部墙体夯完并达到一定强度后，再按需要进行挖凿。尺寸大的洞口，通常在夯土时预埋木梁。家财殷实的房主，常用砖石材料作碉楼外墙。石料就地开采，石灰就地焙烧。条石规格一般用大连二石或加大连二石两种；而砖的尺寸却不统一，以组砌方便、有利施工为原则。砖石墙体均以石灰浆砌筑，灰缝要求端直工整，俗有"麻线缝"的说法。石料表面加工也十分讲究，常用"寸三钻""钉蜂包"等做法。碉楼楼盖、屋盖有两种做法：一种是将木梁、木栅直接放在四周外墙上；另一种是在墙内构筑木框架支承。

（三）外部形态特点

三峡碉楼式民居的空间形态塑造极为独特，这是碉楼与住宅两种不同功能建筑的组合所致。挺拔与舒展的造型，严峻与活泼的风格，豪放与含蓄的情调，封闭与开朗的性格，沉重与轻盈的体量，交织连接在一起，把对比与统一的审美情趣表现得淋漓尽致。"青瓦粉墙，重重院落，翩翩村寨，庄重典雅，清晰精巧，朴实自然"是三峡民居的整体风格，也是碉楼民居建筑的主要特色。碉楼仅承担防卫之功能，日常使用不多，处于民居建筑的从属地位，因而空间形态简洁，个性突出，但并不喧宾夺主。碉楼民居因住宅与碉楼使用功能迥异，大小高低有别，材料质感也不同，故造型丰富，主次分明，对比强烈，具有鲜明的个性特色。参差突兀的形体，错落有序的轮廓，轻盈舒展的住宅，挺拔浑厚的碉楼，交相辉映，黑的瓦、白的墙、褐色的木质门窗、灰色的砖石砌体，均统一于典雅浑厚的色调之中，建筑雄踞青山绿水之间，与自然环境协调地融为一体，个性特征十分突出。

碉楼民居产生于一定的社会经济和历史条件下，在漫长的岁月里，曾有过不断的演进和发展，成为三峡地区民居一种独特的建筑形式。随着时代的变化，其存在的作用也随之消失。然而，其综合的功能、完美的组合、多姿的形体，以及浓厚的地方特色等，却是中国传统民居序列中非常有特色的一个支别。

第五节 中西合璧式民居

19世纪末期，重庆开埠为通商口岸，西式建筑也随之进入峡区。首先是各式西洋教堂建筑在三峡重镇重庆出现；其后，外国洋行纷纷跟进，先是英国在龙门浩和市内兴建太古洋行、立德洋行、怡和洋行、龙猫洋行、卜内门洋行等；接着美国人也来到重庆设立利泰洋行、永丰洋行、后里洋行等。到1911年，先后有英、美、德、法、日央行共50余家[1]。重庆市区已呈各类洋行建筑大观，欧美商行随后进入，紧接着兴建的是外国领事馆等。在不长的时间里，重庆市区已建成了以洋行、领事馆为代表的为数众多的西洋建筑群。这些建筑群包括教会、学校、医院、住宅等。其中住宅占有很大比例。

在重庆的影响与带动下，三峡沿江一些的城市和场镇，也大量出现了洋人建造的西式住宅与教堂，本土居民也纷纷跟着模仿，建造了很多中西风格结合的新型民居。它们或在城市边缘组成一条新街，如忠县城边的沿江西山街；或紧挨着一条街的末端修建，如故陵场梁子上江七老爷（江绍南）洋房子，朱慧远宅，李全安宅，还有万县的黄柏场杨宅，石柱颜夕场崔绍和宅等；再就是在场镇周边的独立住宅，如忠县洋渡陈一伟住宅等。

---

[1]杨嵩林：中国近代建筑总览·重庆篇 [M]. 北京：中国建筑工业出版社，1993，第25页.

中西合璧式建筑在峡区传统民居占主导地位的沿江及支流两岸，别具一格，使本来多元的三峡民居，更加丰富多彩。（图6-26）

图 6-26 三峡中西合璧民居

一、"混搭"的风格

三峡地区的"中西合璧"建筑虽然在装饰风格上广泛运用了西式素材，但空间布局仍脱胎于传统建筑院落式民居的住宅形式；主体建筑一般为两层，部分有三层，沿袭了一明两暗，一间两厢的格局，保留了传统民居建筑中深宅大院的特点；纵向布局通常为两到三进，有一条明显的中轴线，平面总是呈对称分布，进门先是一个方整的天井，天井中部往往有门楼隔断，正对天井是主人会客的厅堂，有可拆卸的落地长窗，其形式多为我国传统格子门的简化；厅堂一般面阔三间，用于中国传统起居中最重要的聚会、喜庆、宴请等礼仪活动；厅堂两边是通往二层的楼梯，楼梯由传统的单跑式木楼梯转变成两跑或三跑的西式扶手梯；天井两侧为东西厢房；第二进天井较小，并设有水井，后部是厨房、贮藏等辅助用房。这样的平面布局满足了传统中国人日常起居的需要，反映了中国传统家庭中长幼有序、尊卑分明的伦理观念。"中西合璧"住宅的结构形式、建造方式等均直接继承我国南方传统民居建筑的构造风格，呈现出江南民居的典型特色。两侧立面常看到马头墙形式或观音兜形式的山墙，厅堂的落地窗，天井内的中式牌楼，以及两厢的格子窗等，无不来源于传统民居的装饰元素。它最鲜明的特点莫过于建筑大量仿西式装饰的临街正立面、传统的山墙做法与西式门楼之间的混合装饰构件过渡与衔接，以及部分山墙采用的卷草纹饰装饰。临街立面大量运用了西式造型元素，内部走廊也多见花瓶柱状栏杆，窗和门上出现了砖砌拱卷结构或西式线脚装饰的窗楣、门楣，部分建筑的大门采用了砖砌和水泥雕塑的西式山花植物纹样的门头。这就好比穿长袍马褂、留着小辫戴西式礼帽一样混合搭配，成为一种不伦不类、不中不西的混搭风格。这种中西合璧的民间住宅的出现，体现三峡社会开放的胸襟，以及对外来文化的大胆吸收。（图6-27）

忠县某住宅大门门头造型

丰都某住宅外观

图 6-27 三峡中西合璧民居外观

在三峡地区，除了本地人建造的中西"混搭"建筑之外，还有外侨建造的中西混合住宅。但不同的是，这些住宅的西式元素明显多于本地人自建的中西合璧式住宅，其建筑的空间布局形态西式特征非常突出，大都将庭院布置在住宅前方，主体建筑为独立的西式单体别墅，与中国传统家族住宅呈连体横向宅院布局有显著差别。这类住宅的建筑构件与装饰纹样虽然也能找到中国传统元素，但是只作为纯装饰性因子和次要的构件存在，一般不占房屋建筑的主导地位。如果从成分上来分析，这种民居西式成分占 70% 以上，而中式成分不到 30%，与"中西合璧"式民居存在较大差异性。

二、简化的元素

"中西合璧"住宅虽然大量地采用了西式的装饰手法，但却没有生搬硬套所有繁复的西式装饰纹样，而是将具有典型特征的元素加以提炼简化，直接叠加到现有的中式构架上，体现出高度的凝练性。西方古典建筑的各种装饰部件都在"中西合璧"住宅上亮相：三角形山花、半圆拱卷山花、模仿巴洛克风格的曲线山花、西方古典柱式、各种变形的或不变形的或兼似中西的柱头、西方古典纹饰、二层围栏的西式宝瓶栏杆……随意取用的是作为建筑装饰素材的各种装饰部件，不分类型、不拘风格、随意增删、重新组合，与原有的中国古典建筑部件混为一体，于是形成不中不西、亦古亦洋、"中西合璧"的新建筑风格。建造者热衷的是对西方古典建筑的局部模仿与借鉴，缺少的是对某种建筑风格的刻意追求，随意挥洒，任其自然，这也许就是民居建筑的特点。发人深省的是这种不中不洋的"中西合璧"住宅仍然得到老百姓的认可，尽管洋式山花、柱头取代了传统的雀替、纹饰，但住宅的传统格局没有改变；所以我们能看到中式的牌楼与西式线脚组合的窗楣门楣，中式的方正厅堂开出拱卷结构的西式长直窗，西式花瓶柱围栏的转角处立着中式的宝相花柱头……这些简化了的西式装饰符号与同样被简化的中式传统纹样（暗八仙、四君子、耕读渔樵）相互呼应，造就了"中西合璧"建筑的独特外形。同时，这种中西并用的装饰形式还深受三峡区域山地文化的影响，造型取材多源自当地风格的建筑，整体建筑格局相对保守，与本地"井院式"建筑有颇多相似之处，这也说明了人们难以彻底摆脱根深蒂固的乡土情结。

三、实用的原则

三峡"中西合璧"建筑的建造者们，大多为峡区的工商者和富裕之家，他们将商业文化体现在了自己住宅的建筑语汇上。商人重利，注重功能性，在创新的过程中以实用为前提，实用主义思想体现在建筑装饰上就是做减法。所以三峡的"中西合璧"住宅减去了传统民居中繁琐的挂落、雀替；承重的柱础则省去了复杂的莲花座，直接运用几何形态，但比例尺度遵照了中式须弥座的做法；中式的彩绘藻井，雕花梁架，繁复的斗拱不见了，取而代之的是西式的石膏线脚和简洁的几何形天花。简化装饰、简化造型、几何体块造型大量在"中西合璧"建筑中出现，实用主义的理念贯穿建筑始终，这就是三峡地区与众不同的"中西合璧"式民居建筑风格。

四、砖、石、木材料的同构

砖石建筑在中国古建筑史上一直没有成为主流，是因为木构建筑在相当长的时间内一直是传统建筑的唯一表现形式；人们在心理上对木构建筑有根深蒂固的认同感，所以在新型的建筑材料出现后，木构建筑中主要的结构形式（立式木构架外加砖墙围护结构）仍然难以被取代，在相当长的时间内一直沿用下来并不断被模仿（早在辽代就出现了砖仿木构佛塔）。同样，这种有趣的现象也出现在了"中西合璧"的建筑结构形态上，在西洋建筑中被广泛应用的石雕构件和在传统建筑中被广泛应用的木质梁架都以砖雕的形式加以表达。青砖，作为一种过渡时期的建筑材料，因其型质灵活、可塑性强，而成为糅合中西结构的最佳选材。同时，能信手拈来将同种材料塑造成不同风格的肌理，又表明了本土建筑师们对建材高超的驾驭能力。以忠县洋渡镇陈一伟住宅和丰都县城陈公馆为例。陈一伟民居原为盐商建造的"善堂"，是三峡地区受西式风格影响的民居的典型代表。该住宅两进五间，临街第一进为西式两层小楼，是户主家人的住宅，第二进是三层传统中式木雕楼，天井中有牌楼隔断，牌楼正反两面也是一中一西，装饰精美，特色鲜明。整栋楼工法精细，华丽大气。住宅的正门用砖仿石材构筑，门头左右侧的门礅和几何形门头装饰都是用青砖顺着图形的边沿砌建而成，做法十分巧妙，青砖砌成的砖坯，用"剔地起突"方法雕刻而成，线条流畅，形象突出，雕工细腻，立体感强，虚实对比鲜明，造型生动。匠人门用中式手法作出惟妙惟肖的西式造型，堪称典范。砖仿木构的标本当推各宅中的中式门楼，门楼历来就是建筑中砖仿木构手法最为集中的部分：砖仿木构的多层斗拱挑出，砖仿木构做檐口的挂落，砖仿木构柱式和木梁架精致美观。在陈公馆中，还有一根特殊的柱式，柱头为典型的爱奥尼克花式，柱础却保留了中式鼓形柱脚石的做法，这种将中西不同的元素糅和在一起的造型手法，体现了这类民居不拘一格、活泼多变的造型特点，赋予了建筑独特的气质。砖、石、木的同构在许多"中西合璧"建筑上同时出现，呈现出丰富的变化组合（图6-28）。这种砖仿石构和砖仿木构的并置，体现了在三峡商贸文化氛围下，民居建筑既大胆吸收外来新鲜文化又固守本土精神的审美倾向。

民居入口仿西式风格

民居内部仿西式风格

民居外墙及窗户仿西式风格

图 6-28 三峡中西合璧民居的局部做法

第七章
三峡民居的构筑技术与材料应用

　　材料与技术，是传统民居艺术筑构的两大基本要素。材料是物质基础，技术是非物质建造手段。三峡民居，经过数千年的历史沉积，不同建筑的形态与式样，均已形成一套各自特有的选材模式和建筑方法。这种物质与非物质所构成的峡区民居建造技艺，从本质上讲，不啻凝结着峡区民众的经验与智慧，更体现了这一区域社会的审美趋向和人文特质；其因地制宜，就地取材的营建方式，不仅真实记录了本地区的物源特色，而且还构成了三峡民居独有的地域性特征。

　　三峡民居的构筑技术以及材料的选用，体现了浓厚的地域性特色。这种特色不仅是三峡地区地理与气候环境的客观反映，更是当地各族民众在长期与自然环境碰撞交融中实践经验的"人文"观念再现；其所包含的人文个性，不仅反映出地域环境的物源特色，而且深刻揭示了峡区民众的审美哲学理念，见证了峡区特有的传统生产方式与手工技术。如果说人的需求是三峡民居形成、发展与演变的内生性动力源，那么，构筑技术的进步与本土材料的不断开发利用则是其形态构成与展示的外在驱动性因素。三峡民居的构筑技术作为中华民族建筑体系的一部分，更有自己的突出特点。三峡地区竹木植被茂盛，砂砾、岩石种类繁多，这些丰富的资源为当地民居建筑的筑构提供了取之不尽、用之不竭的本土材料。因此，峡区民居建筑在构筑技术和材料选用上，都鲜明地体现了地域性和本土性，即：运用恰当的技术手段把多种本地材料恰到好处地施于民居建筑构架之中。与此同时，匠人们在民居营造过程中，为了充分发挥材料的自然优势，展示其本土特性，还对材料进行一些富有民间特色的处理，力求达到效用最大化。（图7-1）

图7-1　三峡民居构架与材料应用

　　穿斗式木构架是三峡地区民居建筑最为常用的一种构造方式，这种民居构架对用地环境的适应性极强，在营建过程中可以巧妙地利用台、挑、吊、靠、跌、爬等特有的结构手法，使建筑框架能更好地与地形环境结合。竹、土、石、草、苇是三峡民居建筑常用的材料，根据民居不同的使用空间以及功能需求，采用多样的材料构筑。

　　三峡民居的构筑工艺与材料的使用在适应峡区地形、气候条件等方面都有许多独到之处。其最为突出的特点便是：适应环境、因地制宜、因材施用、构造简洁、经济实用。民居建筑架构以木构造为主，虽然战国时期就有烧制的泥瓦出现，但屋面盖瓦的房屋并不多，屋顶材料多为茅草。明中期以后，随着材料加工及构造技术的发展，砖、瓦、石灰等人工建材开始为民居建筑所使用，民居中的砖瓦结构逐步增多，砌筑方式也日渐丰富与多样化，砌筑技术与制砖技术也日趋成熟。但是尽管如此，框木结构仍是三峡民居的主要建构方式。总体来说，三峡民居以木构技术为核心，以土木并用、砖石并举的筑构方式，成功地解决了三峡沿江地区建造房屋地基倾斜的难题，实现了民居建筑与自然环境的协调发展。这种协调性是在特定的地理环境、气候环境、社会环境、经济环境及人文环境中产生的。因此，尊重自然、顺应自然是三峡传统民居形态最本质的特征。三峡民居不仅是三峡人认识自然、改造自然、适应自然的意志体现，同时也是满足居住功能的生活空间，是三峡人生存繁衍的生命庇护所。（图7-2）

三峡民居发展与本地的构筑技术和营建手段紧密相连，可以说，本土构筑技术与营建手段是推动三峡民居繁荣发展的不可或缺因素，技术手段的进步与革新提升了民居建筑的建造水准，同时又客观地反映了当时当地的民间生活状况。事实上，构筑技术的发展是围绕着建筑材料、建构结构及细部的处理等方面的进步与变革而展开的。

图7-2　砖瓦、石材、土坯材料的应用

第一节　木构营造工艺

我国传统建筑以木构体系著称。我国地广物足，植被茂密，林木资源丰富，因此，在人类文明的初始阶段，人们就开始利用木材来建构住所，后经过长期的摸索与实践，形成了一套完整的木构建筑的工艺技术体系。在生产力还不发达的时代，木构建筑不仅经济实用、建造方便，而且结构牢固、可塑性强，因此受到普遍欢迎。考察我国传统建筑，从南到北，无论官、民，其房屋建筑结构无不以木质构架为主要结构形式。

三峡地区盛产松、柏、杉、楠竹等树木及竹类。因此，木构技术一直是民居建筑构架的主流，其基本形式多为穿斗式和抬梁式两种，并且，由于三峡地区地形复杂，采用结构灵活、适应性强的穿斗木构架体系的占绝大多数，而抬梁式木结构多与穿斗木结构混合使用，以满足大空间的需求。（图7-3）

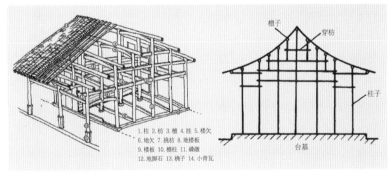

1.柱 2.枋 3.檩 4.挂 5.楼欠
6.地欠 7.挑枋 8.楼板
9.楼板 10.檩柱 11.磉磴
12.地脚石 13.椽子 14.小青瓦

图7-3　三峡民居穿斗构架示意图[1]

一、穿斗式木构架体系

"穿斗构架"是三峡地区传统民居中最常用的结构体系，由柱距较密、柱径较细的落地立柱与短柱直接承檩，柱间不施梁而用若干穿枋联系，并以挑枋承托出檐，形成一种柔韧性极强的柱枋网格系统，民间称之为排扇；做法灵活，可根据需要调整立柱的间距和增加高度；适应性强，便于建筑空间变化，适用于多种类型建筑。穿斗构架工艺技术简单，采用天然圆木为立柱，用穿枋连接成一排排如扇骨一样的基本骨架，再通过屋檩连接组成整体屋架。根据房屋的大小，排扇可多

①资料来源：根据王朝霞《地域技术与建筑形态》整理绘制。

可少，一般民宅为四排扇一明两暗三间房，小型民宅为三排扇两间房。穿斗构架用料较多，但所需材料体量尺度较小，不论柱径还是穿枋大小均远小于抬梁式构架，取材方便，非常适合三峡地区的物源条件。（图7-4）

图7-4 三峡民居局部

（一）构成方式

穿斗构架一般由柱枋及短柱组成，屋檩直接落在柱头或短柱上，以柱承檩而不用梁，用穿枋穿过柱子，组成网状的房屋构架，水平和垂直构件都是相互穿插，共同受力，形成承力连续性强的整体。穿斗构架主要是由柱、穿枋、檩挂、欠子组成，檩挂和欠子是在建筑面阔方向上联系柱子的构件。（图7-5）

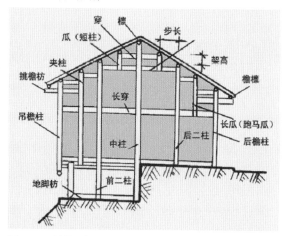

图7-5 三峡民居穿斗构架立面示意图

柱：穿斗构架多采用细柱，直径大约为20至30厘米。常见做法是立柱直接支承每根檩子，柱与柱间用穿枋数道横向贯穿柱身，使柱子相互成排联系成整体的排扇。穿斗构架主要有满柱落地和隔柱落地两种做法：满柱落地是完全的檩柱支承，柱间步距约三尺，穿枋只起拉结联系作用，并不受弯；隔柱落地通常是隔一柱或两柱落地，甚至隔三柱落地，是不完全的檩柱支承，在穿枋上，两柱之间加设短柱，以之承檩，短柱也分长短，可贯穿平行的数根穿枋，但不落地，这样两侧柱间步距可增加一至两倍，隔柱落地的空间处理更灵活，穿枋承受短柱的荷载，充当拉结与受弯的双重职能。建筑外围柱子之间可做墙壁或开窗开门。（图7-6）

图7-6 恩施某破损的穿斗民居

穿枋：是在进深方向联系柱子与柱子之间的重要构件。以穿枋穿过柱身，将柱子联成排架构成建筑的主要承重构架。穿枋的多少视建筑构架的大小及檩柱多少而定，通常是三檩柱一穿、五檩柱二穿、七檩柱三穿，以此类推。穿枋可穿连全部柱子，亦可只穿其中部分。从建筑构架承重角度看，每柱落地的构架，其穿枋只是起联系柱子之用，并不支承上层屋顶的重量；而支承不落地的短柱的穿枋，则要起着梁的作用，将重量传到相邻的柱子上。穿枋断面高而窄，高宽比约为2∶1，尺寸通常是高10～20厘米，宽5～10厘米左右。（图7-7）

图7-7　彭水黄家镇穿斗民居

檩、挂：檩和挂其实是分开的两个构件，往往平行贴在一起，檩在上而挂在下，民间俗称"双檩"。檩的主要作用是承椽子，挂则起到稳固列柱的作用。穿斗构架的檩子是直接安放在柱顶上的，而抬梁式的檩子则安置在梁头上。在传统民居中，堂屋正中的挂俗称为"梁"，是十分被重视的构件，常用向上微拱的圆木做成，民间建屋中的"上梁"民俗，所指的就是堂屋正中的"挂"。

欠子：是在面阔方向起连接作用的构件，与穿枋一起，联系穿斗列柱，稳固构架。欠子由于位置不同有天欠、楼欠、地欠之分：天欠在柱的上端起拉联作用；楼欠在柱中端，承载楼板；地欠是在使用地楼板时才使用，一般比较少见。欠子的尺寸稍大，宽高比约为3：2。

穿斗构架各个构件形成穿插的网络，共同受力，调整灵活。相邻柱子之间的水平距离为"步长"，相邻檩子之间的垂直高差距离为"架高"，两者长度比约为2：1，使整体屋架的比例轻盈协调。穿斗构件尺度精巧，结构合理，便于架空、悬挑、局部增补，整体形态轻巧灵活。

（二）穿斗式与抬梁式构架比较

穿斗与抬梁都属于木构体系，亦都是承重与围护分工明确、简易灵活的结构方式，构架独立性强，素有"墙倒屋不塌"之称，但两者在传力和用木方式上却有较大差别。穿斗构架是檩柱支承体系，以柱和短柱承檩，檩上承椽，柱子直接落地，短柱则承于穿枋上，各层穿枋主要起拉结作用，每排构架由檩挂和欠子（拉枋）连接，柱脚以纵横方向的地脚枋与地欠联系，上下左右连接为整体，组成建筑的承重骨架。以竖向的木柱来取代横向的木梁，可相对增加荷载的能力。

抬梁构架是梁柱支承体系，是在屋基上立柱，柱上支梁，梁上放短柱，其上再置梁，梁的两端并承檩；如是层叠而上，在最上层的梁中央放脊瓜柱以承脊檩。梁是受力构件，尺寸有长有短，长梁可达到四步架或六步架的长度，每步架长约1～2米，因此抬梁构架可以取得较大的空间跨度，但须以断面尺度大的梁柱为代价，同时檩距也比较大，相应地需要用较粗的椽木。（图7-8）

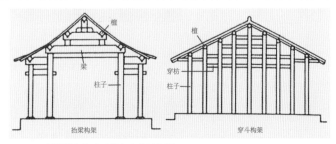

图7-8　抬梁构架与穿斗构架比较示意图

穿斗式采用较为密集的榫卯拉结和柱枋穿插的做法，立柱较多，通过檩柱的直接传力，以增加立柱为代价，略去大部分"梁"，保留少量受力的穿枋，充分发挥了细小型木材特性，相比多用粗大的木材的抬梁构架，十分适合林木植被以细小型木材为主体的三峡地区，既经济又实用。由于穿斗构架跨度较小，立柱受力均匀，整体性好，施工便利，且能灵活适应复杂的地形环境与湿热气候，比抬梁构架更具有整体稳定性和局部灵活性，因此，自古以来在三峡地区的民居建筑中得到了广泛的应用。

三峡地区，由于抬梁结构的建筑能够以大跨度的方式解决大尺度的建筑室内空间问题，所以较多应用在大型公用建筑上，如府衙建筑、会馆建筑、庙宇建筑与宗祠建筑等，民居中较为少见。

综上所述，穿斗式与抬梁式两种房屋构架形式都有其局限性。穿斗式结构的局限性在于两个方面：一是由于布柱太密而使建筑跨度过小，房屋的公共空间往往比较狭小，不能满足厅堂等较大空间的需要；二是由于用料规格小和构造的简易，不适合承受过高楼层及多楼层的荷载，正因为如此，三峡地区穿斗架构的民居一般为一二层，至多两三层，少有更多层的结构形式。抬梁式结构的局限性则是：其一，对地形环境的要求较高，抬梁结构的建筑大都建筑在比较平坦的地基上；第二，对材料的要求较高，其梁柱的木料要求较粗较结实，普通人家一般难以承受。

（三）穿斗式构架在峡区的优势

穿斗木构架灵活轻巧、取材便利、施工简易，能较好地适应复杂多变的山地环境与湿热气候，与三峡地区的物源天然匹配，并对峡区社会生活、经济方式等有相对调适作用，因此，三峡传统民居大都采用穿斗木构体系。（图7-9）

西阳龚滩穿斗式民居

彭水黄家镇穿斗式民居

彭水阿依苗寨穿斗式民居

彭水黄家镇穿斗式民居

图7-9 三峡地区穿斗构架民居

1. 适应环境

由于建筑用地环境的限制，三峡地区对建筑结构与环境的适应性有较高要求。穿斗构架以排架密柱的方式构筑，步架宽度小，檩柱较密，柱枋穿插灵便，可随意组合，构架轻巧，荷载小，利于调节，工艺简易，因而为三峡地区民居建筑广泛使用，峡区为数众多、精美绝伦的吊脚楼，就是穿斗民居典型代表。穿斗式构架不仅可根据各种不同的需求伸缩、展延、重叠、错跌、悬挑、接连、架空等，还可根据地形调节建筑进深的展缩，使建筑随高就低，错落有致，房屋空间灵活多变而不失实用性；穿斗式结构民居广泛适应平原、丘陵、坡地等不同地形。由于其对环境的适应性强，为峡区干栏建筑吊脚楼民居的建造提供了"架""吊""挑""悬"等多种灵活的构筑方式。吊脚楼民居利用穿斗多柱落地的特点，调节柱子的长短，配合地形的变化，最低限度地降低对地理环境的改造与影响，使民居院落稳固地扎根在复杂多变的地形环境里。（图7-10）

图7-10 适应环境、经济适用、施工简便是穿斗式民居的特点和优势

2. 用材经济

穿斗式构架以小步架的柱子承檩，加密了柱距，取消了横梁，使得穿斗木构架避免使用大料，以小材充大任，在选材上有显著的经济意义。穿斗式木构架除减少构架自身用材外，也合理地节省了屋面用料。这是由于柱檩距的加密，省去了抬梁构架屋面所需要的较大截面的椽条与望板，采用密排的小椽木即可。穿斗构架为适应使用需求，一般多以"间架"作为单元进行框架组合，间架的柱、枋、檩、椽等构件的尺寸均有成熟的做法比例和调整规则，既有标准规范，又不失灵活方便。

3. 施工简便

穿斗式构架的施工非常简便，民间做法是在建房现场把穿枋与柱子连接成一排排如排扇一样的穿斗排架，然后选择上梁的吉日，在每列排架之间用欠子穿起来构成房架，然后搁檩，在檩条上铺好椽条，最后盖上小青瓦，整个房架就可以完工了。安装屋架时间一般一天就能完成，操作简单，工期极短，成本较低。

4. 出挑灵活

三峡传统民居建筑的墙面多为竹编夹泥墙、土墙或木板壁墙，而三峡气候潮湿多雨，为保护建筑外墙、避免雨水潮湿，屋檐出挑都较深远，因而形成三峡传统建筑大出檐的地域特色。抬梁构架处理大出檐时，常采用构造繁复的斗拱或大尺度挑尖梁。根据封建建筑规制，民居一般不允许使用斗拱结构。因此穿斗构架发展出了一种悬臂构件来解决屋檐出挑的问题，即以挑枋穿过檐柱出挑，直接承托挑檐檩；亦可在挑檐檩下加短柱，再骑于挑枋上，挑枋后部则穿插入内柱。挑枋出檐的做法，简易灵活，根据需要可以做单挑或多挑出檐，还可在挑枋下加撑拱增加稳固性，甚至可做成落柱形檐廊。挑枋出檐还分硬挑与软挑，硬挑是穿枋直接出挑承檐；软挑挑枋是相对独立的，并不由穿枋挑出，构筑方式十分灵活。出檐檐口底的椽梁外露，仅在檐口处铺钉一块封檐板，或简单地钉望板条。这些比官式抬梁构架的斗拱灵活轻巧、经济实用，广泛适用于三峡民居中（图7-11）。三峡民居通常院落都较小，建筑错落紧凑，平面布局变化较多，屋面多有转折，组合方式多样。对这些较复杂的屋面，使用柱、檩较密的构架比抬梁构架更灵活简单。如屋面相交，穿斗构架可采用"檩搭檩"的方式解决屋面转折，不必像抬梁构架必须有递角梁、窝角梁才能做出天沟；穿斗构架亦只须把尽间内侧中部柱子升高，再加两根斜角梁，即可构成简化的歇山顶，并利用山花开气窗通风；也可以将穿斗中部几列柱子升高，挑出屋檐，形成重檐形式等，十分简便。此外，穿斗构架建筑的屋顶形式也十分丰富，除了常见的悬山、硬山以外，还有歇山、四坡、重檐、局部披檐等，并可相互组合成复杂的混合式屋顶。

图 7-11　穿斗式民居灵活丰富的挑檐

二、穿斗式与抬梁式相结合的木构架体系

穿斗式木构体系虽然有诸多优势，但其排架密柱的构筑方式所形成的空间毕竟有限，难以适应房屋厅堂等较大空间的需求，同时小规格用料和简易的构造，也难以适应多楼层的荷载。为了解决这个问题，民间工匠灵活地将抬梁式与穿斗式这两种木构形式结合运用，以实现优势互补，适应各种空间及荷载的需求。通常的做法是在房屋山墙面保留穿斗构架，而在需要大空间跨度的房间则采用抬梁构架；或者一排架混合了两种构架的方式，排架中部抬梁，两侧仍然是穿斗构架的方式。穿斗式与抬梁式结合，既获得了大跨度空间，又节省了用料，保持了穿斗的灵巧。（图7-12）

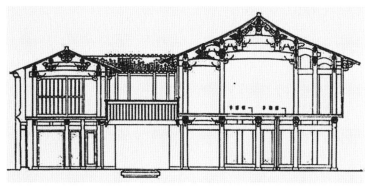

图 7-12　穿斗与抬梁混合构架剖面图

在三峡地区较大型的传统院落中，院内建筑往往根据不同使用功能的要求采用不同结构形式。如酉阳龚滩古镇的三抚庙，由于中厅需要较大的空间，采用了抬梁式木构承重。两侧厢房则采用穿斗式木构架。民居院落中也常出现在一栋房屋内将两种木构架综合组合并用，使院落空间既满足厅堂内部的空间跨度，又保持构架的稳定性和用材的经济性。（图7-13）

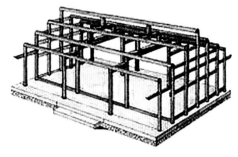

图7-13　穿斗与抬梁混合构架示意图

另外，三峡地区的木构架体系还有一种类似抬梁式的穿斗构架，这种穿斗构架穿枋跨度达多个檩距，亦承受着多根短柱的荷载，实际上成了抬梁构架中的"三步梁"或"四步梁"。但是其穿枋两端的立柱仍旧采用檩柱支承体系。这种构架实质上成为穿斗与抬梁的混合构架。如峡区新滩一些民居院落中，敞厅、堂屋用穿斗式构架，正厅中采用抬梁与穿斗组合式构架，而门厅的构架体系则采用这种穿枋跨度达多个檩距的穿斗构架。这种抬梁与穿斗的不同层次的组合运用鲜明地体现了三峡地区木构架体系的灵活性与适应性。

第二节　材料的应用

三峡地区虽然山高水深，土地资源有限，但建造房屋所需的木、竹、土石等材料却十分丰富，因此，峡区民居建筑使用的材料，一般都是就地获取或用本地材料制作（图7-14）。从民居的构成方式与结构来看，对于材料的使用大致如下：

图7-14　木材是三峡民居的主要建构材料

一、木材

纵观数千年来中国的传统建筑，不管是皇宫还是寺庙，不管是官府建筑还是民间宅院，木材始终是其筑构使用的主要材料。中国传统建筑经过几千年的发展，把木材的应用推向了极致，留下许多不朽名作。（图7-15）三峡传统民居更是集木构技术与木材使用之大成，成为独具地域特色的山地民居之经典。三峡地区林木资源十分丰富，取材方便，从远古时代的巴人"缚架楼居"开始，木材就是建造宅屋的必需材料。随着时代的发展，社会的进步以及建筑技术与木材加工技术的进一步成熟，秦汉以降，木材更是成为峡区传统民居建筑材料的主流。三峡地区的各类民居建筑，其结构方式多以穿斗式木构架为主，大型院落辅以抬梁式木构架；建筑的围护结构，如墙、间壁等也多采用木质材料，木板墙做墙裙、墙身，不仅自重轻、坚固美观，而且利于开门开窗，方便加

图7-15　穿斗民居中的局部抬梁结构

工；门窗、栏杆等辅助构件绝大部分亦采用木制，并精于雕刻；一些装饰性强的构件，如堂屋外廊下的檐枋、撑弓、栏杆、雀替、飞罩、隔扇、屏风等都采用木材制作。这些木作不仅样式丰富而富有民俗色彩，而且充分发挥了木材的特性，彰显了三峡民居的特色。

二、竹材

三峡沿江两岸山间大量生长竹子，是山峡地区最为常见的植被物种之一，也是该区域传统民居建筑中最为常用的本土材料。（图7-16）

（一）竹材与人类生活

竹子生长快、产量高、经济实用，且保温效果佳，坚韧而富有弹性，因此，自古就与人类的生活息息相关，不仅是民间理想的建筑材料，而且在人类生活中如影随形，得到广泛应用。三峡民众在长期的生活实际中

图7-16　竹材是三峡民居的主要建构材料

对竹子的性能十分熟悉，在竹材的使用上也积累了丰富的经验。在峡区一些盛产楠竹的地方，不仅有的楼面、屋架均用竹材制作房屋，而且从竹棚竹屋到竹席竹筷，从扫帚畚箕到竹篮竹篓，从一般的日常生活用品到编制精美的工艺品，民间把对竹材的使用发挥得淋漓尽致。人们对竹子的喜爱，以至在生活中各方面的充分利用，一方面反映了峡区农耕条件下人们的经济生活与手工技术的发展状况，另一方面则揭示了峡区人民在千百年的历史演进中，顺依自然，尊重自然，进而利用自然，从中得到回馈的一种自给自足的生活方式。

（二）经济实用的竹编夹泥墙

三峡民居建筑对于竹材应用最多的是竹编夹泥墙，竹编夹泥墙也是南方民居中经常采用的一种经济实用的建筑围合介质。如前所述，早在远古时代，三峡地区人类就已经开始在建屋中使用这种建筑材料，并已达到了较高的技术水准。在三峡地区考古发掘的历代建筑遗址中，均有竹编夹泥墙使用的遗迹，这就是证明。由于这种建筑材料获取简单，加工容易，一直到近现代还为三

峡地区广大城镇与乡村的民居建筑所采用，成为三峡传统民居的重要特色材料之一。例如石柱西沱镇民居，建筑多为木框架结构，前面为

图7-17　地域特色鲜明的竹编夹泥墙

商店，经营各种商品货物，后面为住宅；房屋采用黑色柱枋为经纬的竹编夹泥白墙围护，人字形挑檐屋顶以小青瓦覆盖，鳞次栉比，层层叠叠，沿级而上，由江面望去，蔚为壮观。此例说明了这种建筑材料具有超越时代的顽强生命力。（图7-17）

竹编夹泥墙的施工十分简单易行。首先是编网：将竹子剖开成片状，手工编织成竹网。其次

是固网：把编好的竹网锁定在需要围护的立柱上，内墙一般为一层竹网，外墙可多层，为了增加墙体的强度，有时还在两根立柱中间加上木骨作为墙体的承力骨架。第三是上泥：把带草的泥浆糊在竹编上，带草的泥浆有较强的牵扯力度，糊在竹编上能起到网状的拉结作用，达到稳固的效果。待草泥完全干透之后，还须在竹泥两边抹上石灰灰浆，形成白色墙壁，既起保护作用，又使墙壁更牢更美观。竹编墙由于采用竹片编织而成，既轻便，又有较好的透气性，十分适合三峡区域湿热的气候。更有一些民居为了进一步发挥竹编墙通风透气的特点，房屋墙壁不施泥浆，使其充当透气通风的窗户之用。这种竹编墙同时具备围合与透气两种功能，可谓一物多用，一举两得。然而，由于竹材质量轻，柔韧有余，承载力不足，通常不用作承重结构。而且竹编夹泥墙不耐潮蚀，尤其是墙角、墙裙部位容易被雨水溅湿而损坏，因此，峡区民居的墙角、墙裙部位通常采用砖、石、木板等耐水耐腐蚀材料，竹编夹泥墙大都作为墙身来使用，以综合发挥各种材料的优势。

三、生土材料

　　"土"是组成大地的主要物质，它不仅是承载人类全部生活内容的物质基础，而且还是一种十分古老的建筑材料。人类从

图7-18　生土坯砖

穴居开始就以土来作为生命的庇护所。生土作为建筑材料可就地取材，造价低廉，加工技术简易，具有较好的隔热、防寒效果，又有一定承载能力，是最廉价、最易得的建筑材料。生土与大地相呼应，体现了传统建筑最纯朴的自然本色。（图7-18）

（一）夯土墙

　　人类在自己的住房建筑过程中对土的使用有悠久的历史。传统民居中除了在原生土中挖掘窑洞以外，常见的还有夯土墙、土坯墙。夯土墙历史久远，是我国最古老、最经济的筑墙形式之一。夯土技术最早用于地基筑构或填方筑台，后来发展出夯土墙的技术：以木板作模，其中置土，以杵分层捣实，又称为"板筑"，一般用黏土或灰土（土与石灰比例为6∶4），为使墙体坚固，夯筑时须在相应部位分层埋设竹筋或木棍以加强连接，作用如钢筋混凝土里的钢筋；有的在墙体夯筑时还掺入鹅卵石、石灰等做成的三合土，以增加墙体牢度。夯土墙厚度为40～60厘米。自夹板夯筑技术创始以来，夯土墙成为以农耕为主的三峡腹地民居建筑中经常采用的一种筑构技术。这种建筑在夯土墙完工之后，其外墙面还须抹防雨层，一般民宅以抹麦草泥为主，讲究一些的民居则在墙面上加设竹钉、麻缕、刷白灰面，使其更加美观耐用。（图7-19）

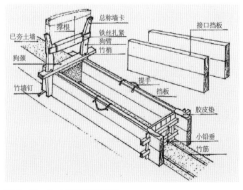

图7-19　生土墙的板筑工具

（二）土坯墙

从建筑技术演进的历史上看，从夯土墙到砌筑土坯墙，是建筑材料使用的一大革新与进步，它为砖的出现作了准备。虽然从砌筑工艺层面上看，土坯墙比夯土墙的技术含量低，但较夯土墙更为灵活，可砌筑出各种形体，而且造价更为低廉。

土坯墙制作时通常选择潮湿的稻田保养土坯，在稻田放水之后，保留稻根，待泥土半干时用石碾压实，其中的稻根就成为天然的骨料，然后再按土坯尺寸划分，厚度约为35厘米，晒干后放置在屋檐下，待到次年完全干透后方才用来砌墙。生土的特性是具有黏结力，但是忌水，且土墙强度低，不耐雨水的冲淋，因此，民居建筑在筑土墙时非常注意选址和排水，或在土墙下砌筑一截砖石墙基；同时土墙做完之后，抹上加入了草筋的泥浆层，再在外层刮抹上拌丝麻的石灰泥浆，增加墙体的抗潮能力和牢度。

（三）生土建筑

夯土墙和土坯墙是长江三峡地区民居建筑的常用围合方式，并且一直延续到近代，尤其是在一些支流腹地地势较为平缓的农耕区域，这类墙体在民居建造中使用十分普遍。地势高一些的民居，一般做成夯土墙；地势低一些的地区，由于土层比较厚，土质良好，具有一定的黏合性，适合作土坯砖，居民一般常用土坯墙。这些民居在建筑过程中，针对三峡地区多雨、潮湿的特点，不管是采用夯土墙还是土坯墙的筑构方式，一般多用条石或片石砌墙基，增强其防潮防雨的能力，以提高土筑墙的耐用性。然而，由于土墙质量较重，断面的承重能力差，不利于在墙面开较大的门窗、洞口，因而使得土筑墙体的民居建筑整体较为封闭，通风、采光的性能受限。

为了解决这一问题，一些民居在结构与材料上进行一些变通，改变单一土筑墙体的构成方式，在建筑下部采用土筑墙，较高的部位则换成质量较轻的竹编夹泥墙、木板墙等，或者与穿斗构架组合应用，既减轻了墙

图7-20　三峡地区的生土民居建筑

体的承重量，又便于开门开窗，通风采光，这样变通不仅彻底改变了房屋的封闭状况，而且使这类民居建筑围合介质更加丰富，更具特色。（图7-20）

四、石材

石材耐久性好，且保温隔热，是良好的天然建材。因此，石材在三峡民居的营建中应用十分广泛。

（一）石材的种类及应用范围

三峡地区山高石多，取材便利，但由于农耕社会生产技术的落后，石材的开采、搬运、加工十分困难，所以除了极少数完全用石头砌成的民居之外（如湖北利川的鱼木寨），峡区绝大多数民居建筑中石材只是局部用料，如用在一些耐磨、防潮要求较高的部位，如铺地、台阶、柱础、门槛等细部，以及用于建筑台阶、墙基、墙裙等。

三峡地区筑房所用的石料品种较多。从加工形状上分，有毛石、卵石、条石、石板等不同品种。从质地上分，有青石、黄石、花岗石、大理石等不同品质。民居建筑一些关键部位一般用青石、花岗石制作，如柱础、门槛、门口踏石、抱鼓石、台阶等。毛石墙是规格大小不等的石块，利用垫托、咬砌、搭插等技术砌筑而成；卵石墙亦是用干摆的技法制成的，卵石的规格要基本一致，一般将较大的卵石摆在下部，较小的摆在上部；条石墙较为高级，石料加工规格基本一致，一般分层砌筑；石板体积较大，常修整为矩形，表面做纹理修饰。一些具有纪念性的建筑物，如石刻、碑阙等，常利用天然石块的原型与纹理特征，进行雕琢工艺加工，力求浑然天成的艺术效果。

（二）石质建筑与构筑物

石砌墙基

石砌房屋

石柱础

石板铺地

图7-21　石材是三峡民居的主要建构材料

三峡民居对石材运用可谓不拘一格，以方便、经济、实用为前提，也与房主人的经济状况与身份紧密相关。（图7-21）例如，一些普通的靠山民居，多用地利之便，就地取材，用山边毛石筑台砌墙，建造成本低，取材方便，建筑朴实美观。一些临水民居，则直接在河滩上捡卵石，用卵石筑墙基，砌台阶，筑墙等，造价低廉，抗风雨的能力强，使用坚固。（图7-22）一些深宅大院，则完全是另一番景象，由于没有经济之忧，多用加工规整的石板进行室外地面铺装，或用长方形条石做建筑墙裙，甚至柱子也采用石材修筑，建筑风格庄重而又气派，是主人身份的体现。

另外，由于石材坚硬耐久、不易损毁，三峡区域许多纪念性质的构筑物使用石材建构。如：巴蜀中江东汉崖墓石刻与唐宋时期大足摩崖石刻，技艺精湛、造型优美；重庆忠县乌阳镇将军村的长江边上发现的泰始五年石柱，更是稀有的南朝石柱；还有峡区大量存在的石刻、碑阙、牌坊、石桥等

图7-22　石材建筑的民居

标志性构筑物，都采用石材筑构。这些内容丰富、精美多姿的石质构筑物经风历雨，年代久远，见证了三峡地区社会进步、文化发展的全部过程，所蕴含的历史信息十分丰富。它们能够在三峡地区数千年的沧桑变化中幸存下来，与它们自身材料有很大关系，试想，如果它们不是用石材而是其他材料做成，能保存到今天吗？

五、砖瓦材料

砖瓦是最早的人工建筑材料。考古证实，我国在西周时期就已经开始用人造砖块铺设地面，筑构台基，砌筑墙面等，以此可以证明我国砖瓦制作技术历史悠久。先秦时期，我国就出现专门制作砖瓦的作坊，砖瓦的制作就有一定规模；汉代对砖瓦的形状和制作工艺有了进一步的探索和发展；魏晋以后砖瓦已成为宫廷、官府及民间富户建筑的常用材料；明清以降，随着制作工具的改良与制作技术的成熟，砖瓦已为民居建筑广泛使用。明代的制坯方法是："汲水滋土，人逐数牛错趾，踏成稠泥，然后填满木框之中。铁线弓戛平其面而成坯形。"[①]由于是手工制作，规格和大小可以根据需要随意改变，十分灵活，所以这时期砖瓦的品类十分丰富，规格各异，用处各有不同。制作完成的砖瓦土坯在晾干后即可进入砖窑

图 7-23　砖瓦材料建筑的民居

烧制成为成品，然后运往建房工地，用于筑构房屋。在我国尤其是南方地区许多小砖瓦作坊基本沿袭这一套手工操作方法进行砖瓦制作。砖窑的烧制方式大同小异，技术也日臻成熟和完善。这些小作坊生产烧制出来的砖瓦一般均为青色，所以江南传统民居以灰瓦白墙而闻名。白墙是因为墙面粉刷了石灰白粉，如果做成清水墙，那就是灰瓦青墙了，事实上，江南灰瓦青墙的民居也不在少数。（图7-23）

砖瓦土坯经砖窑内的烈火烧制之后，其品质得到了"凤凰涅槃"般的升华，其强度及耐磨、耐火、耐水、耐潮湿、耐腐蚀的性能较之土坯砖瓦都有本质的提高。砖瓦建材的使用是人类建筑史上一次飞跃，不仅改变了长期以来人们依赖自然材料建房的历史，而且使房屋本身的品质跨越到了一个新的层次。

然而，相比土、木、竹等天然材料，砖瓦制作需要一定的条件，砖瓦成品的制作完成，需要场地，更需要技术，其过程耗时费料，全凭手工、经验完成。特别是砖瓦的烧制，技术含量较高，稍不注意，整窑的砖坯就会全部烧坏、报废。因此，在生产技术尚不发达的时代，砖瓦材料的成

①宋应星：天工开物 [M]. 南昌：二十一世纪出版社，2010.

本相对昂贵。所以在大多数偏远的山地，砖瓦住房是有钱富裕人家的专利，普通人家很难有此奢望。只有经济相对发达的城镇与乡场才可能普遍使用砖瓦。

在民间建筑中，砖材多用于砌筑照壁、门坊、院墙、隔墙与山墙。封火山墙、前后墙、围墙

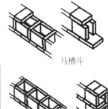

空斗砖墙　　　　　实心砖墙

马槽斗

盒盒斗　　高低斗

图7-24　空斗砖墙的砌筑方法示意图[1]

等一般都砌成空斗墙。砌筑这种砖墙的方法是："用砖砌成盒状。中空或填以碎石泥土，多半不承重，或承少量荷载，南方民居及祠庙建筑中常用。墙厚一砖至一砖半，砌法有马槽斗、盒盒斗、高矮斗等多种。"这实质是一种复合材料墙，更为经济省料，且防潮保温隔热效果不亚于实砌墙。（图7-24）

清中后期，随着三峡地区经济的恢复与发展，沿江城镇与乡场受外来建筑技术的浸染，以及移民建筑文化的影响，民居建筑开始大量采用砖瓦砌筑。这些民居有青砖灰瓦和白墙灰瓦两种色系，均采用马头封火山墙围合，分合院与天井两种建筑形态。这类民居既有三峡地域特色，又具江南传统民居风貌。砖墙类民居大都建在峡区地势较为平坦的地段，在布局上，虽然也随地形条件的不同而有变化，但比较注重空间结构的完整性，房屋开间尽量呈对称布置；外墙以五花封火墙围护，小青瓦屋面，整体建筑完整、封闭、庄重。这类民居在沿江城镇都有分布。以新滩郑韶年老屋为例，该住宅建在依山而筑的两级平台上，坐南朝北，平面呈长方形，三开间，二进二层院落，由厅屋、堂屋、天井、厢房、侧屋等单元组成；砖木结构，硬山顶，小青瓦，五花封火墙，整体建筑不仅朴实大方、壮观气派，而且还透出江南民居特有的黑白韵味。（图7-25）

图7-25　新滩郑韶年老屋[2]

六、综合材料

（一）辅助材料

在三峡地区的民居建筑中，除了石、木、竹、土、砖瓦这些常见的建筑材料以外，实际上在建房过程中所用的辅助材料还有很多，如草类——稻草、麦草、茅草等；秸秆类——高粱秆、玉

①资料来源：根据《中国建筑类型及结构》整理绘制。
②资料来源：《三峡湖北库区传统建筑》。

图7-26 三峡地区传统民居建构材料的应用十分广泛

米秆等；壳类——谷壳、粟壳等等；还有树枝树叶等都可以用在建房上。这些建筑辅助材料在三峡地区数量众多，取之不尽，经济实惠，并与三峡地域农耕经济和生产方式紧密相连，体现了传统民居源于本土资源的旺盛生命力。这些材料的用途是多方面的。例如：在夯土墙或土坯砖的泥土中一般要掺杂草筋以增强拉结力；在抹泥墙的泥浆中要加入捣碎的稻草和谷壳，以增加泥巴的黏合力与强度；还有峡区农村民居大量采用的干稻草层层铺设作屋顶的做法，既经济，又有较好的保温隔热效能；外墙的空斗砖中要填充用谷壳或粟壳相拌合的沙土，以减轻重量，增强保温效果；树枝和各种秸秆可编制成墙壁，然后在两边抹泥做成秸秆或树枝夹泥墙等。这些五花八门的建筑辅助材料千差万别，用途各异，然而目标一致，就是使民居建筑美观、经济、耐用。（图7-26）

除此之外，白石灰亦是各类建筑中不可或缺的人工辅助材料。资料显示，中国在公元前七世纪开始使用石灰。三峡地区，由于山岩多，石灰石丰富，具有"近水楼台"之利，白石灰几成地域材料，在建筑中使用得更早更普遍。白石灰是将石灰石开采之后，经过土窑焙烧而成为一种粘接材料，用于房屋建筑各类砖石砌筑、胶接、找平和粉刷，如砌房基、台阶，砌墙、抹墙、粉墙，等等。在实际应用中，为了克服石灰粉刷墙面之后容易开裂的弱点，工匠们在实践中摸索总结出一套"麻刀灰"的石灰灰浆做法，成功地解决了这一难题。麻刀灰的制作：在石灰膏砂浆中掺入麻丝，麻丝以均匀、坚韧、干燥、不含杂质为宜，使用时将麻丝剪成2~3厘米长，一边搅拌石灰膏浆一边将麻丝分散掺入，每100千克石灰膏约掺1千克麻丝，即成麻刀灰。因为这种灰浆加入了丝麻纤维，粉刷的墙面再也不会开裂了。白石灰还可与土混合组成"灰土"，或者与砂、土混合成"三合土"。三合土有很强的耐压能力，防水、防潮性能也很优秀，是房屋基地、道路筑构不可或缺的基础材料。三峡区域民居建筑的房基地，有很多是使用这种三合土筑构而成的。

（二）各种材料的综合应用

三峡地区的传统民居建筑的构筑材料基本上取之于本土，来之于山间，各种本土材料的荟萃合力，撑起了三峡民居特有的建筑空间形态，形成了十分强烈的地域性特征。这种特征体现出一种令人过目难忘的形式美感。这种建筑形态之美，是在多种地方材料综合作用下取得的。在三峡民居构筑体系中，各类材料不仅充分发挥了自己的功能作用，更显示出了本身特有的审美仪态，体现出各种材料本身独具的功能属性和肌理特质。

根据建筑构建部位的功能要求，建筑不同部位施以不同材料构筑，并且，这些材料大多数是可从自然环境中直接获取的天然物资，经济环保、朴实耐用。例如，民居建筑的底部多采用石材筑台、砌墙基、铺地或做柱础，石材坚固耐用，抗压性好，且防潮防腐，不仅能保证建筑基础能够经雨水、受潮气、抵挡岁月侵蚀，而且给人以坚固稳定与朴实庄重之美；建筑主体则大都采用挺直且韧性好的材料制作，如房屋构架与支撑结构使用木材；围护结构，如门、窗、墙等，使用木、竹、土、砖等材料，既利于加工，又有良好的保温与透气性功能，给人以自然生态之美；屋面材料多用木材搭建骨架，或用竹、草等材料覆盖，或用泥坯烧制的小青瓦盖屋顶，不仅经济实用，而且给人以质轻量巧、典雅清新之感。（图7-27）

图 7-27　各种材料的综合应用

　　总之，三峡传统民居建筑筑构混合了本土多种建筑材料，是各种不同的建筑材料综合应用的结果。三峡民居的建筑材料不仅直接来自本土，而且充分展示出材料的自然属性，使三峡民居能够与沿岸自然山水环境共生共荣，体现人工与自然和谐相依的审美特征。

第八章
三峡民居的精神特质与文化内蕴

　　民居是文化的一种物化方式。一个地区的特有的文化形态，往往在其居住建筑上体现得最为充分。张良皋先生曾经指出，三峡民居是"巴楚文化的活化石"。峡区千姿百态的民居建筑群，散落在几百里长江沿岸，生于山间，长于水边，从远古走来，历经数千年，在空间结构、平面布局、营建方式、构成形态、材料应用、细部构造、内部装饰等各个方面，都蕴含着十分丰富的精神文化信息，对这些信息加以过滤、分析和探究，能进一步加深对于三峡地区历史及文化发展脉络的理解。

　　三峡民居是传统山地建筑的优秀代表，它的外部造型与内部空间营建，以及对山地自然环境的充分适应与巧妙利用，不仅记载了数千年来三峡人类对宇宙自然、天地人生及住所环境的理性思考，而且体现了实用与审美、建筑与场所的完美结合。三峡民居历经数千年的发展、嬗变，始终伴随着峡区社会物质与精神演进的步伐，包含了十分浓郁的精神与文化信息，是三峡地区物化了的特殊精神与文化形态。

　　对于三峡民居的研究，除了探讨"居"即建筑本身的形态特征之外，重点在于"民"，也就是"人"在其住宅的营建与居住过程中，对居住场所空间的精神与文化追求，以此揭示出三峡传统民居所蕴含的精神特质和文化内涵，解析峡区特有的地域精神与民俗文化发展的脉络。在三峡区域，早期的居住形态主要受巴民族生活方式及后来的楚文化影响。巴人质朴厚重、楚人浪漫飘逸的精神特质与文化方式在三峡地区住房建设中都有体现。不过，总体而论，早期的民居还只是为满足生存需要而建，基本谈不上对精神文化的追求。秦汉时期之后，中原汉民族儒学与哲学思想进入峡区，使三峡地区民居营建完成一次化蛹成蝶的转变，遵循中轴对称、伦理道德等宗法规制，注重场所布局、追求天然合一、营造精神空间的建构原则逐步流行，三峡民居从一般意义上的居住空间蜕变为有一定精神追求的人文居住场所。不过，三峡民居的构筑在遵循汉族民居建筑规制的同时，还要接受三峡特有的地理与气候条件下产生的生活形态与各个民族民间习俗的制约。这种生活形态与民间习俗经过长期蕴育发展，已经演化为一种文化方式，影响到居民生活的方方面面，包括对住房的营建，使峡区民居体现出特有的精神文化面貌。可以说，三峡传统民居是汉民族的居住哲学与峡区民俗文化之集大成者，具有独特的精神特质与文化内蕴。

第一节　三峡民居的精神特质

　　三峡地区传统民居建筑的精神特质主要体现在对"精神空间"的营造上。精神空间作为住宅中的一种重要的空间形态，其空间表现形式主要有两种：其一，民居空间形态是按照一定的精神形态来进行布局组织的，空间序列体现的是礼仪精神与道德精神；其二是指传统民居建筑中特定的个体空间形态的精神体现，如民居中的天井、堂屋、宗祠空间等。这些特定的空间形态往往具有特殊的精神文化含义，是人们进行宗教、祭祖、礼仪、民俗文化活动的重要场所。精神空间一般为民居建筑空间组织与空间建构的核心，其空间的精神意义甚至超过实用意义。

一、合院空间的精神特征

（一）以宗法礼仪为基础的空间组织

　　合院民居是汉民族北方地区发展最为成熟的民居建筑类型，是古代中国民居建筑中具有普适性的空间形制。尤其是北京四合院民宅，可以视作中国北方平原发展最完善的古代民间住宅（图8-1）。这种宅院布局是在强烈的封建宗法制度影响下形成的尺度与空间安排，体现的是汉族儒家的礼仪与哲学精神。整个住宅以院落为枢纽，正屋多坐北朝南居尊位，长辈住正屋，晚辈住厢房，

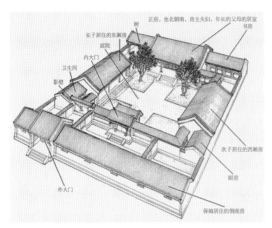

图 8-1　北京四合院民居

图 8-2　三峡地区的合院民居

并以辈分横向递减；未婚女子住后院，围房一般只能建在轴线以外的边角较隐蔽地方。合院严格区别内外空间，尊卑有序，讲究对称，对外隔绝，对内开敞，自成体系。

　　三峡地区尽管山高坡陡地不平，建筑用地环境恶劣，但秦汉之后，合院格局逐渐成为峡区民居建筑的不变追求。不管是干栏式，还是台式，以及其他式样的民居形态，只要条件允许，都尽力向合院靠拢。合院民居在峡区成为主流的民居形制。（图 8-2）虽然在这一地区的合院建筑不可能如平原地区的那么舒展和规整，但合院格局在融入三峡地区的过程中经过与本地环境和本土材料相结合，形成了以宗法礼仪为基础、随地形变化而变化的十分灵活的空间布局方式，构成了三峡地区特有的合院民居形态。这种合院民居不似北方平原合院规整方正，但在三峡地区特殊的地形环境条件下，却也显得灵活实用，别有韵味，体现了峡区独特的精神文化特征。

（二）以堂屋、院落为核心的空间围合

　　三峡民居的建构规制，虽然深受中原儒家居住文化的影响，但由于地处西南山区，路遥地僻，交通不便，历代朝廷鞭长莫及，加之特殊的地基环境，使得该地区建筑常常因地制宜，不按政府法制营造而僭逾者众，大至官府衙门，小到百姓居所，其建筑结构多有表现出适应自然环境、灵活多变的特征，尤其是一些边远乡村及场镇的建筑形制，更是突破封建建筑伦理的限制与束缚，彰显出自由开放的活力。

　　但在三峡沿江较大城镇中，民居筑构仍然按照着"尊卑有序，内外有别"的伦理位序观念操作。然而，由于合院民居构筑所需用地面积较大，峡江地区很难有方正平坦的建房基地，所以，在峡区，合院式民居建构中在进行空间组织和院落围合时，常常把传统的居住伦理观念进行一些灵活变通：不以中轴对称为空间布局准则，而是以主要空间作为围合依据。进行合院布局，往往是随地形变化，围绕"厅堂"和"院落"进行空间组织和界面围合（图 8-3）；一般把正房布置在最重要的方位，正房中间为堂屋，堂屋前面是院落，以堂屋、院落为中心空间，厢房置于两侧，如果地形不允许，厢房不一定对称布置，两侧厢房的大小、长短可根据功能的需要和环境地形

图 8-3　以堂屋、院落为核心的空间围合

的变化作出灵活调整；其他次要建筑则放置于较为偏远的位置；整体院落空间围合不苟求正统四合院严格的形制，空间组织依山就势，因地制宜，随意灵活。围绕厅堂和院落进行合院空间布局，使峡区民居呈现出多样灵活的精神风貌。

二、堂屋空间的精神意义

（一）堂屋的起源与功能

堂屋是汉族传统民居的起居活动主要空间，俗称"明堂"，有的地方又叫"客堂"，一般设计布置于住宅正房的中间。（图8-4）堂屋空间开敞明亮，布局简洁，既是对外进行社交活动的场所，也是家庭议事的公共用房，在整个住宅内部还起着交通枢纽的作用。自西汉武帝时期废黜百家、独尊儒术始，体现尊卑秩序、礼仪纲常伦理的居住等级制度开始形成，并逐步演变为民间住宅空间营建过程中的典制规范。至此，作为民居建筑中的特殊公共空间的堂屋越来越受到重视，除了演

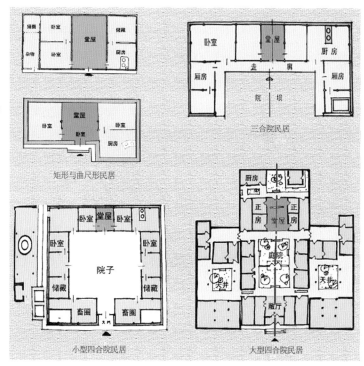

图8-4 不同类型民居的堂屋平面布局

绎出会客、宴会、婚丧嫁娶、红白喜事等多功能活动之外，还成为敬天法地、祭宗拜祖，体现伦理秩序、宗教礼仪的场所。到此时堂屋完成了从功能空间到精神空间的蜕变，具有了宗法祖堂的宗教内涵，成为民宅的精神文化核心空间。堂屋的布置也越来越讲究，一般要挂中堂，设神龛，置条案，贴对联，陈设八仙桌、太师椅等；遇到节日，或者红白喜事，在根据内容严格按规矩进行重新布置的同时，还要在神龛前摆放香纸蜡烛及贡品以示对天地神灵、太师祖先的尊重。

民居建筑中堂屋的形成，不仅是儒家文化影响的结果，还与四合院民居的形制发展与完善有密切关系。在传统合院民居的空间布局中，根据尊卑长幼的等级规范，房间所处的位置不同，等级地位各异，居住的人员也不一样。位于轴线中央北段的正屋一般是父母长辈的住所，地位最高。（图8-5）其他房间按等级依次排序。

图8-5 普通民居堂屋

在家庭内部，大多数活动是围绕父母、或者由父母牵头组织展开的，因此，父母居住的建筑空间就成为一种事实上的公共活动中心场所。由于父母所住的房屋既是建筑中心，也是人物活动中心，随着历史的发展，这一空间逐步演化为具有特殊含义的"堂屋"。古时候，人们常用"堂高廉远"来比喻民居建筑形制中房屋空间的尊卑秩序。"堂"象征着主房，地基高，地位高；"廉"则是指离堂屋较远的房间，离"堂"越远地位越低。以此可见堂屋在民居建筑中的重要性。在院落民居中，堂屋多设置在院子北侧，坐北朝南。这种布局形态，既利于通风向阳，又能对堂前院落空间一览无余，更彰显了堂屋的突出地位。

（二）堂屋空间的礼仪意义

"堂屋"虽然是民居建筑中重要的空间形态，但是三峡地区特有的地形环境与多元丰富的地域文化，又使得峡区民居堂屋空间的位置安排不似北方民居那么讲究和规整，在空间安排的过程中一般会根据台基的变化而作出灵活调整。在一些大型的合院式民居建筑中，堂屋的位置一般会尽量向北方地区的民居布局看齐，布置在院落北侧的中心位置，即使不能位于中心位置，也一定会安排在主屋中间。但如果是一栋不规则、不对称平面布局的民居建筑，堂屋空间的位置选择就比较灵活，一般会选择主屋比较宽敞的一间作为堂屋。主屋如果是一明两暗三开间，中间的明间为堂屋；如果是两间房，那就可选择任何一间开大门，做成堂屋。堂屋的朝向也随地形变化而变化。在三峡地区沿江及其支流两岸，其实大量存在一些小型民宅，根据地基环境的不同，有干栏式的，也有筑台式的。这一类小型民居建筑，房屋规模结构虽然简单，堂屋的位置设计也不那么讲究，但堂屋的地位仍然十分重要，仍然是整栋民居建筑的核心，是家庭成员活动的主要场所。在三峡地区，堂屋的功能以精神的象征意义为主，实用作用为辅，礼仪精神意义大于实用。精神方面：堂屋是家庭与神灵交流沟通的地方，是祈福消灾、敬祖拜天、体现尊卑伦理的神圣空间，每遇红白喜事、家庭不幸或是重大节日，都要在这里烧纸焚香，祭祀天地，敬拜祖宗，祈望他们福佑家庭、消祸免灾、泽被后人。实用方面：堂屋还是平时家庭集会议事的场所，迎客待友的空间；在三峡一些以农业生产为主的村镇民居，堂屋还是家务及部分生产活动的场地。（图8-6）

图8-6　民居中的堂屋布置

堂屋的各种功能，是为了适应家庭伦理规范、人际礼仪、家庭生活方式与维护家庭秩序而设定的。从这个意义上讲，堂屋是一种礼仪精神的象征。首先是保证家族内部的纲常伦理和尊卑秩序，以使一个家庭在中国传统道德礼仪规范下正常运行；其次是保持与外界关系及其联系的平衡，因此，堂屋又是对外进行公共社交活动的场所。

三峡民居的堂屋往往还与祖堂相结合，具有与祠堂相同的祭祀功能。因此，祭祀活动也是三峡民居堂屋的主要功能之一。可以这样认为，三峡民居堂屋的核心礼仪精神含义及其重要性，主要源于它的"祭祀百祖"功能。（图8-7）祭祀是对天地间超自然力量及祖先的一种崇拜活动。三峡地区自古以来，就有崇巫信鬼的传统，对江神、水神、山神的信仰登峰造极，沿江两岸的江神庙、水神庙、禹王宫、万寿宫、王爷庙、关帝庙不胜其多，素有"九宫八庙"之称。这些特定的寺庙建筑之内，虽然不乏善男信女，常年香火不断，但在祭祀的普遍性与方便性上，民居堂屋中的祭祀活动更具优势。而在家庭堂屋的祭祀活动中，祖先崇拜更占首要地位。因为祖先与家庭、与民众个体有着天然的联系。族有宗祠，家有祖龛，这是一种普遍现象。即使是出现在堂屋中的天神崇拜，体现的仍是祖先崇拜的精神内涵。而祖先崇拜又与人文英雄崇拜相融，堂屋中的家祭之祖往往都是有功德于世的，并不一定是最初的始祖。在民间，祖先崇拜还被扩展为圣贤崇拜。圣贤往往被拔高为神而进入了百姓家的堂屋，以至于在峡区民居中凡是有

图8-7　堂屋空间的祭祀功能

功德于世，或在宗法伦理实践中有突出事迹的人，都可能被列于神榜之上，因此，堂屋中的祭祀对象变得十分繁杂，出现了倾向于功利性目的的现象。例如书香世家供奉孔子，医药世家祭拜药神，等等。而所有这些繁杂的祭祀对象，都是统一在宗法伦理这个支点上的。祭祀于中国传统思想文化的重要性，折射出堂屋于传统民居的核心精神。[①]由此可见，对祖先的崇拜与祭祀是中国传统思想文化十分重要的组成部分，峡区民居堂屋中这种对祖先的泛性崇拜，实际上是中国传统思想文化及其礼仪精神的一种多元化的体现。

三、祠堂空间的精神特点

（一）祠堂的历史与文化意义

祠堂是汉民族传统民居文化中一种具有族缘象征的公共建筑，是同姓氏家族进行公共活动的重要场所，也是本族的精神文化的象征。（图8-8）

图8-8　祠堂建筑的外立面

①王其钧：中国民居三十讲 [M]. 北京：中国建筑工业出版社，2005，第78页.

1. 历史源流

祠堂建筑在西汉汉惠帝时代开始兴起，但到了西晋时期，朝廷明令禁止祠堂的建造，此后祭于墓所的祠堂类建筑基本上绝迹。（图8-9）不过，东汉献帝建安十八年（公元213年），曹操受封为魏公，便以"魏公"的身份建五庙，此举开创了魏晋以后官员按照官品等级建立家庙的先河。北齐武帝河清三年（公元564年）颁布的"河清令"规定，一品、二品官可拟诸侯例建家庙，三品、四品、五品可拟卿

图8-9　湖北恩施严家祠堂　　（摄影：曹岩）

大夫例建家庙，六品、七品可拟士例建家庙，而八品、九品官与庶人则只能在寝堂祭祖。到了隋唐时期，朝廷则规定五品以上的官才可以建家庙，而六品以下官员至庶人只能"祭祖祢于寝"。南宋朱熹在《家礼》中提出设立祠堂制后，民间才有祠堂出现。[1] 直到明嘉靖年间（约1526年），朝廷才允许民间建族宗之祠堂。但这时祠堂的建造只局限于比较大的家族，一般庶民家族尚未普及。到明中后期，普通民众建祠堂以祭祀先祖的活动逐渐增多起来。加之，明中期以后商品经济得到了发展，为祠堂的建造提供了一定的经济基础，祠堂的发展进入一个繁荣时期。至明后期，已然出现哪里有聚族而居，哪里就有祠堂的局面。三峡地区由于移民及外来人口众多，各宗族更重视家族的血缘联系，沿江两岸民居中也出现大量的宗氏祠堂建筑。

2. 文化意义

祠堂是封建时代人们宗法生活的一个重要组成部分。人们聚族而居，但往往一个村落就生活着多个姓氏或多个家族，较少有单一姓氏或家族的聚落。在以双手劳动作为生存方式的时代，人多就是力量。因此，相同族源姓氏之间的联系与凝聚就显得十分重要，这是本姓家族和其他家族竞争的重要条件。为了增强家族凝聚力，人们就要修建一些公共性的建筑，以供同姓氏家族进行公共活动。祠堂就是这种建筑的代表。[2]（图8-10）

由于宗族人口不断增多，很多家族不但有一族合祀的族祠，又称宗祠或总祠，族内

图8-10　湖北恩施李氏宗祠

①常建华：明代宗族祠庙祭祖礼制及其演变 [J]. 南开大学学报，2001.3，第60-61页.
②王其钧：中国民居三十讲 [M]. 北京：中国建筑工业出版社，2005，第127页.

也往往有各自的支祠（分祠），以奉祀各自直系的祖先。祠堂中也有跨越地域的大宗祠，这主要是由于家族分支迁居他乡，为寻根求源，奉祀共同的祖先而设的。中国人重视宗祖祭祀，讲究传统礼教的承传，祠堂是家族中宗族文化承传的一个十分重要的载体，具有神圣的象征意义。祠堂的文化意义主要体现在两个方面：

第一，通过祠祭对族员进行家族传统的教化。祠堂是供奉祖先神主牌位的地方，象征祖先的威仪，既是祖先的安息之所，也是祖先的祭祀之地。在对祖先的祭祀过程中，有庄严的仪式与繁缛的礼节，女子一般不被允许进入祠堂进行祠祭。在祭祀时，通常要宣读族谱，讲述历代先祖的"光辉业绩"，让族员了解家族历史，以励志族人；还要解析族规、家训、道德礼仪，以归化族人；参加祭祀的人要静默思念祖宗遗训、遗范、遗德，以教育族人。祠祭是联系族人的精神纽带，通过祠祭活动，强化血缘关系与族属情感，增强家族内部凝聚力与向心力；同时，教化族人谨守以尊卑伦序、孝忠节义为核心的传统伦理道德，外则以敬君长，内则以孝尊亲，使家族成员从孩童幼年起，就知长幼之序、孝悌之礼、高堂之尊、手足之情等，让这些等礼仪制度与传统文化在其思想深处扎根。

第二，通过祠祭宗规宣传封建礼法，规范族人行为作风，使宗族内部和谐。"祠堂不仅是祖先的象征，也是宗族组织的象征。"为了维护祠堂神圣的尊严，每个宗教都有一定的管理规则与礼节，称为"族规"。绝大多数族规对于族人的日常行为都有规范要求，如要求族人之间和睦相处，严禁有损家族道德的行为等。由于族规禁止族人有违反社会公德的行为，对于增强族人的自律精神，加强家庭道德观念，弘扬善德，有一定的积极意义。族规以仁义礼智信等道德规范约束每个族员，使他们以此为准则，德业相劝，过失相规，相渐相濡，共为良士，共同维护家族荣誉。对违反族规的子弟，要集中全族所有人员，在祠堂对其施以惩罚、教育，劝其改过从善，并要求全体族人引以为鉴，不犯同样的过错。从以上我们可以看出，祠堂文化虽然宣传的是封建法纪，维护的是封建伦理纲常，但广大族员通过祠堂的系列活动明确了自己的角色定位与社会职责，知道哪些事可做哪些事不能做，厘清了道德善恶标准，在客观上有助于社会稳定。

（二）祠堂建筑的精神象征

祠堂建筑虽然始于西汉，但由于东汉之后朝廷更替频繁，各朝政策各异，致使祠堂建筑只在一些有权有势的官宦仕大夫阶层传递建构，民间并未普及。直至宋代，随着经济文化的发展，社会尚溯祖祭宗之风渐浓，提倡立家庙，以报祖宗恩德，表达后人尊祖敬宗厚意之情渐强，祠堂建筑才开始重新向民间发展。而传统儒家礼制中并无相应的建筑规法，于是朱熹采用"俗礼"来确定祠堂的基本制度，其在《家礼》中设立祠堂建构规制后，民间建构祠堂才有了一定的依据，祠堂建筑逐步在民间出现。朱熹为此设计的规制是：每个家族内均须建立一个奉祀高、曾、祖、祢四世神主的祠堂，祠堂要建在住宅建筑正屋的东面，坐南朝北，是独立于住宅的建筑物。朱熹的《家礼》中规定："祠堂之制，三间，外为中门，中门外为两阶，皆三级。东曰阼阶，西曰西阶，阶下随地广狭以屋覆之，令可容家众叙立。又为遗书衣物祭器库及神厨于其东缭。以周垣别为外门，常加扃闭。若家贫地狭则止为一间，不立厨库，而东西壁下置立两柜，西藏遗书衣物，东藏祭器亦可。正寝谓前堂也，地狭则于厅事之东亦可。凡祠堂所在之宅，宗子世守之不得分析。凡屋之制，不问何向背。但以前为南后为北，左为东右为西。"[①]（图8-11）

图8-11　祠堂建筑外观造型庄重

祠堂建筑往往是一个家族兴旺发达的精神与文化象征，它不仅是精心设计建造的一个祭祀天地、供奉祖先的神圣场所，更承担着家族团结向上、族运发达的精神重任。因此，祠堂营造之初，十分重视建构地址的选择，选址靠山面水，通风向阳，在聚落中地位突出通透的环境建房，是祠堂风水选址的第一要务；同时，本族住宅的修建不得阻挡祠堂空间的视线，妨碍祠堂空间的风水。祠堂建造时还要遵循下列基本原则：一是建筑面积足够容纳家族成员；二是要有容纳祖先遗物的房屋或专属空间；三是祠堂所在的房屋由本族宗子世代守护，不得拆分，以保证祠堂的世代延续。另外，祠堂建筑的造型要庄重，室内装饰要典雅肃穆；平面布局与传统民居差异不大，其规模视家族人口多寡和族产多少而定，一般为多进院落，前后有正屋数间，左右边有配房，配房少则数间，多则数十间；一些规模较大的家族祠堂还结合了戏台和转楼；在祠堂的正屋中依次供设着先祖的牌位，祠堂的正门上往往有门匾，写上或刻上表示慎终追远或荣宗耀祖的文字，两边门柱上有长联，写出家族的渊源流派，以追本溯源并激励族人；祠堂内有大道巷，名曰神道，历阶而升，两旁环以花木。部分祠堂还附设图书馆舍，以教育家族后生。（图8-12）

图8-12　祠堂建筑室内布置典雅肃穆

第二节　三峡民居的文化内蕴

三峡地区历来文化根基深厚，自古就有"巴风楚韵"的文化底蕴，巴人性格耿直豪爽，楚人生性精致浪漫，孕育了峡区早期崇虎尊凤的文化特色。嗣后，多次移民迁徙汇入，不仅极大丰富了峡区民众结构，促进了多族群的融合交流，同时也丰富了三峡地域的文化内涵。各种文化融合，形成了三峡地域文化特色。这些带有浓重生活情趣与风俗色彩的特色地域文化，在三峡民居建筑的功能结构营建、空间形态构成、细部装饰修筑中都得到深刻体现。

---

①朱熹：家礼 [M].清文渊阁四库全书本.

一、建筑空间的民俗文化体现

（一）火塘与民俗习惯

在三峡地区的传统民居中，最能体现其民俗文化意义的莫过于火塘间，尤其是在干栏式民居中，火塘已经从一种传统的民居习俗演变成一种文化方式。每一栋住宅，都必须设有一个集炊事、取暖、熏制食品、照明功用于一体的火塘。火塘间是与家庭生活密切相关的场

图 8-13　三峡民居中的火塘间

所，并与外部社会文化发生紧密联系，被赋予多种的文化内容，其最重要的文化寓意，就是作为一个家庭的精神象征。（图 8-13）

1. 火塘的沿革与功能

火塘在民居中的发展与演变，一方面是民族历史习俗的遗留，另一方面是由于生产水平低下和自然环境的影响使然。三峡地区早期民居建筑以干栏式建筑为主，人在这种建筑里生活居住都在二楼以上的架空层，而架空层一般都以木、竹之类的材料铺设成的楼面，因此，要在这上面生火做饭是不可能的，就需要下到底层地面行炊。到地面做饭，一是不方便，二是保存火种比较困难，三是易受野兽袭击，如遇到多雨天气，户外地面根本无法进行炊事活动。后来人们发现在地板上铺设石片可以阻燃，于是创造出可以在干栏屋内生火做饭的火塘，解决了在室内进行炊事活动和保存火种的难题。这种火塘技术一直沿用至今，在鄂西南地区的土家族、苗族等传统民居中仍保留着火塘间。民居中火塘间的出现和发展与三峡地区的地理环境有关，也与峡区民众的传统

图 8-14　火塘点燃生活

生活习惯相连，这种炊烤兼备的生活方式经过演化、发展，成为三峡区域特有的民俗文化现象。火塘间在干栏民居中既是生活起居的中心，又是家庭多功能活动空间。这里除了烧火做饭之外，还是家人团聚、议事待客、家务活计、工匠劳作、女工绣织、烤火聊天的场所，一般节日与小型家宴也多在火塘边进行。火塘的上方多会设置吊架，放上肉类食物熏烤，经长时间烟熏的肉食品，不仅味道香醇绵长，风味独特，而且利于长期保存；火塘间的天棚下方还可做成支架，架上搁置木料，经过火塘间的烟火几年熏烤之后，再拿来做家具，不仅古色馨香，而且还可以防虫防腐，对家具起到保护作用。（图 8-14）

火塘大小一般二尺见方，通常做法是在地面上掘坑，深半尺许，周围栏以石片；或是在木楼面上开洞，洞下安置固定木盒或垫板，在木盒或垫板上砌石盛土，做成火塘；也有在楼面上设活动火盆的，火盆用铁制三脚架支撑，便于移动。不过，这种移动式火塘在峡区数量不多。为排烟雾，火塘间墙面上部与屋顶之间通常留有类似百叶窗之类的通气孔，室内烟雾很容易从这些通气孔排出。火塘间面积通常不大，一般为十多平方米，小巧紧凑，利于保温；火塘间内的家具以桌

椅板凳为主，柜子多为矮柜，靠壁布置，以适应火塘间的空间尺度。火塘在房屋中的位置，在堂屋（明间）左边，以中柱为界分隔为前后两间，后面为卧室，前面作火塘间；也有将火塘设在正房堂屋后面的，更可看出火塘地位的重要。（图8–15）

图8–15　火塘形态

2. 火塘文化

峡区土家族的民俗文化认为，火塘里的"火"是非常圣洁而神秘的火焰，是由祖宗从远古时代保留下来的，越烧越旺，温暖人间，永不熄灭。火塘间在家庭生活中，扮演着最有生气、最具活力的空间角色，一个家庭几乎所有活动都可在火塘间进行，比之堂屋的神圣与庄严，火塘间更具人间的温暖与人情味。火塘具有"红火、兴旺"的象征意义，代表着一个家庭薪火相传，代代兴旺发达，永不熄灭的美好愿望。在土家族的民族传统风俗里，如果一个家庭儿子娶妻生子，须起屋分家，从原居所火塘里分出一堆火种，放到新住宅另立火塘，这就表示从原家庭里分化出了一个新的家庭，意味着一个被传统民俗规范所认可的新的家庭从此诞生。（图8–16）

另外，祖先崇拜的观念意识在火塘间也有体现。这是因为，三峡地区冬天阴湿寒冷，一般家庭里的老人，不分男女

图8–16　火塘间是老年人冬季活动的主要空间

都吸着一根长长的旱烟杆，整个冬天都离不开火塘。他们在这里边烤火、抽烟、做家务、带孙子，度过晚年时光。老人们去世之后，在灵魂不灭的宗教观念影响下，人们认为先辈的灵魂仍然会继续与儿孙一同围坐在火塘边，为他们说笑谈古，给他们以庇护和祝福。因此，人们永远会将火塘边最舒适的位置给祖先，到了逢年过节，还要在其座位旁设置祭坛，放上酒菜和烟叶，体现晚辈对先祖的敬重与思念之情。如果说堂屋的敬祖拜宗是一种庄重的敬畏，那么火塘间对于先辈的崇拜，则是一种亲情的思怀！火塘，更具亲情意义。（图8–17）

图8–17　火塘间是家庭聚会聊天的场所

火塘，以及由此衍化出的一系列民俗活动，反映出峡区先民对于"火"的重视与崇拜。火是人类文明的动力，因为有了火，人类从生食到熟食，从挨冻到用火取暖，进而从"猿"变成"人"。所以人类自蒙昧走向文明，始终伴随着对于火的获取和对于火的崇拜。火给人以温暖，给人以力量。然而，在远古时代生产力与生产方式十分原始的状况下，人们要取火不易，要保存火种更难。一旦火种熄灭，再要生火就是一件十分麻烦的事情。虽然后来人类找到用火石击石取火的办法，但是要成功地生出火来，也并不容易。民居中火塘的出现，在一定程度上，解决了这一难题，因此，火塘在一栋住宅中的地位就可想而知。在三峡区域，以火塘为标志，演绎出来一系列的文化事项，成为峡区特有的民俗文化现象。火塘文化，从一个侧面反映出峡区民众祈盼家庭幸福、子孙兴盛、薪火永续、居住和谐的良好愿望。

（二）戏楼与民间艺术

三峡地区的戏楼建筑最早在民间自发兴建，一般建在城镇民居较为集中的地方，数量不多。清中叶之后，社会逐渐稳定，经济也发展很快，民间戏剧曲艺文化趋于繁盛，加之大规模移民的迁入，文化艺术的丰富，会馆祠庙的兴建，促使三峡戏楼建筑有了较大发展，成为传统民居建筑极富特色的一脉。

1. 民间艺术催生下的戏楼建筑

峡江古代巴人能歌善舞，"巴师勇锐，歌舞以凌"，说的就是巴人随武王伐纣时，边打仗边舞蹈的情景。在巴文化的影响下，三峡地区自古以来民间文化艺术样式就十分丰富：川妹子的山歌，土家族的丧嫁舞、民间戏曲、皮影、评书、快板、腰鼓、三棒鼓等组成三峡地区民间文艺大观。看戏、听戏、演戏更是三峡民众普遍的喜好。每遇节日、庙会、丰收庆典，富贵人家的红白喜事，或者是学子考取功名，人们都要搭台唱戏，以示庆贺。

三峡地区的民间戏曲艺术以小型通俗曲目为主，这些曲目很多都是在民间歌舞说唱艺术的基础上发展起来的。戏曲的结构一般比较简单，边唱边舞，出场的角色不多，音乐欢快明朗，唱腔简单高亢，演员表演诙谐有趣，有十分浓厚的乡土生活气息。剧目内容大多来自民间日常生活，如婆媳之间、叔嫂之间、邻里之间冲突与摩擦的小故事。另外，还有大量少数民族（如土家族）的堂戏、灯戏、柳子戏等。

三峡地区民间大型的戏剧剧种有两个：傩戏与川剧。（图8-18）第一是傩戏，也称为傩舞，为长江上游三峡广大地域的民间地方戏曲剧种之一。该戏约在元明时期由古代傩仪发展而成。初以歌舞演故事，待到钟馗形象在傩仪中出现，傩戏才形成一个完整的形态。钟馗打鬼

川剧

傩戏

图8-18　川剧与傩戏表演

的故事始见于唐人传奇志怪小说集《逸史》，戏曲里的钟馗形象即从小说移植而来。钟馗三次进京

应试，因权相杨国忠作梗，不中，愤而身亡。玉皇大帝悯其刚正不阿，敕封判官，统领天下鬼怪；青黄赤白黑五鬼不服，大吵大闹，被钟馗降服。从先秦时代开始，三峡地区就盛行巫鬼文化，扮相怪异、形式奇特的民间歌舞十分丰富，加之明末清初，各种地方戏曲、曲艺的勃兴，傩舞从这些艺术形式中吸取养分，形成自己的特色。傩戏人物似人似怪，舞蹈表演粗犷夸张，唱腔高亢嘹亮，乐曲有十分强烈的节奏感，能调动现场观众的情绪，激发他们的观看热情，因而深受民众喜爱。傩戏最初流行于湖北清江两岸、酉水上下、乌江江畔等三峡域内地区，是土、苗、汉等各族民众喜闻乐见的艺术形式，后来，影响力不断扩大，逐步传播至三峡域外周边区域。

第二是川剧。川剧的起源可以追溯到先秦乃至更早的时期，而后两汉的角抵百戏，为早期的川剧奠定了基础。战国名篇宋玉《对楚王问》中有"其始曰下里巴人，国中属而和者数千人"。所谓"下里巴人"，即是巴地民间歌舞或者歌者舞者的代称。据《太平广记》及《稗史汇编》等文献记载，自蜀郡守李冰起，便有《斗牛》之戏。三国时期，巴蜀地区更是出现了第一曲讽刺喜剧《忿争》，可谓川剧喜剧的鼻祖。

至唐五代时期，是川剧最为鼎盛之期，出现了"蜀技冠天下"的局面。这一时期常演的剧目有《刘辟责买》《麦秀两岐》和《灌口神》等，并出现了中国戏曲史上到目前为止最早的戏班，即《酉阳杂俎》中所载的干满川、白迦、叶硅、张美和张翱五人所组成的戏班。

从《斗牛》之戏到宋杂剧《酒色财气》，历时千有余年，它们是地地道道的"四川戏"，可以视为广义的川剧。而现代意义上的川剧，应该说是由在宋元南戏、川杂剧、元杂剧基础上产生于明代的"川戏"开始的。不过，当时的川戏，从声腔上看，还只是一种单声腔的高腔剧。清代，随着大批外省移民的入川，各地戏剧艺术也相继涌入巴蜀地区，江苏的昆曲、陕西的秦腔、安徽的徽调与川剧和四川灯戏由并存发展到逐渐混一，最终在晚清时形成"昆、高、胡、弹、灯"多声腔的近代川剧。[①] 川剧是一种以写意为主、虚实结合的地方戏曲艺术，其以优美的声腔和精湛的表演，尤其是"变脸"等绝技表演，深受峡区广大观众欢迎，常演不衰。

在三峡地域的城镇乡村，各种民间艺术活动几乎无处不在。三峡地区出产茶叶，百姓亦喜好饮茶，茶文化深厚丰富，城镇中的茶馆众多。茶馆里一般设有专

图 8-19 民间曲艺提线木偶表演

门的戏台供戏曲、曲艺表演；即使是专业戏楼也多配设茶室、茶楼。饮茶、听曲、赏艺、观戏，相映成趣，是三峡民间一大休闲乐事。（图8-19）

民众对戏曲、曲艺艺术的热爱，直接促进了三峡戏楼建筑艺术的发展。起初百姓观戏，多在户外搭建临时戏台，随着峡区经济社会的进步，后来逐渐形成了固定的戏楼表演舞台，戏楼建筑

---

① 周企旭：川剧百年的形成与发展 [J]. 四川戏剧，2001.3. 第 29—32 页 .

亦有了固定的形制规范。不少商贾富户还在自家宅院修建戏楼，以示风雅。至后，各地移民文化的汇入使三峡民间艺术更为丰富活跃，以至各类宫观会馆、祠堂寺庙都要在其内部修筑戏台来提高知名度、聚集人气。凡此种种，形成峡区戏台之奇观。（图8-20）

图8-20　三峡地区戏楼的布局及外观形态

2. 戏楼建筑的文化底蕴

戏楼建筑的出现，与明代戏曲、曲艺艺术的繁荣有很大关系。明代中期，随着"勾栏"演出的衰败，戏楼才成为城镇戏剧表演的固定地点。早期的戏楼称之为"献技楼"，意为戏子献技表演之舞台，有轻视戏子之意。三峡戏楼建筑的发展主要在清代中期之后，与三峡民间艺术的复兴紧密相关。三峡戏楼在形式上，有与宅院、家族祠堂相结合的私人戏楼，亦有与祠庙、会馆建筑相结合或独立于场镇街市之中为大众服务的公共戏楼，还有部分根据需要搭建的临时戏曲表演舞台。

三峡民居建筑中的戏楼常与宅院建筑的院落空间相结合进行布局，一般与主要厅堂或入口相对应，通常根据需要或地形变化架空下部作为院落空间的入口与通道，以便于户主及家人观戏和进出。但戏楼在结构形式、造型装饰等方面与住宅建筑有较大差别，显示出戏楼文化特征。这主要体现在如下两方面：一是戏楼一般采用立柱樑拱结构，三面开敞，金漆彩绘，装饰豪华（图8-21）；二是戏楼的屋顶一般为飞檐翘角的歇山顶，用琉璃瓦或小青瓦覆盖，屋

图8-21　戏楼装饰精致华美

脊饰有龙兽鸱吻，显示出宫廷建筑的风姿，在外观上与住宅建筑形成鲜明的对比。这类富宅大院的私家戏楼，除了满足休闲娱乐生活的需要之外，更是一种身份的象征。不过，这类戏楼与在祠庙会馆中的戏楼相比规模要小得多，在整体宅邸建筑群中所占分量很少，只能容纳人数不多的小型戏班演出。可以说，宅院中戏楼的文化象征意义比实用意义更突出。

峡区普通百姓观戏多到公共戏楼，其中，以祠庙戏楼最受欢迎。三峡地区庙会文化十分丰富。早期的庙会仅是一种隆重的宗教祭祀活动，而后来由于参与的广泛性，庙会这种民间信仰的酬神活动成为重大的宗教节日。到相关祠庙逛庙会、购物、观戏文成了三峡地区人们不可缺少的休闲娱乐活动。在庙会期间，不仅各种宗教、商品交易等活动层出不穷，丰富多彩，而且一般都要举办连台民间戏曲演出，以增加娱乐气氛，吸引民众。因此，戏楼成为庙会文化中不可或缺的

重要组成部分。

　　会馆中的戏楼则是起凝聚人气、演绎乡情作用的；所演出的剧目，有很多是来自家乡的民间戏曲，观众也多为会馆所代表的异地乡民。戏楼的建筑形态建构也多是仿原住地建筑式样，地域特色鲜明；位置多在会馆大门进入的第一进院落，场地宽敞，进出方便，与馆外城镇街区相通，便于聚散。会馆中的戏楼不仅仅只是戏剧演出的舞台，还具有体现乡情聚合精神的文化底蕴，更是反映异地乡民在当地政治、经

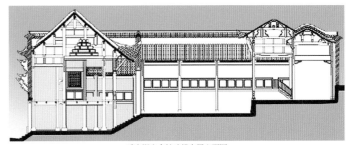

重庆湖广会馆戏楼布局立面图

图 8-22　重庆湖广会馆戏楼

济实力的载体。因此，这类戏楼大都造型别致，装饰华丽，颇具殿宇气势。（图8-22）

　　三峡城镇中还有一些独立于街道之中的戏楼建筑，这类戏楼与城镇街巷空间结合，多位于街

图 8-23　独立于街道之中的戏楼建筑

道广场正中一侧，民间称之为"街台"，一般建在城镇活动的中心区域。（图8-23）观戏的空间则在街道广场上或两侧的"凉亭"里，并有小商品出售和茶饮。除有固定戏楼外，场镇中因配合各种活动也经常临时搭建戏台，这类戏台在民间称为"野台子"，或称"草台"。个别村镇祠庙中因没有戏台，有时也要搭建临时台子来演戏祭祀。这种戏台可大可小，材料的选用以方便拆迁为原则，多以木板、竹竿甚至租借木质桌凳来搭设。

（三）宫观祠庙、会馆建筑与民俗信仰

1. 宫观祠庙建筑

　　宫观祠庙建筑是宗教民俗信仰的产物。三峡地区的民间宗教信仰与民俗文化十分复杂，民间崇拜的对象繁多。究其原因，一是三峡地区自然条件复杂险恶，面对各种人类无法解释的自然现象，在科学技术不发达的古代，人类只能求助于神灵、鬼怪、巫术，因此峡区自古就有尊神崇巫的民俗，各类巫鬼文化盛行；其二，三峡地区是一个多民族杂居之地，古代以巴、蜀、楚民族为主，近代以汉族、土家族、苗族居多，每个民族的宗教信仰和民间习俗差异很大；第三，三峡地区是一个移民之地，各地方、各民族移民的进入，使峡区社会信仰与风俗五花八门，各不一样。因此，这就导致自清以来，三峡沿江两岸的城镇宫观祠庙建筑盛极一时，种类繁多，各城各镇所拥有的数量，多者远超出"九宫十八庙"之数。在这些众多的宫观祠庙中，尽管供奉的神灵人物千差

王爷庙侧立面图

图8-24 巴东楠木园王爷庙[1]

万别，各不相同，体现了峡区宗教信仰与民俗文化的多元性，但有一点是共同的，就是对长江之水神"江神"的崇拜。这是因为有史以来，长江之水就是养育峡区人类的母亲河。从古至今，生活在三峡及其支流沿岸的人类大都是以水为生，靠水吃饭，不可须臾离开长江。但是，长江之水也有凶狠可怕的一面：有时洪水滔天，冲城毁屋，吞噬一切；有些地方激流百转，险滩环绕，暗礁密布，时而造成船毁人亡，给人类的生命与生活带来无尽的灾难。因此，在沿江两岸的大小城镇中，到处可见供奉水府神仙的水府庙、江渎庙、禹王宫、王爷庙等，形成一种富有长江三峡特色的"水神崇拜"的民俗文化。据自贡著名的《王爷庙碑记》刻载："王爷者，镇江王爷也。能镇江中之水，使水不汹涌，而人民得以安靖，以故敕封为神灵，享祀于人间，凡系水道之地，皆庙宇有焉。"这就是这些祭祀水神的宫观祠庙建筑盛行的原因。一般来讲，这些庙宇宫观建筑多为利用长江航道进行商品贸易的商人富贾和当地民众集资联合修建，目的就是乞求水王爷保佑长江之水平静安详，保证航运畅通，不毁商船，不发洪水，不淹民宅。（图8-24）

三峡沿江地区祭祀水神的庙宇宫观，一般依山临水，独踞形胜，既是建筑佳品，又是风景胜地；有的庙宇构成完备，内部建有戏台，装饰精美。以秭归新滩的江渎庙为例：江渎庙建在新滩长江南岸的一座独立的小山上，砖木结构，平面布局呈一四合院落。房屋的第一进为正厅，即镇江王爷殿，两侧是厢房，中间是天井，最后一进是堂屋，即大佛殿。正厅与堂屋构架为抬梁式结构，高大宽敞，做工大气而精致，用料考究。厢房内部设有楼层，外部建有廊桥；庙宇外立面为硬山式烽火墙，屋面盖以小青瓦，瓦头用白灰做成四叶花瓣，滴水饰以卷草花纹，山花上堆塑成游龙腾飞的图案造型，使建筑呈现出一种腾云驾雾、倒海翻江的气势。

青石铺设的天井，给人以江渎庙昔日繁忙和辉煌的印象。环天井的厅房各三门六扇，高达三米，可拆卸，以扩大天井的"容量"。二楼居高临下，穿行于廊桥间，似可见历史的烟云随风而至。门楣和窗棂，可雕可绘的地方，无所不雕，无所不绘，图案或朴拙或细腻，或花或草或鸟或兽，皆栩栩如生。

江渎庙对石料的使用也十分讲究。青石一般用于柱础石、阶条石、地面石等，而粗砂石仅用于基座和台基砌体。柱础石造型各具特色，或动物或花卉，形象栩栩如生。江渎庙是民间建筑技术与精湛的建筑工艺有机融合的民间建筑典范，建筑的大木结构不但吸收了北方官式建筑的特点，而且又具有江南建筑的技巧风格，具有较高的艺术水平和欣赏价值。（图8-25）

[1]资料来源：《三峡湖北库区传统建筑》。

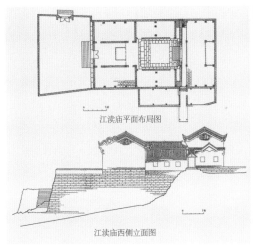

江渎庙大佛殿及厢房

江渎庙平面布局图

江渎庙西侧立面图

江渎庙侧面及廊桥

江渎庙大佛殿廊轩

图8-25　秭归新滩江渎庙[1]

　　江渎庙里常年香火不断，每逢节日，更是人流如织，人们到此进香观景已成为一种民俗习惯。

　　另外，宜昌市三斗坪镇、长江南岸的黄牛岩下，建有一座黄陵庙，该庙规模不大，围绕禹王殿展开形成一个小型的建筑群，庄重古雅。相传在春秋战国时期，当地民众为了纪念大禹开江治水的不朽功绩，始建此庙，并祭祀不断。清同治甲子年（1864年）的《续修东湖县志》记载："神像影现，犹有董工开导之势，因而兴复大禹神庙，数千载如新。"黄陵庙因处于库区边缘而没被淹没，至今保存完好。（图8-26）

图8-26　宜昌黄陵庙

2. 会馆建筑

　　会馆，有两个含义：其一，是指会馆建筑，会馆是明清时期出现的建筑类型，集祠庙、戏楼、书院、旅店、茶室等功能于一体，是异籍人在客地聚会的场所；其二，指一种特殊的社会组织，这种组织类似于袍哥帮会，为特定人群组成。会馆建筑与会馆组织，是一个名称下的两个方面，互为依存。没有会馆建筑，会馆组织无法生存，皮之不存，毛将焉附；没有会馆组织，会馆建筑就是一个没有内容的空壳，也失去了存在的意义。

---

[1]资料来源：《三峡湖北库区传统建筑》。

明清时期，巴蜀出现多次大规模移民，产生了大量会馆建筑。会馆使同乡的人们在异地团结联系在一起，强化了同乡人们的凝聚力与归属感；同时，会馆还在维护同乡同行的利益，发展和延续他们的地域文化，促进居住地的社会繁荣与文化发展方面起着重要作用。会馆是一种非政府的民间组织，是移民与商业文化衍生出来的起调剂作用的一种社会组织形态。会馆按其功能大致可以分为"同乡会馆"和"行业会馆"

图8-27　重庆湖广会馆

等。同乡会馆主要是为身处异地的同籍乡人联络乡谊，维护利益，提供祭祀乡贤或燕集娱乐的活动场所，以"敦亲睦之谊，叙桑梓之乐"。行业会馆主要是工商界中的同行业者之间为沟通买卖、建立感情、处理商业事务、保障共同利益的需要而设立的。如湖北商人在峡区建立的"湖广会馆"（图8-27），江西商人建立的"洪都会馆"，广东商人建立的"广东会馆"（图8-28）等。会馆建筑中，都设有宫庙以供酬祭神

图8-28　重庆广东会馆

祖，并供奉着家乡的圣贤人物，有类似祠祭的作用，具有一定社会文化职能，以教化人们不忘宗源，要团结互助，加强乡族的凝聚力，强化民俗信仰，宏扬原住地文化习俗，使故乡地域文化在异地能够继续得到发扬与延续。因此，会馆虽然在三峡城镇中为数众多，但所供奉的神祖各有不同，从中深刻反映了各地的历史文化与民俗信仰的差异性，例如四川会馆"川主庙"，就多供治水有功的李冰父子，而湖广会馆"禹王宫"则多供治水先圣大禹。

二、民居营建中的民俗文化

中国传统建筑大都以木结构体系为主体，在长期的营造过程中形成了一套完整的木构体系建构的方式与法则，建筑各个构件的搭接与组合，都有一定的规制与模数。规制与模数的应用，不但减少了房屋建造中的随意性与盲目性，也有利于建筑构件加工和建筑本身的完善。在长期的实践过程中，人们在不断完善这些规制、模数的同时，赋予其大量的文化寓意，寓意的核心是吉祥、幸福、安顺。随着时间的推移，这些寓意演变成一种房屋建构中的民俗文化。三峡传统民居及其相关建筑的架构体系主要为以木构穿斗式为主，亦有部分抬梁，或者二者结合。经过历史的积淀，民间形成了许多约定俗成的构筑法则与营造风俗。三峡地区丰富多元的民俗文化、民间信仰，对美好生活的期许，以及对风水的信奉，赋予了传统民居营造许多有趣的规制与法则，这些规制与法则既有实用意义，又极富文化寓意与地方民俗文化特色。

（一）建筑模数中的吉祥数字

在汉语中，"发"为吉祥之意。"八"与"发"谐音，八也成为人们喜欢的吉祥数字，以至于在生

活的各个方面都使用广泛。例如：在三峡地区民建筑构架中，对于"八"的应用可以说无处不在，匠人们以八作为基数，演化出一套行之有效的民居建筑"八八"营造制度。所谓八八，就是以"八"为十进制模数，来控制房屋的整体及各个部位的尺度，具体地说，就是高度、进深、开间等。首先是控制中柱的高度。民居建筑的中柱具有某种神圣的象征意义，工匠们常用的营造口诀"床不离五，房不离八"，就是指建筑的中柱高度尺寸尾数必为八，故中柱全高（从地面到脊檩）定为一丈六八，一丈七八，最高达二丈二八，而最吉祥的尺寸为一丈八八[1]，故有"丈八八"之称。在三峡地区，各民族都遵循此规，如苗族、土家族的住房建筑的尺寸标准通常是"五柱八八式"或"七柱八八式"等。三峡民间迷恋八这个数字的说法很多，有"八卦"说，亦有"人体尺度"说，但最靠谱的应该是吉祥寓意说。"要得发，不离八"这一吉祥用语早已成为当地一种具有普适性的民俗文化。人们在生活中都希望利用"八"与"发"的谐音，来寓意自己的人生美满，事业发达，而在房屋的建造过程中把"八"运用得更加精致和完善，如"屋高若八，万事皆发""进深是八，家庭发达""开间逢八，阳光满家"等，都是取其吉祥之意。这就是民俗文化的力量。

（二）上梁民俗

在三峡地区，住宅建造是一件了不起的大事。因此，民间的开工建房和起屋上梁都要庆祝，尤其对于后者更为重视，已形成一种"上梁民俗"活动。以土家族为例：土家人在新屋的各个立架竖好之后，要举行一个隆重的"上梁"仪式。按照土家人的民族习俗，梁是房屋的重要构件，也是一个家庭的支柱，房屋大梁的稳固象征着家庭的稳定。因此，上梁这天他们要举行隆重的庆祝活动。通常，新房主人选定好吉日吉时，先焚香点烛，叩拜行礼"祭梁"，然后请众乡邻帮忙，将事先加工上漆的优质木梁用红色的布条或者绳子拉上房柱顶端，将各排扇连接成一个整体；这时，鞭炮齐鸣，左邻右舍送上礼物祝贺，热闹非凡。（图8-29）屋梁安装之后，通常要请一位具有一定巫术、德高望重的"掌墨师傅"在楼房正梁中央画一神秘的象征性符号：符号呈圆形，分内外两层，外圈为朱红或黑色，中心则涂以黄色，其形如"卵"；画完后，掌墨师用凿子在黄色圆心中央凿一圆洞，新楼主人则要跪在地下用衣服将木渣全部接住；然后，掌墨师在房梁两边分别写上"乾""坤"二字，并高声朗诵吉祥祝福之语；这时，在场的土家男女则敲锣打鼓，唱起歌、跳起舞，以示庆贺。[2] 整个仪式，与其说是一栋新居落成的庆典，毋宁说是土家民俗文化的一次形象化的宣演。在三峡地区

图8-29　民居建造中的上梁仪式

---

① 李先逵：干栏式苗居建筑 [M]. 中国建筑工业出版社，2005.6，第 74 页．
② 周传发：鄂西土家族传统民居研究 [J]. 安徽农业科学，2007.26，第 7821 页．

不仅土家族保留着"上梁"习俗，其他民族在营建新房时也十分重视"上梁"仪式，只是仪式的风格和流程各有不同，但以土家族的最热烈，最具代表性。这种"上梁"习俗流传至今，反映了人们重视家园的建设，希望住宅稳固、家庭平安的良好愿望。

三、局部空间的文化特色

在三峡传统民居建筑中，有许多富有民俗特色的建筑空间形式，它们是经过长期特有生活习俗沉淀累积而成的，反映了三峡民间的地域民俗文化风貌，以及居民独特的生活方式。

（一）民居入口造型

三峡民居的入口形式是峡区社会文化与民俗审美观念的物质反映，体现出强烈的地域特性。峡区居民对于房屋入口非常重视，它是住宅重点修构与装饰的对象。三峡传统民居的入口大门形式多样，富含文化寓意：

1. 八字门

八字门，也叫朝门。在普通民居建筑中，直接将房屋大门入口凹入，形成凹斗式的入口，门枋至檐柱成 45 度斜距，平面呈外八字形，故叫"八字门"。三峡民居修建八字门的习俗，与风水相关，因此，建门之前，多会请风水先生测定方位，房屋建成之后还要在八字门檐下安放一个叫"吞口"的木雕怪物，用来镇居吞邪，使屋主人免受凶害，保佑家族平安。（图8-30）

图 8-30　民居入口造型

2. 燕窝门

燕窝门也是在住宅入口处凹入，但与八字门不同之处在于燕窝门凹入的是直角，因形似燕窝而得名。燕窝门的面积较大，因而形成一个过渡空间，以界定大门入口。在峡区农业经济为主的村镇民居中，燕窝入口是一种适应农业生产生活方式的建筑形式，夏季可在这里纳凉、避暑、聊天，甚至用餐；冬季可在这里避风、晒太阳等。这里也可作为临时的粮食与杂物的堆放场地，如夏秋季节遇急雨时，可临时将晾晒的谷物放至此地以避雨。

八字门与燕窝门是极相似的空间形式，只不过一是八字形、一为直角形，两者都有弥补住屋场地不足的作用。八字门更注重风水寓意，做法较为讲究，富裕人家常将入口与门楼或砖坊结合做成八字朝门；燕窝门由于做法简单实用，则更为峡区一些普通农家所采用。

3. 门楼

三峡地区一些大型宅院的大门入口一般做成门楼。大门两边做立式贴面，门头叠涩出檐，作双挑出檐的人字坡门楼屋顶，起到强调入口、同时可遮蔽风雨的作用。人字坡顶的门楼式大门多用于有院落的民居，入口独立，造型类似北京的垂花门，有的两侧做影壁，类似"朝门"呈八字形敞开，施以砖雕或石雕，庄重气派，极为讲究。这种民居一般为富户或者商贾的宅院，多建于地势较平坦的地区，巫溪的大昌古镇就是这类民居较集中的地方。

4. 砖坊门

这种入口大门的形式出现较晚，三峡地区多在清中叶以后才有。一些富有人家宅居，或一些有特殊意义的建筑，如祠堂、会馆、公府宅院等，大多修建这种类似牌坊的大门。这种大门一般采用砖石材料砌成牌坊的形式，墙面、门楼与牌坊结合为一个整体，牌坊的屋檐从墙面叠出，门框、门额、门楣多用条石雕刻而成，整个大门入口显得十分庄重。清末民初时期重庆开埠，西洋文化侵入，三峡地区砖坊大门也受到了"殖民风格"的影响，加上了西方传统建筑的拱券、柱式等符号形式，成为中西合璧的"殖民建筑"式样。（图8-31）

燕窝门

八字朝门

出檐门楼

砖坊门

图 8-31 三峡民居大门入口造型

（二）充满生活气息的灰色空间

三峡地区湿热多雨的气候给人们外出活动带来较大影响，因此，城镇与乡场民居在建造过程中，自觉形成了许多半遮蔽的灰色过渡空间。这种三峡地区特有的空间形态，是人们在长期的生活实践中创造出来的，并形成了一种共同的文化默契，对于满足人们各种日常活动有不可估量的价值。峡区场镇街道两侧的民居出挑深远檐廊，形成连片灰色过渡性街道空间，既方便各种家居生活与室外交流，也利于商贸等活动。

另外，为了扩展上部空间，三峡地区有些地形狭窄的场镇街道更是形成骑楼式民居。骑楼是一种外廊式建筑。建筑物一楼临近街道的部分建成行人走廊，走廊上方则为二楼的楼层，犹如二楼"骑"在一楼之上，故称为"骑楼"。骑楼也是一种过渡性的灰色空间。在商业街市，骑楼一般一楼用于经商，二楼以上住人。骑楼既可防雨防晒，又便于展示橱窗，招徕生意，可以满足人们通行、驻足的需要。乡村农宅的骑楼，则结合了室外场地，为农事与日常生活活动提供半遮蔽场所，也成为农家平日的休闲生活与农事生产的过渡性空间。（图8-32）

彭水黄家镇传统民居的骑楼空间　　　　　　　　　　彭水黄家镇传统民居的檐廊空间

图8-32　民居中丰富的灰色空间

（三）多功能的天井空间

由于峡区民居多追求合院格局，使"天井"这一空间形态受到格外青睐；天井民居又叫"南方天井式民居"，实际上是"紧缩"型的合院。这类民居外形封闭，里面开敞，天井不仅是生活在院内的人们吸纳天地宇宙气息，联系、感受自然氛围，与自然对话的桥梁，也是一栋宅院"四水归堂"，实现宅主人聚财进宝、人旺家兴美好愿望的接口与通道。因此，这类民居不管是建在斜坡上，还是建在平地上，中央大都要围合修葺一片天井空间；一些大型宅院，还要修筑多重天井；有些宅基倾斜的大宅院，更是不惜把多个天井建在不同的标高平面上，以实现对这种空间形态的多元追求。

民宅天井空间以生活实用为主，除了满足通风、采光、散热、遮雨等需求外，还有排水、绿化、衣物晾晒、娱乐休闲等功用。一般普通民居的天井空间小巧紧凑，以两边的厢房、后面的正屋和前面的门厅围合而成。厢房与正屋都有较深的出檐，并有木柱支撑，形成沿天井的内部廊道，实际上也是住宅内部的一种过渡性的灰色空间。通常后面正屋中央明间不做门窗隔墙围合，使其面向天井方向敞开，称为"敞厅"，也有把敞厅布置成堂屋的。敞厅可用于议事、休憩、品茶、待客、娱乐休闲等活动，由于与内部井院结合，是很好的开放性多功能活动场所。天井式民居较好地满足了三峡地区民众日常生活方式与习惯的需求，因此受到广泛喜爱。（图8-33）

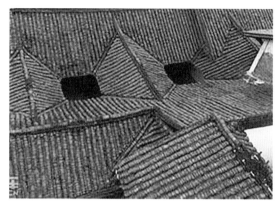

图 8-33　不同样式的天井形态

四、细部装饰的文化情趣

装饰，是传统民居的重要组成部分。三峡地区传统民居的装饰丰富多彩，其形式、内容及技法、工艺既秉承了中国传统装饰艺术的精髓，又具有鲜明的地域风格与朴实的民俗文化特色。三峡民居的装饰主要在屋脊、山墙、檐口、挑枋、撑拱、柱础、罩落、门窗等部位。装饰手法多样，有精美的木雕、石雕和砖雕，也有色彩古朴的彩绘和陶件等。装饰的题材内容，主要取自本地域的历史、神话传说以及图腾纹样，在布局上强调整体与局部的统一，在风格上讲究简洁与精细的和谐，展现出浓厚的地域民俗文化情趣。

（一）构件装饰

1. 挑枋

三峡民居屋檐出挑几乎都由挑枋承载，是三峡传统民居的特色的构件之一。挑枋是穿斗构架屋顶出檐的主要承重构件，一般的挑枋前大后小，有些简化的挑枋则头尾宽窄一致。三峡地区常见的挑枋形式有"牛角挑""象鼻挑""板凳挑"等，造型十分生动有趣，符合承载原理，既有美观装饰作用，又强化了构件的力学性能。"牛角挑"通常是利用木材自然的弧度，即呈拱形向上弯曲，挑头上翘，弧度类似牛角，更有挑枋弧度弯曲几乎成直角，这种形式利于减小受压变形，增强承载能力；"象鼻挑"则将挑枋制作成向上弯曲的象鼻形状，与"牛角挑"的力学原理相似，利用弯拱的作用强化承载力，通常作为主力挑枋的辅助构件，又与撑拱的作用相似；"板凳挑"常见于单挑或双挑坐墩出檐，是在挑枋上再放置一块扁平的木板，檐檩下的瓜（短）柱则直接坐于其上，加强构件之间的稳固性，做法简易经济。还有的在枋身下加装饰构件，以增加挑枋强度和观赏性。（图8-34）

牛角挑　　　　　　　板凳挑　　　　　　　特殊雕花挑　　　　　　象鼻挑

图8-34　各种挑枋结构与造型

2. 撑拱

撑拱，俗称斜撑，又称"雀替"，在江南一些地方还称为"牛腿"，北方地区又叫"马腿"，是传统建筑中的上檐柱与横梁之间的撑木。撑拱是在檐柱外侧用以支撑挑檐檩或挑檐枋的斜撑构件，其上部是由柱子伸出的挑枋承托挑檐檩或挑檐枋，主要起支撑建筑外挑木、檐与檩之间承受

图8-35　民居中的雕花撑拱造型

力的作用。撑拱与柱和挑枋构成稳固的三角形构架，使外挑的屋檐达到遮风避雨的效果，又能将其重力传到檐柱，加强其稳定作用。在三峡民居中，屋檐出挑尺度大时，多会在挑枋下加撑拱以增强承重能力。撑拱有板状与柱状之分：柱状撑拱多采用浮雕手法；板状撑拱则多采用深浮雕或镂空雕，花样丰富，有的还施以彩画。（图8-35）撑拱除了承重，也是十分出彩的装饰构件。通常在撑拱面向外部的正面或侧面进行镂空透雕，精致美观，而背面则不做雕刻装饰，保留材料的完整性，确保有足够的承载力，美观合理。

3. 瓜柱

瓜柱是安放在挑枋上的短柱，起支撑上层挑枋或檩条的作用。当瓜柱坐于挑枋上时，称为坐墩，瓜柱底部常加一块扁平的木板，雕刻成覆盆或莲花形状，类似柱础的样式。当瓜柱下垂超过挑枋时则称为吊墩。吊墩头亦是重点装饰的部分，如雕刻成花篮、灯笼、金瓜、垂莲等形状，俗称"吊瓜"。（图8-36）

图8-36　民居中的瓜柱造型

4. 柱础

柱础，又称磉墩、磉盘，或柱础石等，它是承受屋柱压力的垫基石，凡是木架结构的房屋，可谓柱柱皆有，缺一不可。古代人为使落地屋柱不至潮湿腐烂，在柱脚上添上一块石墩，就使柱脚与地坪隔离，起到防潮作用；同时，又可加强柱基的承压力。三峡地区多雨潮湿，民居多采用穿斗式木柱结构，因此木柱底部大都采用石质柱础，坚固耐用，防潮防蛀，能很好地保护木柱不被地面积水损坏。（图8-37）

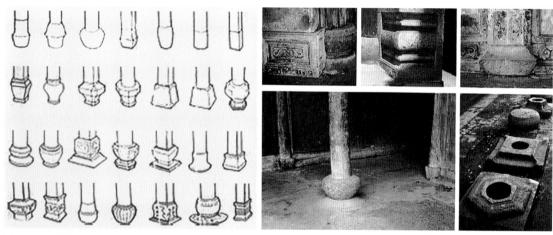

图8-37　各式柱础造型

柱础也是三峡民居装饰中十分重要的部位。柱础建造须按一定的规范来制作，如：方形柱础的边长等于柱子直径的两倍，柱径两尺，柱础方四尺；柱础边长如在一尺四寸以下，柱础的厚度是按每尺边长厚八寸计算；凡柱础边长在三尺以上，础厚等于础边长的一半，等等。柱础造型十分丰富，有圆形、方形、鼓形、多边方形、动物形、金瓜性等；柱础雕刻精美，有铺地莲花式、仰覆莲花式、覆盆莲花式、海石榴花式、游龙戏水式、宝莲花式、牡丹花式等，其纹样的形式与内容具有典型的三峡地区民俗文化特征。

5. 挂落、花罩

挂落位于梁柱交接处，俗称"花芽子"，位置与雀替相似，但挂落主要在室内，是装饰构件，没有结构作用，在造型处理上相对自由。将左右两边的挂落连起来，就组合成了"花罩"，花罩分落地罩与悬空罩两种形式，常用在门厅、敞厅，可以用来划分空间界限，有隔而不断的特点，使空间分隔又有联系。花罩一般由木雕做成，其雕刻的内容多是花卉植物和飞鸟题材，造型质朴，手法古拙而精细，反映了峡区民俗意蕴。（图8-38）

图8-38　民居入口花罩

（二）门、窗装饰

三峡传统民居多为木制门窗，除了起围护与采光通风散热作用之外，门窗的样式与装饰也颇为讲究，多作精心雕琢，反映了地方审美情趣与文化特色。窗的装饰主要是窗棂，窗棂的格子通常由木条组成各种图案、提花，结合雕刻，最常见是直棂窗，简洁质朴，还有斜方格、回字、亚字、步步锦等。门的装饰是在门框与门扇，重点在门扇，有木板镶拼雕花门，也有细木榫接格栅门，一些中西合璧的民居建筑中还出现木扇雕花玻璃门等。门窗的装饰题材内容多是花卉植物、龙凤虎豹、万字福字、吉祥如意等纹样，造型生动，组合变化灵活，雕刻技艺精湛，展示了三峡传统建筑独特的文化艺术风格。（图8-39）

（三）屋脊装饰

自古以来，中国建筑的屋脊多被赋予了一定的寓意，因此，其造型颇受重视，甚为讲究，在屋脊上进行花饰装点亦成为官民建筑的文化传统。屋脊的宝顶、脊吻等多有象征意义。不过，在三峡地区除了宫观寺庙与官府署衙等公用建筑，民居建筑的屋脊装饰少有龙兽动物鸱吻，一般喜欢充分利用小青瓦弧形特点与泥灰结合进行砌筑造型，在屋脊正中巧妙地砌成各种花式，既朴实大

图 8-39　三峡民居门窗样式

方，又富有地方特色；脊角再用小青瓦立砌起翘，如马头起飞之状，给人向上之感，经济美观；规模较大的民居，其屋脊除青瓦砌筑花式之外，有些还用泥灰塑成各种装饰纹样，并施彩绘，在青瓦白墙的建筑环境中显得突出而有韵致，体现了峡区民俗文化中朴实的审美特征。（图8-40）

图 8-40　屋脊造型

（四）山墙装饰

三峡早期的干栏式民居建筑多为悬山屋顶，山墙大都采用刷白的竹编泥墙，直接露出穿斗式木构架的黑色经纬柱枋，不仅黑白对比鲜明，而且其横竖、长短各异的黑色柱枋在白色的墙面衬托下，有一种十分强烈的节奏韵律感，呈现出三峡特有的民居结构之美。

明清以降，受移民及长江中下游民居构筑观念的影响，加之峡区民居对合院格局的追求，硬山屋顶成为民居一种新的时尚，在天井式、合院式、井院式、碉楼式民居中，一般采用封火山墙硬山顶围护。封火山墙的优势有三：其一是防火优势，防止火灾是封火墙的主要功能，不管是来自内部还是外部发生的火情，它都能有效地给予阻断；其二是防盗优势，由于风火墙采用的是砖材砌筑，比之竹编夹泥墙或者木板墙，更加坚固耐用，不易被破坏，加上风火山墙的墙垛要高出房屋屋面，所以，一般行盗者很难进入；第三是结构优势，峡区封火山墙民居的构架一般采用穿斗式和抬梁式结构方式，充分发挥了两种构架方式的优点，使之对建筑的空间、层数、高差、进退等问题都能得到十分完善的解决。（图8-41）

不同样式的山墙造型

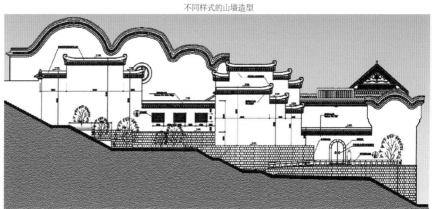

图 8-41
三峡民居的山墙式样

重庆湖广会馆山墙造型

封火墙是民居外观装饰的重点。墙面可满刮白灰，做成纯白色的墙壁，并在墙脊下沿用黑色和灰色绘制各种二方连续的图案进行装饰；墙面也可直接用清水灰砖砌筑后不满刮白灰，只是用白灰勾缝，做成清水山墙，这种做法不绘图案，但对砖材的质量、规格要求较高；墙脊用砖砌叠涩出檐，并用青瓦和泥灰塑出各种脊头花饰；墙头一般做成奔腾欲飞的马头形状，取"一往无前、腾飞兴旺"的民俗寓意；封火墙形态式样很多，主要有阶梯形（阶梯形又分三山、五山、七山等式样），圆弧形（又称弯弓形），人字形（三角式）等。封火墙的介入使三峡民居相对单调的人字屋顶变得绚丽多姿、错落有致，极大丰富了民居屋顶的轮廓与层次，增加了峡区民居建筑的民俗情趣与文化品位，体现了峡区民众的聪明才智与创造精神。（图8-42）

图8-42 封火马头墙民居

下篇 库区民居资源旅游开发

第九章
蓄水后三峡库区民居资源的状况

　　"截断巫山云雨，高峡出平湖"是孙中山到毛泽东，几代中国人的凤愿，在公元2000年世纪之交，这一凤愿终于得以实现。三峡水利枢纽工程，不仅解决了长江下游沿岸的千年水患，畅通了三峡航道，其巨大的发电量也给改革开放后我国高速发展的经济注入了新的动力，社会效益与经济效益十分明显。但是，大坝的兴建，也无可避免地对三峡地区的自然与人文环境，尤其是一些极具价值的民居资源造成一定的负面影响。基于此，本章重点在于阐释蓄水后库区民居资源的现实状况，包括已经被水淹没的、处于淹没线以下但得到保护性搬迁复建的、淹没线以上保持原样的、淹没线以上已破旧但得到修复的、淹没线以上已经破损还未被修复的，等等。

第一节　库区淹没概况

三峡大坝是当今世界第一大的水电枢纽工程，于1994年12月14日正式破土动工。三峡大坝位于西陵峡中段湖北省宜昌市境内的三斗坪，距下游葛洲坝水利枢纽工程38千米，是世界上规模最大的集防洪、发电、航运、南水北调于一体的综合性系统工程，也是中国有史以来所建设的第一个超大型水电站项目。工程施工总工期从1993年至2009年，共计17年，分三期进行，截至2009年工程已全部完工，正常蓄水位175米。三峡大坝建成后，形成了长达600多千米的巨型水库，水库所在的长江三峡地区已成为世界罕见的山水奇观。随着峡区沿江人造湖泊的形成和通航条件的改善，原本分散在三峡周围的许多景点，如小三峡、神农溪等这些千姿百态的水上画廊更容易到达；另外，三峡大坝和葛洲坝这两座现代巨型水利枢纽工程，也成为长江三峡的新景点，为库区景观添姿增色。目前，集自然美景、古代遗址和现代奇迹于一身的长江三峡正以新的面貌吸引来自全世界各地的游客。（图9-1）

图 9-1　大坝蓄水不同高程对峡区景观带来的影响与变化[1]

三峡工程库区作为一个现代地理概念，包括三峡大坝按照175米方案完全蓄水之后，从湖北宜昌的三斗坪到重庆市的江津区600多千米的长江及其周边范围内，因水位升高而淹没受影响的有关区域。[2] 根据三峡工程完成后的蓄水情况综合考察，在库区范围内，共计22个县、市、区受到三峡工程淹没影响，即湖北省宜昌市所属的夷陵区、秭归县、兴山县，和恩施土家族苗族自治州所属的巴东县；重庆所属的万州区（主要涉及天城、龙宝、五桥三个区）、巫山县、巫溪县、奉节县、云阳县、开县、忠县、石柱土家族自治县、丰都县、涪陵市，和武隆县、长寿区、渝北区、巴南区、江津区等。以上22个行政区域属于三峡库区的地理范围。（图9-2）

①图片来源：http://www.wanxian.net/zonghe/201907/152036.htm.
②龙梅：中国三峡导游文化 [M]. 中国旅游出版社，2011，第37页.

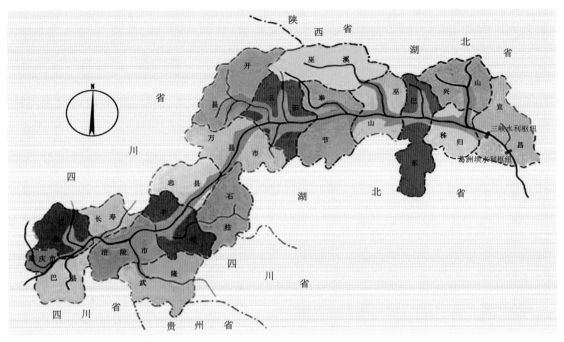

图 9-2　三峡库区淹没范围示意图[①]

三峡水库淹没范围还涉及湖北、重庆两省市 22 个市、区、县的 277 个乡镇、1680 个村、6301 个组；2 座城市、11 座县城、116 个集镇需要全部或部分搬迁、重建。5 年一遇回水水库面积 1045 平方千米，其中淹没陆域面积 600 平方千米；20 年一遇回水水库面积 1084 平方千米，其中淹没陆域面积 632 平方千米，为全库区幅员总面积的 1.11%。[②]

受大坝蓄水直接影响的城市、县城 13 个。其淹没情况如下：

全淹或基本全淹的县城有 8 座：湖北省宜昌市的秭归县归州镇，兴山县高阳镇，恩施州的巴东县信陵镇；重庆市巫山县巫峡镇，奉节县永安镇，万州沙河镇（现属万州天城区管辖），开县汉丰镇，丰都县名山镇。大部分淹没的县城 1 座：重庆市云阳县云阳镇。部分淹没的区、县城 4 座：重庆万州区、涪陵区、忠县忠州镇、长寿区城关镇等。（表 9-1）13 个受淹没的县市，大部分就地靠后搬迁，其中，丰都县城迁至长江南岸；云阳县城迁往长江上游 35 千米处的双江镇；秭归县城迁至距三峡大坝 1 千米的三斗坪镇。

表 9-1　三峡库区城市、县城淹没情况一览表[③]

城市名称	城市面积（km²）	城市实际人口（万人）	淹没情况	城市距三峡大坝距离（km）	城市用地高程（m）		20 年一遇		备注
					最高	最低	回水位（m）	天然水位	
长寿城关镇	10.29	10.36	部分受淹	524	370	165	175.6	175.6	
涪陵区	4.2	15	部分受淹	483	380	144	175.6	165.5	
丰都名山镇	1.817	4.843	基本受淹	429	161	145	175.3	154.4	

①图片来源：https://zhidao.baidu.com/question/616016306623046292.
②三峡工程论文集："三峡工程的泥沙问题"，水利电力出版社，1991，第 84 页.
③表中数据来源：根据赵万民《三峡工程与人居环境建设》（中国建筑工业出版社 1999 年第 1 版）以及相关资料整理.

续表 9–1

城市名称	城市面积（km²）	城市实际人口（万人）	淹没情况	城市距三峡大坝距离（km）	城市用地高程（m）		20 年一遇		备注
					最高	最低	回水位（m）	天然水位	
忠县忠州镇	2.64	6.97	大部分受淹	370	260	140	175.3	149.0	
西沱经济开发区	1.43	1.94	部分受淹	323	300	130	175.3	144	
万州区（沙河镇属于天城区）	13	25.4	大部分受淹	281	276	99	175.2	139.8	龙宝区 天城区 五桥区
开县汉丰镇	4.52	5.8	基本全淹	290	171	166	175.2	169	
云阳云阳镇	1.4	5.0	基本全淹	224	260	102	175.2	1369.0	
奉节永安镇	2.0	6.8	基本全淹	162	175	135	175.2	132.1	
巫山巫峡镇	1.5	3.77	基本全淹	125	175	125	175.1	124.0	
巴东信陵镇	1.8	2.8	基本全淹	73	180	95	175	102.2	
兴山高阳镇	1.5	1.08	全 淹	75	175	150	175	150.4	
秭归归州镇	1.45	2.3	全 淹	48	162	100	175	92.4	
合 计	50.547	91.322							

在三峡库区，各个县市行政区域下还有为数众多的中小集市和场镇，这些集市与场镇往往是各地域的区域中心，是三峡地区最为活跃的经济与社会细胞，也是峡区城市与乡村联系的桥梁。在这些场镇中，当地民众创造了十分灿烂的民居文化。这里集中了自清代以来，峡江各类民居建筑之精华，在几百里库区长江两岸，形成了绚丽多姿的传统民居大观。但是，三峡工程蓄水后，这些中小集、场镇中有近140个直接和间接受到淹没影响，其中建制镇16个，乡政府所在地集镇113个，其他小型场镇11个（表9–2）。

表 9–2　三峡库区受淹集、场镇一览表[①]

省市	县、市、区	集镇名称	乡名称	备注
重庆市	江北区	洛绩镇、鱼嘴镇	五宝乡、郭家沱	
	长寿县	江南镇、但渡镇、晏家镇、扇沱镇		
	巴南区	麻柳嘴镇、木洞镇、双河口镇、花溪镇、鱼洞街道农业人口部分		
	江津区	珞璜镇、西湖镇、先锋镇	湛普镇、立石场、农花场、镇江场	
	丰都县	虎威镇、镇江镇、树人镇、十直镇、高家镇、兴义镇、双路镇、三合镇、湛普镇	龙孔乡	
	武隆县	土坎镇、羊角镇、江口镇、鸭江镇、巷口镇、白马镇	和顺乡	
	忠县	石宝镇、甘井镇、新生镇、任家镇、洋渡镇、黄金镇、乌杨镇、东溪镇、复兴镇	涂井乡、曹家乡	
	云阳县	云安镇、故陵镇、红狮镇、宝坪镇、凤鸣镇、盘石镇、龙角镇、巴阳镇、人和镇、黄石镇、高阳镇、渠马镇、长洪镇、南溪镇、双江镇、盛堡镇、江口镇、长洪镇	龙洞乡、新津乡、普安乡、宝塔乡、硐村乡、水磨乡、九龙乡、里市乡、莲花乡、建全乡、养鹿乡、堰坪乡、青山乡、毛坝乡、栖霞乡、白龙乡、外郎乡、堰坪乡、凤桥乡	

[①]表中数据来源：根据百度文库数据整理，https://wenku.baidu.com/view/2291b3d226fff705cc170ab3.html.

续表 9-2

省市	县、市、区	集镇名称	乡名称	备注
	开县	梁口镇、厚坝镇、镇安镇、东华镇、丰乐镇、镇东镇、赵家镇、临江镇、长沙镇	金峰乡、白鹤乡、竹溪乡、丰乐镇、大德乡	
	巫山县	龙溪镇、福田镇、大昌镇、双龙镇、庙宇镇、抱龙镇	平河乡、大溪乡、曲尺乡、两坪乡、培石乡、三溪乡、龙井乡、建平乡	
	奉节县	草堂镇、白帝镇、康乐镇、朱衣镇、永乐镇	寂静乡、新城乡、平皋乡、黄村乡、石岗乡、万胜乡、三江乡、康坪乡、安坪乡、鹤峰乡、长凼乡、永乐镇、江南乡	
	巫溪县		花台乡	
	石柱县	西沱镇、沿溪镇	黎场乡	
	涪陵区	仁义镇、镇溪镇、南沱镇、清溪镇、百胜镇、白涛镇、龙桥镇、蔺市镇、堡子镇、义和镇、镇安镇、石沱镇、新妙镇、李渡镇	中峰乡、武陵山乡、梓里乡、致韩乡、石和乡、两汇乡、天台乡	
	万州区	高峰镇、甘宁镇、龙沙镇、武陵镇、壤渡镇、小周镇、大周镇、高梁镇、新田镇、太龙镇、新乡镇	黄柏乡、溪口乡、燕山乡、长坪乡	
湖北省	巴东县	溪丘镇、沿渡镇、官渡口镇		
	秭归县	沙镇溪镇、香溪镇、郭家坝镇、新滩镇、泄滩镇、茅坪镇		
	兴山县	峡口镇		
	宜昌市	太平溪镇		

　　根据长江水利委员会1991－1992年淹没实物指标调查，淹没线以下人口84.75万人，其中城镇人口55.93万人（含工矿企业人口），农村人口28.82万人。淹没耕园地38.95万亩，其中耕地25.26万亩，园地10.83万亩。淹没房屋3473.15万平方米，其中城镇1831.24万平方米，农村921.44万平方米，工矿企业720.47万平方米。淹没工矿企业1549个（不含湖北省非工矿企业、重庆市汛后影响企业）。淹没公路816千米，输变电线路1986千米，通讯线路3526千米，广播线路4480千米。淹没码头601个，水电站114处，装机容量91735千瓦；抽水站139处，装机容量9933千瓦。[①]（图9-3）

图9-3　宏伟壮观的三峡大坝

①三峡库区淹没状况：https://wenda.so.com/q/1372639726067939.

第二节 库区民居资源现状

三峡水利枢纽工程的兴建，在给我国带来巨大的综合效益的同时，不可避免地会对三峡地区的文物古迹以及民居建筑造成一定的影响，一些处于淹没线以下，颇具历史文化价值的古城镇、古村落，及大量自然、人文景观不复存在，只是有些重点文物与建筑进行了搬迁复建。据统计，三峡大坝完全蓄水后，在三峡大坝淹没区的383处地面文物中，属于建筑文化的有寺庙44处，桥梁66处，石阙2处，古塔3处，城墙、城址14处，亭、池3处，牌坊3处，纤（栈）道7处，石窟造像19处，近现代建筑5处，近现代纪念建筑8处，特色传统民居109处[1]基本被淹没。

但是，三峡工程的建设，也给三峡民居资源的保护与开发带来了前所未有的历史机遇，过去一些"养在深闺人未识"，处于峡谷深山的古民居、古建筑被推到了文物保护的前沿，受到了国人的高度关注。在大坝建设过程中，国家和各级地方政府投入大量人力、物力对它们进行了有效的抢救与保护，使过去一些不引人注目的"旧房子、老宅院"获得新生；同时，城镇搬迁与移民住宅建设，更为库区民居资源注入了新的内容。

第一，处于淹没线之上的古民居、古建筑及各类文物景点与人文景观得到了精心的保护与修缮。统计资料表明：从1993年到2007年，湖北库区共修复古建筑、古民居37处，重庆库区修复85处，与之配套的道路及各种基础设施也进行了整治与建设，整体环境得到了根本的改善。

第二，绝大部分位于淹没线以下的著名古民居和古建筑群，得到了保护性搬迁。首先，一些传统民居比较集中的城镇被搬迁，如湖北的秭归、兴山、巴东，重庆的巫山、奉节、云阳、开县、丰都等9个县城全部迁址；同时一些地区的珍贵历史文化古迹、古城镇、古村落、古民居也重新进行了迁移重建，如秭归新滩，忠县洋渡，石沱，巫山大昌，丰都的秦家大院、周家大院、王家大院、卢家大院，以及秭归的屈原祠、归州街，等等。这些古建筑有的就地靠后迁移重建，有的搬迁到新址按原样复制。搬迁与修复，不仅使这些古建精品的历史文化价值与建筑技艺得到了保护与传承，而且，其与新的环境相结合所形成的新型人文景观，也成为三峡传统民居文化的一大特色。

根据调查和相关资料分析，三峡工程完全蓄水后，库区沿线民居资源的概况大致如下：

一、秭归民居

秭归是一个有悠久历史文化的地方，伟大的爱国诗人屈原就出身在此地，这里文化底蕴深厚，地面文物众多，民居资源十分丰富，屈原故里、江渎庙、新滩古镇民居建筑群都曾经是游人流连忘返的地方。三峡大坝蓄水后，这些珍贵的历史文物将全部沉入水底。1998年9月，秭归县城在实现整体搬迁的同时，为了配合三峡库区移民迁建工作，保护好库区重点文物，国家从三峡移民经费中拨出了4000万元，在新县城茅坪镇的凤凰山上对淹没区内的屈原祠、江渎庙、水府庙、杜氏宗祠、郑韶年老屋、古桥梁、归州古城门等重点文物进行了搬迁复建。

①杨瑾：三峡建筑文化的特点及其开发利用 [J]. 三峡学刊，2007，（1），第24页.

凤凰山位于秭归新县城东部，距三峡大坝1千米，最高点海拔249米。经过多年努力，凤凰山古民居建筑群已经复建完成，并于2009年对外开放。凤凰山古民居建筑群占地面积为500亩，主要由复制的清代古民居建筑群构成，共有屈原祠、青滩古民居、江渎庙等24处（10栋古民居、6座祠庙、4座古桥、4处摩崖石刻，以及古城归州的城墙、城门、牌坊）文物复建于此，2006年被国务院公布为全国重点文物保护单位。（图9-4）

图9-4　秭归凤凰山景区

原归州屈原祠是此次搬迁复建的重点项目。始建于唐元和15年（公元820年）的屈原祠，原址在归州古城东2.5千米的屈原沱，20世纪70年代修建葛洲坝工程时移至秭归老县城的向家坪，本次再从向家坪迁建至凤凰山。祠院大门面向东南，与三峡大坝隔江相对，坐北朝南，环绕在满园飘香的柑桔林和青绿欲滴的翠柏之中。整个建筑群占地面积为19402平方米，总建筑面积5806平方米。建筑群由山门、两厢配房、碑廊、前殿、乐舞楼、正殿、享堂、屈原墓等组成，除了屈原祠门面牌楼、正殿、屈原墓、名人石刻等搬迁复制之外，还新增大量仿古建筑，比归州镇原屈原祠扩大近3倍。（图9-5）

图9-5　凤凰山屈原祠正立面

屈原祠正殿为原殿复制，穿斗与抬梁相结合的木构建筑，面阔五开间，两层重檐歇山屋顶。入口山门为三层两重檐歇山屋顶，正立面贴六柱牌楼门式，两侧辅以圆形的风火山墙，采用红柱白墙灰顶为主颜色，墙面还有泥灰塑出精美的图案等。郭沫若先生手书"屈原祠"三个大字镶嵌在牌楼上方正中的天明堂；襄阳当代书法家王树人所书"孤忠""流芳"分嵌左右额枋，大门门楣匾额上闪烁着"光争日月"四个金光灿灿的大字。整个山门静谧高洁，气势宏伟，浩气荡荡。

屈原青铜像矗立在屈原祠中心的大坝上，总高6.42米，像高3.92米，头微低，眉宇紧锁，体稍前倾，迈动右脚，提起左脚，两袖生风，犹在自吟，低头沉思，顶风徐步，表现出屈原爱国爱民的满腔激情和孤忠自清的精神境界，令人油然而生崇敬之情。（图9-6）

图9-6　凤凰山屈原祠

江渎庙（图9-7）居中国四大渎庙之首（另三为淮渎庙、河渎庙、济渎庙），也是我国唯一幸存的渎庙，是人们祭祀长江水神的庙宇，原址位于秭归新滩南岸。据《秭归县志》记载，此庙至迟建成于北宋，陆游入蜀曾往拜谒。但现存建筑为清代修建，脊枋下有"大清同治四年寅丑秋月重修"题记。江渎庙为木结构建筑，周围以砖墙围合，坐南朝北，依山而建。平面布局呈四合院式，门厅前有一

图9-7　凤凰山江渎庙

个小院，另有正厅、厢房、偏房和天井，厢房设有楼，厢房外有廊桥。正厅和厅屋大木构架为抬梁式，次间为穿斗式，梁之造型为月梁形式。庙屋面盖小青瓦，硬山顶，马头墙，瓦头和山花上堆塑有花草和游龙，具有典型的江南建筑风格，堪称三峡地区古建筑中的艺术精品。

新滩古民居群包括郑万琅老屋、郑万瞻老屋、郑韶年老屋、彭树元老屋、三老爷书屋、郑书祥书屋、刘振林老屋、邓永清老屋、郑启光老屋、游县长老屋10栋民居，多为清代建造，厅屋、天井、堂屋、厢房规矩有序，青砖灰瓦、风火墙鳞次栉比，木雕、灰塑、彩绘古朴清新，保存较为完整。这些民居均按照原样搬迁、原样复建、整新如旧、以旧复旧的原则复建完成，充分展示了独特的峡江文化特征。（图9-8）

凤凰山古民居建筑群与三峡大坝遥相对望　　　　　郑万琅老屋山墙　　　　　　　郑韶年老屋侧面　　　　　　　三老爷书屋室内

图9-8　凤凰山古民居建筑群

二、巴东古建之秋风亭

巴东县城信陵镇是一个传统民居集中的地方，而且特色鲜明，沿江一线全由鳞次栉比的吊脚楼组成，从江面望去，十分壮观。但三峡大坝蓄水后该镇基本全部淹没，只有镇中著名古建"秋风亭"按原样搬迁复建。

秋风亭是"巴东八景"之一，名曰"古亭秋月"，传说为宋朝名相寇准19岁任巴东县令时所建，故又称"寇公亭"。搬迁后的秋风亭现位于新县城东南海拔176米山上，亭高10余米，坐南朝北，背靠风光绮丽的金字山，面对滔滔东去的长江水，与前相比，更显得天地之形胜，魅力无穷。古亭为木质结构，红柱彩瓦，两层飞檐，四角攒尖，雕梁画栋，亭顶筒瓦有"万古不朽"铭文，整体做工精致，令人神往。

秋风亭有不少关于北宋著名政治家寇准的美丽传说。县志载："秋风亭，在旧县治左，寇莱公建"。原址江北旧县坪，南宋乾道年间尚存，后随县城迁于江南。寇准20岁任巴东县令，为官清

廉，劝民农事，植柏栽桑，为人敬仰。明朝知县盛皋为纪念寇公，便在今址仿建秋风亭。后经清康熙初年、嘉庆二十一年、同治五年几次修葺，光绪二十四年重建保存至今。秋风亭能保存至今并不断完善修葺，则是由于人们对寇准的热爱，对他正直的人品和体察民情的作风的推崇。（图9-9）

图9-9　巴东秋风亭古建筑

秋风亭也成为诗人墨客邀朋聚友、思古抒怀、吟诗作画的场所，为历代名人逸士所题咏，有迹可考的古诗词20余首。北宋诗人御使中丞苏辙云："人知公惠在巴东，不识三朝社稷功。平日孤舟已何处，江亭依旧傍秋风。"南宋诗人陆游过巴东，泊舟登亭赋《秋风亭拜寇莱公遗像》："江水秋风宋玉悲，长官手自葺茅茨。人生穷达谁能料，蜡泪成堆又一时。"巴东民居古建只有秋风亭尚存，悲乎！（图9-10）

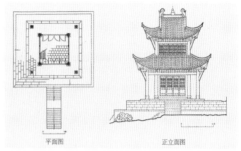

平面图　　　　　正立面图

图9-10　秋风亭测绘图①

三、千古名城白帝城

白帝山海拔238.85米，其周边绝大部分古建民居都位于江水淹不到的高地而得以保存下来，值得庆幸。白帝城位于重庆奉节县瞿塘峡口的长江北岸奉节东面的白帝山上，是三峡地区的著名游览胜地，原名子阳城，为西汉末年割据蜀地的公孙述所建。白帝城是观"夔门天下雄"的最佳地点。历代著名诗人李白、杜甫、白居易、刘禹锡、苏轼、黄庭坚、范成大、陆游等都曾登白帝，游夔门，留下大量诗篇，因此白帝城又有"诗城"之美誉。（图9-11）

图9-11　奉节白帝城古建筑

据传，当年公孙述在山上筑城，城中一井常有一股白气徐徐喷出，宛如白龙出游，便借此祥瑞之气，自号"白帝"，并将此山命名为"白帝山"，将城命名为"白帝城"。公孙述治蜀颇有口碑，死后，当地人在山上建庙立公孙述像，称为"白帝庙"。但是，因公孙述非正统而系僭称，明正德七年（1512年）四川巡抚毁公孙述像，祀江神、土神和马援像，改称"三功祠"。明嘉靖十二年（1533年）又改祀刘备、诸葛亮像，名"正义祠"，以后又添供关羽、张飞像，逐渐形成白帝庙内无白帝，而长祀蜀汉人物的格局。

①资料来源：《三峡湖北库区传统建筑》。

2006年5月，白帝城及其周边民居作为明清的著名古建筑，被国务院批准列入第六批全国重点文物保护单位名单。

四、大昌古镇民居

大昌古镇位于巫山县境内，占地约10公顷，是一座"四门可通话，一灯照全城"的袖珍古城。

1949年之后，古镇原貌未改，仍存有东、南、西三道城门，东为朝阳门，西为永丰门，南为通济门；还有两条保存较为完好的明、清时期修建的街道。街上牌坊和两边的清代特色民居与宅院，在苍山绿水映衬下黛瓦白墙，清新雅致，古朴安宁。（图9-12）

图9-12 搬迁前大昌古镇面貌

古镇的南门外有通往河边的几十级石板台阶，已被磨得十分光亮，青石砌成的拱门上，生长着一棵有几百年树龄的老槐树，根茎扎在拱门的石缝中，沿石块向上伸展，枝繁叶茂，挺拔苍翠，宛如一尊绿色的守护神护卫着古城大门。石阶两旁蹲着一对已经有些残损的石狮子，眼睛注视着远方，显出些许落寞和苍凉，似乎在诉说着小镇悠久的历史，提醒人们记住它昔日的辉煌。（图9-13）

图9-13 大昌古城门

进入古镇，两排临街老房比肩毗邻而立，简洁中各显其个性特征，朴素中张扬着昔日的华彩；中间青石铺就的是狭长的古老街道。小镇只有两条主要街道，南北街长150多米，东西街长240多米。镇里有37幢翘角飞檐的明清古民居建筑。房屋大都是明末清初时所建，青砖黛瓦、双筒屋檐、飞檐翘角、雕梁画栋、木质门面，显现出一种朴实的美。

温家大院是古镇上规模最大、保存最为完好的民居建筑。这座始建于清初的宅院，坐西向东，占地320多平方米。大院由门厅、正厅、后厅三部分组成，均以撩木作为房梁屋顶，共有12柱37架梁。窗棂镂木雕花，图案精美，工艺考究。整个建筑以穿斗式结构为主，抬梁为辅；从正门进入，可以穿堂过室，从后门出来。据温家大院第十代孙温光林介绍，清朝初年，其先祖曾担任朝廷巡抚，温家大院就是其先祖任职期间修建的家庭住宅。可以说，温家大院是大昌这座千年古镇民居建筑的一个缩影，真实反映了该镇民居的人文风貌。（图9-14）

图 9-14　温家大院

由于三峡工程于 2003 年 5 月开始蓄水，大昌古镇原址将全部沉寂于滔滔的大宁河水之下。为了保护这一珍贵的历史文化古迹，文物部门决定投资 3000 万元，将这座历经 1700 多年风雨沧桑的历史古镇按原样搬迁重建。专家们经过反复的研究论证、综合评估，最后确定将古镇整体搬迁到东南方向离原址 5 千米外，大宁河上游的西包岭。这里场地条件好，利用空间大，工程建设投资小，且基本保持了古建筑群与大宁河的相对关系，使其能尽可能再现原汁原味的古城整体环境风貌。文物部门在论证的基础上，制定了古镇搬迁民居 30 处、寺庙 2 处、城门 3 处的规划方案。新镇街道的长短将适当缩短，部分建筑排列方式也与以前有所不同，在保持街道空间形态整体不变的前提下，将古民居建制集中布置在一起；而变化最大的是将两座原本不靠街的寺庙——帝王宫、关帝庙，搬到新建古镇的大街口。对这 35 处需要搬迁的古建筑，专家们对拆卸下来的每块砖、瓦、梁栋都进行分类编号，同时对整个拆迁过程进行拍照、录像，以确保复建时能准确地恢复所有的建筑风貌。整个搬迁工作在 2003 年春节后启动。大昌古镇的复建严格按照修旧如旧的原则进行。经过几年努力，目前，大昌古镇已复建完成，南大门、温家大院、明代书院等著名民居和古建筑，基本上恢复了原来的格局与面貌。城内屋宇翘角飞檐，精巧别致，古色古香，呈现一派浓郁的明清古镇文化氛围。（图 9-15）

图 9-15　搬迁后的大昌古镇

五、宁厂古镇民居

图9-16 宁厂古镇的沿崖吊脚楼

宁厂古镇系巫溪县北部重镇，是我国历史上的早期制盐地之一，也是早期巴文化的摇篮。该镇地处大宁河支流后溪河畔，位于大巴山东段渝陕鄂三省市交接之处，据传，这一带曾是远古巴人的主要活动区域之一。古镇民居建筑多为石木结构，街面上青石路铺，古老而淳朴，是国内少见的倚崖而建的古村镇，2010年12月被评为中国第五批历史文化名镇。宁厂古镇是三峡库区成库后，唯一一座不被淹没、不搬迁，保留原汁原味民居风貌的历史古镇。重庆市政府亦将宁厂古镇列为重庆历史文化名镇。（图9-16）

图9-17 宁厂古镇半边街

宁厂古镇坐落在后溪河的深山峡谷之中，南北高山横亘，东西峡谷透穿。古镇后依青山，面对后溪河，三面板壁一面岩，吊脚楼、过街楼等民居建筑鳞次栉比，毗邻而立，高低错落，沿山顺水而建；青石条铺就的街道逼仄狭长，沿后溪河蜿蜒延伸3.5千米，俗称"七里半边街"；镇上民居建筑多为木结构干栏式吊脚楼构架，下面斜立木桩，柱上支撑木楼，这些悬空的房屋，紧贴悬崖边，貌似东侧西歪，有倒塌之险，实则牢固耐用，无倾覆之忧，别有一番风味。镇中有龙君庙、秦家老宅、方家大院、向家老屋、方家老宅、盐厂房屋、过街楼等十分珍贵的民居建筑。（图9-17）

巫溪县始建于汉建安十五年，有"巫咸古国，上古盐都"之谓，其历史文化悠远，生态文化独特，有"三峡生态明珠"及"巫巴文化故乡"的美誉。沿大宁河这条"百里画廊"，不仅可见秀水、幽峡、奇峰、怪石、悬棺、栈道等景致，更有宁厂古镇、蔡伦造纸作坊等人文古风浓郁的景观。清代王尚杉有诗曰："沿江断续四五里，翁岩筑屋居人稠。"大约5000年前，人们在这块土地上发现了盐，清澈的大宁河水，伴随着纯白的宁厂盐泉，养育了世世代代的宁厂人。事实上，以长江三峡为轴心的整个川陕鄂地区，皆仰食得天独厚的巫溪盐泉。据史料记载，到清乾隆三十七年，宁厂全镇已有336眼灶，均燃熬盐，有"万灶盐烟"之美誉，1949年前后盐厂还有99眼灶，但到1988年，北岸上段和南岸下段的灶逐步被废除，1992年后，宁厂盐灶均停止生产。[①] 宁厂古镇的发展演变的历史是三峡地区盐镇"因盐而盛、因盐而衰"最直接的证明。现今，宁厂古镇已经没有了往日的辉煌，很多民居建筑因多年没有维护与修缮，已开始破败。因此，对其进行保护与开发利用刻不容缓。（图9-18）

---

①范乔莘：巫咸国能重生，"上古盐都"？——巫溪宁厂古镇的复兴之路 [J]. 中华建设，2013.11，第40-41页.

图 9-18　昔日兴旺的盐场现已废弃

六、孤峰重楼石宝寨

清乾隆初年，石宝寨是在一座拔地而起四壁如削的孤峰顶上修建的一座寺庙，最初，人们借助架于石壁上的铁索才能到达山顶的寺庙中。嘉庆年间，官方聘请能工巧匠对铁索进行改造，最终采用依山取势修建九层楼阁方案，从此，香客及游人可免攀援铁索之苦，直接从楼阁中到达山顶。1956年，当地政府又对楼阁加以扩建，从9层增加到12层。如今，这里已成为游客眺望长江景色的"小蓬莱"了。（图9-19）

图 9-19　三峡大坝蓄水之前的石宝寨古民居建筑群

石宝寨位于重庆忠县境内长江北岸边，距忠县城45千米。此处临江有一俯高10余丈，于陡壁孤峰拔起的巨石，相传为女娲补天时遗留的一尊五彩石，故称"石宝"。此石形如玉印，故此地又名"玉印山"。明末谭宏起义，据此为寨，"石宝寨"名由此而来。石宝寨塔楼倚玉印山修建，依山耸势，飞檐展翼，造型十分奇异。整个建筑由寨门、寨身、阁楼组成，共12层，高56米，全系木质结构。石宝寨始建于明万历年间，经康熙、乾隆年间修建完善。原建9层，隐含"九重天"之意。顶上3层为1956年修补建筑时所建。寨顶有古刹一座，名"兰若殿"；寨内有三组雕塑群像，其一为巴蔓子刎首保城的故事，其二为张飞义释严颜的故事，其三为巾帼英雄秦良玉的故事。

寨下山脚为石宝古街，街面由一群造型质朴、风格清新的明清传统民居建筑围合组成。这些民居青砖黛瓦、古朴雅致，街中弥漫着一种峡区民居特有的淡淡幽香，在一峰独峙的玉印山下，错落栉比，对碧瓦红墙、檐角飞翘的石宝寨形成拱卫之势，并在风格造型上形成鲜明的对照。石宝寨飞阁重楼、峙峰而建、气势雄伟、个性张扬，山下民居成群结簇、典雅清丽、古色古香、幽韵绵长。两种特色一动一静、一张一弛，合二为一，形成鲜明特色。这种特色在峡区古镇中独一无二，所彰显的氛围令人难以忘怀。遗憾的是大坝蓄水后，山脚下的民居已完全被淹没，不复存在。

山脚寨门为一砖石结构建筑，山门上方题有"梯云直上"四字。寨门正反两面，有"五龙捧圣""哪吒闹海"等浮雕，做工精巧细致，栩栩如生；整座门楼点翠流丹，重檐高耸，宏伟壮观，气势不凡。（图9-20）沿途各层亭内石壁上，有许多不同时代的碑刻和题咏。每一层石壁上都有历代流传下来的石刻、画像和题诗，每一层凭窗都能远眺气象万千的长江。楼亭三面四角，仿如垂直悬空的辉煌宫殿。每层飞檐高耸，从下而上逐层缩小。

建筑与山体的关系　　　　山门

图 9-20　石宝寨建筑与山的关系及山门

兰若殿海拔230米，建于清朝前期，是一座历经数百年风雨的古刹。正殿迎门墙壁上有一巨大壁画，画的是女娲补天的故事。画面下方，有一遗石，形状甚似石宝寨。古刹后殿，有一石孔，口大如杯，称"流米洞"。

故里传说，寨上修起庙宇后，这石孔每天都流出一些米来，正巧供庙内和尚食用，故称"石宝"。后来，和尚想多得一些米，派小和尚偷偷地把石洞凿大，结果石洞粒米不流了。贪心的和尚得到了应有的惩罚。

三峡工程开工之后，国家对石宝寨及其相关民居建筑进行了抢救性保护，在其周围修筑起了一圈围堰大堤。2009年4月，历时3年多、耗资近1亿元人民币的国家级重点文物保护单位——重庆市忠县石宝寨抢救性保护工程全面完工。重新亮相的新石宝寨，失去了寨下众多意蕴悠远的传统民居拱卫，在巨型围堤环绕下，不免有些孤独，成为长江上一处大型江中"盆景"。（图9-21）

图 9-21　三峡大坝蓄水后石宝寨现状

七、西沱古镇民居

西沱古镇位于重庆市石柱土家族自治县，原名西界沱，古为"巴州之西界"，因地临长江南岸回水沱而得名，与长江明珠——石宝寨隔江相望。早在清朝乾隆时期，这里就"水陆贸易，烟火繁盛，俨然一郡邑"。[①] 三峡大坝蓄水后，西沱镇十分幸运，没被淹没。（图9-22）

图 9-22　西沱古镇云梯街

西沱古镇最为引人注目的景点要数云梯街，云梯街垂直长江，呈龙形向上，共有113个台阶、1124步青石梯。从长江边向上仰望，好像一挂云梯直插苍天；从街顶向下俯瞰，特别是有云雾的

---

①孙刚荣：西沱：云梯上的古镇 [J]. 中国三峡，2011.6，第65页 .

时候，犹如置身在云端。因此，人们就美赞它为"云梯街"，又叫"通天街"。云梯街是长江沿线最为奇特的街道，在中外建筑史上有着极为重要的科考研究价值，专家称之为"万里长江第一街"。街两旁保存着明清遗留下来的层层叠叠的土家民居吊脚楼，这些民居千姿百态，形态各异，一般为前店后宅，小青瓦屋面，木板墙和竹编夹泥白墙维护，具有十分鲜明的三峡地域的民居特色。（图9-23）虽然三峡工程的建设使

图9-23 特色鲜明的西沱民居：小青瓦、黑色柱枋、竹编夹泥白墙

该镇处于175米以下的部分民居沉于江底，但其上部民居则被全部保留下来，并得到了精心的保护和修缮；而且处于175米以下部分具有历史文物价值的民居，也被迁建到云梯街上面。可以说，西沱古镇民居是三峡大坝蓄水后，其基本面貌变化不大的古民居建筑群，因此，其历史文物价值和旅游观光价值不可估量。在这些民居中间还穿插有"紫云宫""禹王宫""万天宫""桂花园""石孔桥"等著名建筑，更增添了古镇魅力。

图9-24 禹王宫经多次改建已失去原有的建筑风貌

禹王宫位于西沱古镇胜利街，始建于明末，清光绪二十六年（1900年）重建。《石柱县志》（1994年）会馆章节中有"禹王宫，属湖北、湖南籍三楚会馆，西沱镇有禹王宫、三楚堂各一座"的记载。由《补辑石柱厅志》（道光二十二年）《西界沱舆图》中亦可看到禹王宫、三楚堂的形象。西沱镇自古为川东商贸要镇，各地来此经商定居的人都有，因此，会馆建筑是西沱古建筑的重要组成部分。（图9-24）

现存禹王宫坐西面东，合院格局。前部原戏台外有一约4米宽的平台，下为陡坡，于平台上可眺望长江。左侧正殿处开有侧门，门前石铺通道，可通往云梯街。其余两侧均为民房。现仅正殿为原物，两侧厢楼、前部戏台均为改建而成的灰砖楼。但建筑原规模格局依稀可辨。建筑群现占地面积570平方米，正殿建筑面积164平方米；正殿单檐硬山顶，面阔五间，整体面阔19.24米，进深三间，通进深8.53米，其中廊深1.93米；台明高1.75米，殿前仅左侧次间有踏阶10级。建筑高6.65米，为穿斗与抬梁结合的构架，11步架12檩，正脊上记载了重修年代；两山采用硬山搁檩的作法，明间廊柱下半部为石制，石柱础还在；各部分装饰在文革时均毁，并在改建时加建多处隔墙。禹王宫最大特色在其砖墙，墙砖为特别烧制，每块上均有"禹王宫"三字，这在洋渡镇禹王宫墙砖上也曾见过。正殿建筑面积164平方米，建筑群占地面积570平方米。

二圣宫位于西沱古镇沿溪村。（图9-25）现已迁至云梯街上段独门嘴，与"生计客栈"及"树化石"组成一个游览景区。二圣宫原址高程155米，现已全部淹没。二圣宫始建于明代，为祭祀孔子

图9-25 二圣宫

和关羽的寺庙，现为沿溪小学。建筑群坐东面西，合院式建筑，仅正殿为原建筑。原戏台下入口通道仍保留，其余厢楼、戏台均改建为灰砖楼。建筑面江，其前有踏步几十级，可至沿溪老街，继续下行可达江边旧码头。其左侧登石阶可达"古衙署"，后部为学校操场。建筑群占地面积900平方米，建筑面积920平方米，正殿面积320平方米。正殿为单檐硬山顶。面阔五间，通面阔23.8米，进深三间，通进深9.1米。

其中廊深2.7平方米。台明高2.02平方米，明间有踏跺11级，往内院为地坪。明间屋架为抬梁式构架。次间屋架为穿斗式构架。两山采用硬山搁檩做法，柱径约350毫米，石制柱础。建筑总高8米。现二圣宫保留有两块木匾，分别题为"副魁""余音绕梁"，各长约1.8米，宽0.8米。

　　二圣宫的建筑布局为川东地区祠庙建筑的典型形式，合院结构，入口大门在戏台下部，两侧厢房与戏台同为二层，正殿五开间，两梢间与厢房的山墙相接。院内房间均对内设敞廊。总平面为口字型。外围砖墙，小青瓦屋顶，由此形成对外封闭对内开敞的格局。戏台及厢楼二层与正殿在同一水平上，适应了山地的变化。二圣宫原有建筑格局保存完整，造型气势磅礴，是峡区土家族地区祠庙建筑的典型代表；房屋构架是抬梁式屋架与穿斗式排架相结合，充分发挥两种构架的优势，建筑内部空间宽敞合理，是三峡地区木架建筑的经典之作。（图9-26）

图9-26 二圣宫搬迁复建项目已经全面完工

　　永成商号民宅始建于清代晚期，位于西沱镇胜利街46号，2009年水库蓄水达175米时，建筑原址淹没。该建筑由天井式铺面房及后院房屋组成。文革中，临街面改为砖混形式，为西沱镇五交化门市部。房屋占地520平方米，建筑面积460平方米。这里曾是中国共产党川东地下组织的联络站，是一有着红色传奇故事的历史民居。1941年，中共在西沱镇成立了"和成商号"，经营米粮、油、盐，为党筹集经费，负责忠县、丰都县、万县、石柱县边区党组织的交通联络。1944年"和成商号"进行了扩迁，并改名为"永成商号"。中共在这栋看似普通的民宅坚持了九年地下革命活动。（图9-27）

图9-27 永成商号

　　该建筑前部为铺面，后面为天井式房屋结构，坐东朝西，三开间，面阔12米。正厅三开间，与铺面房之间有4.5米见方的天井，两厢各一间。正厅结构为穿斗排架"千柱落地式"。构架外露，悬山顶，小青瓦屋面，木板壁隔墙。穿过正厅达后院，又建三开间房屋，坐南朝北。建筑面阔三间，进深三间，前设檐廊。结构也是穿斗排架，单檐悬山，小青瓦顶，前檐柱为方形石柱，柱础造型古朴。廊侧门窗雕精细，颇有特色。

永成商号作为红色纪念性建筑，对于研究原川东地区共产党的革命活动有重要意义。其建筑形式为当地民居的一种形态样式，也是西沱云梯老街历史文化的见证，有重要的研究价值。原址被淹后，永成商号已搬迁至"云梯街"上段，其传统格局和建筑门面都得到全面恢复。

下盐店为清代民居，位于西沱古镇"云梯街"下段，民居牌号为胜利街5号，建筑原址高程160米，2009年水库蓄水达175米时已全部淹没。

下盐店为川东地区典型传统民居，向我们传递出十分丰富的文化信息。根据有关资料考证，该建筑为清代举人杨氏家族的住宅。原建筑入口由街面进入，利用坡地高差，建多重院落，当地称为：重重过厅连着"一道道天"（一个

图9-28　下盐店

天井即为"一道天"，也称"一通天"）。解放后经多次变换折腾，该建筑群只剩最后"一道天"及周围部分地基，但从地基观察，其整体建筑形态依稀可辨。下盐店正厅较为考究，出檐较长，廊间为轩顶廊，整个建筑群屋顶穿插连通，十分巧妙。前厅、厢房檐口同在一条水平线上，正厅则高出许多，室内木构件装饰雕刻精美，显示出主人的地位及其审美水平。建筑为小青瓦屋顶，檐口残余存有花纹的瓦当、勾头、滴水等，可见檐口部分做法是极为讲究的。正厅屋面坡度1∶0.5，正脊的脊岭升起不高；山墙为大青砖砌筑，山墙中心上部有一方窗；建筑的次间设有楼梯，可由此登上房屋二层，二楼围绕天井有一圈回廊，回廊栏杆装饰考究。正厅后墙下部为条石，上部为木板壁。（图9-28）

图9-29　从江边码头往盐店送盐

下盐店民居属于"随时光流逝而获得文化意义的过去一些较为朴实的艺术品"。[①] 其建筑巧妙地利用了山地的起伏变化，形成建筑群高低错落，屋宇重叠之势。从建筑规模和屋主的身份分析，此民居应属当地的"大宅"，其布局除表现了长幼有序、以中为尊的传统礼仪观念外，使用功能也表达得相对完美；建筑构件使用的材料都经过精心挑选，不仅用料大，而且质量好；室内外装修虽然精美，但并不显无谓的奢华，体现了主人的文化涵养。此外，建筑群全部采用穿斗构架，各屋宇构架交接联系，较有章法，穿斗构架外露，夹以白粉壁墙，建筑造型及色彩十分和谐完美。如今，下盐店建筑已被搬迁至"云梯街"上段，作为川东传统居住建筑的一个优秀种类保存下来，并开辟为民俗博物馆。（图9-29）

①单霁翔：乡土建筑遗产保护理念与方法研究（下）[J]. 城市规划，2009.1，第57页．

西沱镇作为我国最具特色的古代场镇，其城镇布局形态与民居建筑风格早已声名远播，是我国首批历史文化名镇。

八、龚滩古镇民居

龚滩镇始建于1700多年前的南北朝时期，坐落于重庆酉阳西部，乌江与阿蓬江交汇处的乌江东岸，以绚丽多姿的土家族吊脚楼群闻名于世。[①]（图9-30）古镇长约三千米，街面完全用石板铺设，街道两边的建筑由200多个古朴幽静的四合院、150余堵别具一格的封火墙、50多座形态各异的吊脚楼组成，独具地方特色，是国内保存完好且颇具规模的古建筑群。龚滩是土家族集聚之地。乌江与阿蓬江在这里汇集，乌江被分成上下两段，形成上滩与下滩，江水落差3米以上，水急浪高，来往的船运货物，都要在这里转场。得地利之便，龚滩就逐步形成一个以货物中转和集散为目的的转场码头，周边土家族居民纷纷到此建房起屋，逐步形成一个绵延2千米、以土家吊脚楼为特色的临江小镇。

图 9-30　龚滩古镇民居建筑

然而，遗憾的是因为乌江水电站的修建，老镇原址已被全部淹没在水下。今天我们看到的龚滩镇是从距此处2千米的老镇迁来重建的。新的龚滩镇完全按照老镇格局修建，尽可能全部使用老镇拆来的材料；老镇街面的青石铺地全部编号搬到了现在的龚滩新街。漫步在搬迁后的龚滩镇，如果留心观察脚下那些略显陈旧又十分光滑的石板地面，肯定可以分辨得出那些岁月打磨的痕迹，

图 9-31　搬迁后的龚滩古民居

感受到其深厚的历史文化底蕴。复建的龚滩镇和过去一样，全镇只有一条弯弯曲曲的石板小街，建筑以土家族吊脚楼为主，鳞次栉比的吊脚楼群临江而立，吊脚楼全系木料支撑、穿斗而成的梁架结构；屋高三五丈许，二至三层。（图9-31）楼下堆货，楼上住人，四周铺设走廊，是典型的土家族建筑。除此之外，还有的民居青瓦飞檐，屋角用精美雕刻装饰；有的回廊婉转，犹如北方四合院；有的依地势而建，以石头垒成地基后盖房，下层作为储藏室，上层作为生活休息用房；有的建在江边悬崖旁，以十来米长的数十根大圆木作为房屋支撑，从下往上看，状如"空中楼阁"，既十分险要，又非常壮观。（图9-32）

图 9-32　造型独特的龚滩民居

①李志新：空中古镇龚滩 [J]. 小城镇建设，2014.4，第 2 页.

杨家行"大业盐号"是龚滩代表性的老屋，搬迁时整幢楼房所有构件全部做成活扣件，可装可拆，保证了建筑复原的完整性。

董家院子为董氏宗族合资修建的一所祠堂，是一座规模巨大的宅院。从街面踏上数步石梯，迈进很高的石门槛，在宽敞的前厅后面是一个四合天井，由前厅两厢、正殿围合组成，房屋内部材料全部为木质框架结构，做工精湛，装饰精美。董家祠堂是董氏家族最高权威的凝聚地：犯族规者的受罚地，商议大事的议事堂，历代族长的灵位供奉地。

古镇还保存有武庙、川主庙、董家祠堂、西秦会馆等古建筑。建于清光绪年间的西秦会馆，高墙大院，内设正殿、偏殿、耳房、戏楼，雕梁画栋。（图9-33）

图9-33　西秦会馆

九、丰都古城民居

图9-34　丰都名山鬼城入口

丰都旅游资源丰富而独具特色，建国以来，特别是改革开放20多年来，各级政府对丰都旅游资源不断开发创新，取得了丰硕成果。丰都的"鬼国幽都"名山风景区，是首批被评为国家4A级旅游区和国家重点风景名胜古迹的景区。这里还建有国家级森林公园双桂山和国内最大的动态人文景观"鬼国神宫"，以及被载入吉尼斯世界纪录大全的"鬼王石刻风景区"。（图9-34）

另外，位于丰都县境内的秦家大院、王家大院、周家大院、卢聚和大院是三峡库区乃至西南地区保存最为完整的清代民居建筑群，有十分深厚的历史文化价值。但是，由于这些珍贵民居处于淹没区内，2002年10月，政府对秦家大院、王家大院、周家大院、卢聚和大院、会川门、天佛寺六处文物建筑启动了异地搬迁工程，重修于名山镇彭家垭口的小棺山（名山风景区），建成一个"袖珍古镇"。古镇总面积6800余平方米。（图9-35）

图9-35　重修于丰都名山镇彭家垭口小棺山的古民居建筑群

这个庞大的建筑群各有特色，从复建后的会川门"进镇"，仿佛进入了一个实物展示的古民居博物馆，每一座民居庄园都有自己的独特风貌，反映出三峡民居的多样性与包容性。这些民居都是清代显赫一时的富人宅院，但在搬迁之前饱经风霜侵蚀和人为破坏，已经破旧不堪。三峡工程的开工建设，使这些极具峡江特色、各有风情的古民居、古建筑得到了搬迁和修复，获得了新生。

图9-36 搬迁之前的卢聚和大院

六栋古民居中规模最大、最有气派的数卢聚和大院。卢聚和大院其实由左右并排的三个院落组成，上、中、下院都用高大的封火山墙隔围，山墙开门连通，总建筑面积达4200多平方米。（图9-36）

关于这座大院的来历，有两种传说：第一种传说是：卢聚和祖上为小商贩，传至卢聚和贩盐发家，后修建了此宅院；另一种说法是，卢聚和少年时代读书非常用功，后一举考中了举人，朝廷为奖掖山野后进、笼络人心，为他修了这座大宅作为赏赐。从实际情况分析，这两种因素恐怕都有，事实上，卢聚和靠贩盐起家，丰都甚至周边石柱等地的盐业生意，都被他一家垄断。此外，他还真的考取过功名，因为卢聚和中院大门曾悬挂"大夫第"匾额，所谓"大夫第"，正是大夫的官邸之意。

大院内部的上院装修最为豪华、精美。（图9-37）屋内构件均为高级木质材料做成，墙壁为木板拼花而成，并涂刷了生漆，显得黝黑发亮；门槛、窗户、格栅、花罩都有精美的雕花，有浮雕和镂空雕，做工精细考究，局部还做了镀金处理，看上去华贵无比。进出每一个天井，都能见到镏金的撑弓，从柱子上端斜向伸出。这些斜撑都雕刻有仙鹤、梅花等吉祥图案；梁柱之间上部有挂落花罩，采用的是镂空雕，雕刻的

图9-37 搬迁前卢聚和大院室内环境

内容多为花卉植物纹样，工艺非常细腻。上院是卢聚和民宅待客议事、对外交流的场所，所以用材讲究，装饰精美，以彰显主人的身份地位。中院、下院因主要以家庭活动为目的，一般对内不对外，所以在用材和装饰上以使用为目的，墙壁都是木材本色，构件、雕饰也显得简洁爽朗，明快大方。卢聚和宅院是三峡库区明清民居建筑技术与艺术成就之集大成者，有非常特殊的观赏研究价值。

秦家大院修建于清朝末年。四周建有高大的围墙，正厅和右侧厢房装修十分完整，20多种实木雕刻精美无比，具有浓厚的地域特色，是三峡库区乃至西南地区保存最完整的古建筑之一，占地面积1500多平方米，建筑面积1031平方米，是个两进院落，左右还各有一个偏院。秦家大院从半山腰上俯瞰下去，显得宽敞、气派。（图9-38）

图 9-38
秦家大院

王家大院建于清代，一进三重院落，由前厅、中厅、后厅组成，四周以封火山墙围合，建筑面积1148平方米。王家大院布局别致灵活，是颇具峡江传统特色的三重堂院落，所遗存的门窗棂花，装修工艺精美，堪称上乘。

周家大院建于清代，现存建筑有门厅、后厅及东西侧厢房。这是一所中等阶层宅第，建筑面积567平方米。建筑无雕刻装饰，色彩为大本色，青瓦屋面，采用的是抬梁与穿斗相结合的木结构，具有南方古民居的显著特征。[①]

天佛寺，原名"天福寺"，后毁于兵祸，明嘉靖时改建，明万历时又重修，占地面积602平方米，建国后山门毁坏，现存前殿及后殿，是丰都境内现存古代木结构建筑中绝无仅有的明代木构建筑实例。

会川门及城墙建于明朝天顺年间，城门为椭圆形，城墙现存380米，高5.5米，皆为条石砌成，现保存完好，建筑面积270平方米，是丰都县唯一留下的古城池遗物。

十、双江古镇民居

三峡库区周边，还有一些特色古镇，因处于淹没线之外而未受蓄水影响。这些古镇是大坝蓄水后，我们考察库区原生态传统民居的最完整、最原始的窗口，重庆市潼南的双江古镇就是其一。（图9-39）双江古镇是一个地域特色鲜明、民居建筑丰富的传统小镇，镇中街面青石板铺地，街道两旁灰瓦白墙，店铺毗邻，民居相间，楼台连连，庭院深深，古色古香，其别具一格的店铺与

图 9-39　双江古镇鸟瞰

合院民居虽然显得斑驳陈旧，但却掩盖不住悠远的巴楚古韵，浓郁的三峡乡情。

双江古镇地处三峡库区上缘、成渝经济腹心，前临涪江、运河，地势较为平坦，地理位置优越。该镇历史悠久，民居基本保持了清民时期的建筑风貌。这里有至今保存完好的巴蜀民居建筑群——清代民居一条街和重庆市重点文物保护单位田坝大院。清代一条街全长700余米，建筑精美，式样别致，集中展现了巴蜀建筑文化特有的魅力。[②]古镇街道纵横交错，起伏回环，穿插有

①孙艳云，杨东昱：关于三峡淹没区丰都古民居搬迁保护的思考 [J]. 四川文物，2001.1，第 63~65 页．
②陈国生：双江历史文化名镇的旅游形象设计 [J]. 小城镇建设，2003.8，第 44 页．

度，形成双江街道特有的风貌。

镇中，清代特色的民居星罗棋布，庄重沉稳的大型四合院落比比皆是，民居院落门坊柱壁雕饰美轮美奂，飞檐高翘，封火山墙围护，天井花园设计造型宽敞精美，四季花木繁茂，显示出典型的三峡区域特有的古镇风韵。镇内有"禹王宫""兴隆街大院""源泰和大院""邮政局大院""长滩

四知堂""惠民宫"等20余座规模
巨大的清代民居宅院，另外还有
为数众多的普通清式民居，被专
家们誉为"难得的清代民居建筑
群""三峡地区清代民居博物馆"
等。（图9-40）

图9-40 双江古镇合院民居

据传，远古以来，双江只是古代巴蜀两国的分界线上的一个山区小镇，明末清初有一个湖南辰溪的小商贩杨氏，携家带口来到此地谋生。他从沿街叫卖的小本生意起家到开办"川源通"商号，其业务越做越大，至后来遍及大江南北，远达京、沪及香港。经过几代人的努力，杨家终于成为富甲一方的豪门大贾。于是，杨氏后人在双江购置田地，营造豪宅大院数十座，使双江迅速发展为渝中大镇。这便是我们今天在双江随处可见的动辄四五千，大则四五万平方米的清代巨型民宅和古建筑。透过这些宏大、精致的建筑群，人们不难猜想双江昔日的商肆林立、经济活跃的情景。[1]

"到双江就像捕网，任你撒在哪里，捞起来都是白花花的银子。"这是前人对双江市场经济的生动描绘，今天的双江仍随处可见这种痕迹。上西街及河街地段，那些低矮的屋檐空间，明显保留下来的外廊结构，便是明清商市的特征。

那许多沿用至今的街巷名称，如"米市街""栈房街""猪市巷""油房巷"等，也无不透出浓烈的商市气息。又如在北街外有一座"田坝大院"，占地35000平方米，中轴线上有大门6重，全宅有大门108扇，雕镶精美的大型隔墙漏窗400余扇，这样宏大的清代四合院民居，充分显示了主人当年雄厚的经济实力，难怪田坝大院会被列为市级文物保护单位，辟作清代民俗博物馆。[2]在双江，从杨氏的发迹到这些传统街道和古建筑群旧址，无不是巴蜀商史的见证。

图9-41 杨闇公烈士故居入口

双江古镇还是中国革命早期创始人之一的杨闇公烈士的故乡（图9-41），也是原国家主席杨尚昆的出生地。杨尚昆旧居位于重庆市潼南县双江镇金龙村，一名"四知堂"，又名"长滩子大院"。大院始建于清代同治年间，距今约150多年历史。2006年，在杨尚昆同志诞辰100周年前夕，经国务院批准，长滩子大院被命名为"杨尚昆同志旧居"。旧居占地总面积约1万平方米，大院占地面积2800平方米，建

①龙彬，戴翔：潼南双江古镇杨氏家族及其宅院遗存研究[J]. 重庆建筑，2006.12，第6-8页.
②戴翔，梁树英：双江古镇田坝大院装饰艺术初探[J]. 小城镇建设，2008.12，第26页.

筑面积2400平方米，房屋39间。大院用材考究，雕刻精美，构思独特，堪称古民居建筑的奇葩。旧居里面陈列着大型历史图片文物展——《杨尚昆生平业绩展览》。（图9-42）

图9-42　杨尚昆同志旧居

　　杨闇公旧居是一幢一进三重式天井民居。前厅及其两边的房屋过去一直是镇上的邮政代办所，现邮局已迁出，辟为杨闇公陈列馆。馆后是一天井，天井左侧是书屋，右侧为茶室；再进一重，又是一个小天井，两侧是卧室，后面为堂屋。整幢建筑采用穿斗和抬梁相结合的架构，稳定庄重，装饰简洁精美，体现出清代民居的韵味。①

　　以上为三峡大坝蓄水后，三峡民居资源基本现状，但不包括库区周边腹地山区的资源状况。从笔者调查的资料来看，库区周边还分布有大量古民居及古建筑，如鄂西恩施土家族苗族自治州的宣恩、鹤峰、咸丰等地为数众多的土家族、苗族传统村寨、民居，利川的大水井、鱼木寨，神龙架深山林区的古民居，彭水的阿依苗寨（图9-43），黄家镇等地的古民居，等等。这些地方的民居资源不仅非常丰富，而且各具特色，但大部分因常年缺乏维护，已经十分破旧，亟需资金抢救、保护和开发。不仅如此，根据已知的民居资源分布状况分析，可以推断在库区周围腹地深山老林里应还有大量的优秀古民居、古建筑及古村寨存在，只是因为交通不便尚未被发现。笔者虽然深入三峡库区及相关区域做过多次田野调查，但其范围毕竟有限，加之能力不足，资金有限，收集的资料难免挂一漏万，不可能将这么广阔范围民居资源的相关讯息全部搜集，"一个都不少"地全部记录下来。因此，在后续的研究工作中，还须进一步调研和考察。

图9-43　彭水胡家湾阿依苗寨民居

---

①龙彬，戴翔：潼南双江古镇杨氏家族及其宅院遗存研究 [J]. 重庆建筑，2006.12，第8页．

第十章
库区民居资源的旅游价值

　　三峡地区以雄奇的山水地貌闻名于世，旅游资源十分丰富，但三峡传统民居作为佐证峡区历史演进和文明发展的文化资源，有着独特的文化价值优势，是其他资源无可代替的。从旅游学的观念出发，三峡民居的旅游价值主要体现在以下几个方面：历史、文化价值，与自然环境的适应性价值，观赏休闲价值，经济与社会价值，等等。对其进行合理的开发利用，能使其成为三峡地区独具文化魅力的新的旅游增长点。

　　旅游开发是当前传统民居资源保护与利用的总趋势。随着我国经济日益繁荣和社会日益现代化，旅游已成为人们休闲的生活常态，大部分生活在城市的人群都有向往乡村、回归自然的心理需求，因此，民居旅游成为一种放松心情的必然选择。我国的丽江、平遥、凤凰、乌镇、周庄、徽州等地区在20世纪90年代初期就先后对本地所拥有的民居进行了开发利用，并且已形成较高的知名度，创造了良好的社会效应与经济效益。[①] 但是，在三峡工程建设之前，三峡地区特有的民居资源并没有得到当地旅游部门的重视和合理的开发利用。在三峡旅游产品中，三峡民居长期作为其他旅游项目的附属品，处于被边缘化的状态。究其原因，一是受地域环境和交通条件制约，水路客运交通一直是三峡旅游最基本的途径，在旅游要素的安排上形成了"行""食""住""娱"在船上，"游""购"为船、岸结合的固定模式[②]，在此模式下，游客上岸逗留时间较短，民居景点很难纳入游览范畴；二是三峡地域的自然景色神奇壮美，山水风景一直都是三峡旅游的最大卖点。在商业利益的驱动下，各旅游公司都把投入少、见效快的旅游快餐"自然山水游""乘船观光游"作为主要产品，而内涵丰富但开发成本较高的人文民居景观则基本上被忽略。

　　随着三峡大坝的建成，库区的交通状况得到了根本的改善，现已基本上形成了水、陆、空三维立体交通网，同时，水位的提升也使过去的急流险滩变成了平静宽阔的湖泊，不仅极大地方便了峡江两岸游览活动的组织，扩大了游览范围，也为库区民居资源的开发创造了条件。可以预见，最具文化品质与乡土韵味的三峡民居游，将会成为库区旅游业中一个最具潜力的市场。从项目特色、资源优势及市场预期等综合因素分析，蓄水后库区民居的旅游价值主要体现在以下几个方面：

第一节　历史、文化价值

　　三峡民居的形成、发展及其演变与峡区社会的政治、经济、文化的演进紧密相联，千姿百态的民居建筑艺术承载着峡区历史文化及社会变迁的丰富信息，其聚居形态与建构特征不仅能给游客以赏心悦目的审美享受，更能为他们探究三峡历史、解析三峡文化提供形象化的实物佐证。随着时间的推移，三峡民居的历史、文化价值将进一步凸显。

　　三峡地区是我国古代人类的发祥地之一。巫山大庙龙古坡洞穴发现的"巫山人"化石，证实数百万年前，这里就有原始人类生存，学术界公认三峡巫山人是迄今为止在我国境内发现的最早的直立人；其后，新石器时代的"大溪文化"的发现，进一步证明三峡地区是华夏文明的摇篮。远古时代，这一地区是一个多族群居住地，历史上在这里讨生活的氏族部落很多，但并不稳定，进峡出峡频繁，流动性较大，真正在此留存扎根、立业建国的民族是古代巴人。（图10-1）

图10-1　纪念巴人祖先廪君的庙宇和祠堂

①黄芳：对浙江传统民居进行旅游开发的思考 [J]. 湖南商学院学报，2002，9（5），第4页．
②向旭：蓄水后长江三峡旅游的新变化及其对策 [J]. 西南师范大学学报（人文社会科学版），2004，30（4），第119页．

远古巴人是一个豪爽粗犷、能歌善舞的民族。他们不谙农耕，以渔猎为生，社会形态较为松散。该民族生存方式决定了其"靠水吃饭、逐水而居"的生活习惯。因此，三峡早期的居住形态，与巴人的生产生活及社会发展有着十分紧密的关系，其捕鱼狩猎的生存方式及逐水而居的生活习惯，加上长江沿岸的坡地环境，催生出一种具有强烈民族和地域特征的早期民居——"干栏式吊脚楼"。这是一种在倾斜坡地上"缚架楼居"的简陋干栏建筑（其做法我们在前面章节中已有描述，此处不再重复）。这种建筑简单实用，不需要平坦地基，能很好地适应不同的地面环境，因此，在很长的历史时期内，这种原始的干栏民居一直都是巴人安身立命的场所。

图 10-2　三峡库区吊脚楼民居

春秋之后，楚人的大量入峡，不仅使峡区的人种群体构成发生了深刻变化，其先进的民居构筑理念与技术也推动巴人吊脚楼摆脱原始简陋面貌，出现了"层台累榭"高层格局。此后，尽管三峡地区吊脚楼民居建筑在规模层次上不断改进发展，但其基本结构形制始终未变，体现巴楚民族文化精神和杰出巧思的核心内涵未改。吊脚楼民居记录了三峡地区巴人社会的发展史，是巴楚文化相结合的智慧结晶，体现了巴楚两族民众的创造精神和审美观念。如今，三峡及周边地区现存的民居吊脚楼资源非常丰富，建筑仍然美轮美奂，张良皋先生称之为"巴楚文化的活化石"。（图10-2）

秦汉以降，中原汉文化通过官方与民间两条渠道大规模涌入三峡地区，彻底改变了这一地区的文化结构，使峡区以巴楚为主体的二元文化结构与中原文化相结合，形成了新的文化格局。中原地区的民居建筑清规典制开始在峡区推行，并逐步形成文化制度，为峡区民众所遵循而成为生活习俗，与之对应的是在民间建筑外观上追求合院的围合方式，在室内布置上讲究中轴对称、前堂后寝、前宅后店等空间格局。此后，在长期的封建社会里，这种以封建伦理道德、尊卑等级为基础的合院格局一直是三峡地区民居建制追求的主体，只要条件允许，所有的民间建筑结构形态都会尽力向其靠拢。（图10-3）

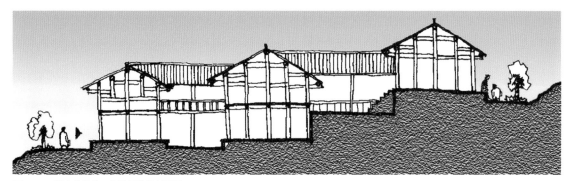

图 10-3　顺应地势的三峡民居院落剖面图

明清时期，由于大批长江中下游的移民进入，南方天井式民居在峡区长江干流及其支流两岸大量出现。天井式民居其实是一种缩小版的合院式建筑，有的地方叫"井院式民居"。这种民居一

图 10-4 三峡库区天井民居

是符合峡区民众对合院追求的心理需求，二是比合院规模小，比较能适应三峡地区促狭的用地环境，因此，受到峡区的普遍欢迎，一时成为三峡地区民居建筑的主流。三峡地区各城市和场镇中到处可见这种民居的身影，以湖北的新滩古镇和重庆的大昌古镇民居建筑群为最。（图 10-4）

19 世纪末期，重庆开埠为通商口岸，西方文化的涌入，给峡江及其支流两岸的建筑艺术也带来很大影响。在一些较大的城市和场镇，不仅出现了洋人建造的西式住宅和教堂，本土的居民也纷纷跟着模仿，建造了很多中西风格结合的新型民居；特别是一些商贾富绅，把建造西式豪宅作为一种时尚，竞相攀比效仿，沿江古镇的传统民居中，出现不少西洋风格的建筑。本来多元丰富的三峡民居，更加绚丽。

综上所述，三峡地区民居建筑的发展及各个时期建筑形态的变化，都与各个时代的社会文化与政治生态密切相关，可以说，三峡民居见证了峡区社会的发展与变化，本地区丰富多彩的民居资源是了解研究三峡地区社会变迁与经济、文化发展不可多得的实物资料，有着不可估量的历史文物价值。

第二节 与自然环境的适应性价值

中华民族自古以来就十分注重人与自然的关系，强调人与自然和谐统一，所谓"人法地，地法天，天法道，道法自然"（《道德经》），就是这种"天人合一"道德与哲学观念的最深刻阐释。数千年来，由于三峡地区的自然环境恶劣，人们对于自然环境更为敬畏，在长期的生活实践中经过与自然环境交流碰撞，形成了崇尚自然、适应自然、与自然共生共融的民俗习惯。尤其是在住宅的建造过程中，从选址到营建，有一整套与自然和谐相处的思维理念。在三峡地区，山、水是自然的基本元素，各种风格的民居建筑都置于自然山、水之中，互为依存，形成了天、地、人、自然融合统一的山水景观环境，这种和谐的自然与人文相容的景观环境，又时刻昭示着人们对于至善至美文明境界的追求，因而形成人与自然的良性互动。所以，三峡先民在建筑选址上善于利用自然环境，融合自然景观，依山傍水，沿着河流两岸避风向阳、坐北向南的地方建造自己的家园。这种与自然高度协调的民居选址于前低后坡的岸边来建构，不仅便于采光、通风、排污、排水，而且能有效地防备风侵雨袭；前有流水，后有靠山，外有围墙，内有厅堂的建筑格局，体现了三峡民居典型的自然美学特征，达到人文与自然、内容和形式的高度和谐统一。三峡人居住的每个城镇和自然村的建筑布局，无不是根据地形地貌、山脉走势、江水流向，来确定建筑方位、类型和规模大小的，与自然山水环境达到了非常完美的平衡。三峡民居建筑独有的地域风格、实用价值与建筑艺术相融合的建筑特色，渗透出完全尊重环境、充分利用地形、回归自然、与自然环境融为一体的原始生态理念，这种观念价值在追求生态文明发展的今天对我们有重要的启示作用，值得我们挖掘、研究和借鉴。（图10-5）

图10-5　适应环境，融入自然　（摄影：曹岩）

一、通过吊脚楼解决地基不平的难题

靠山面水的干栏式吊脚楼是三峡地区最早的民居建筑形态。干栏式建筑在我国南方大部分地区都有存在。然而，三峡地区干栏式吊脚楼在发展过程中，为了适应当地的地形环境和水环境，与南方其他地方的干栏式建筑相比，在建构形式上出现较大差异。这种差异主要体现为峡区房屋结构一般为前面或两厢用木柱架起悬空，后半部或正屋则处于实地，构成一种前虚后实的结构形式，称为"半干栏式"吊脚楼。这种半干栏式民居建构方式是峡区先民在生活实践中摸索出来的巧妙利用自然坡地，又不破坏环境的杰出巧思，反映了峡区民众在建房过程中适应环境、与自然和谐相处的"天人合一"的原始生态观。这种半干栏式民居建筑的巧妙与优势主要体现在两个方面。第一，三峡沿江及其支流两岸多为坡形谷地，居民要在这种倾斜的岸边建造房屋面临着基地不平的难题，而要对用地环境实施改造难度太大，在以手工为基础的原始生产方式下几乎不可能，那就只有顺依这种斜坡地形，在不对用地环境做任何改造和破坏的情况下来建筑房屋。因此，采用房屋的前面或两厢部分用立柱支撑悬空，后面的建筑坐于实地的建筑构架，不仅省时省力省钱，而且对于地理生态环境的破坏基本降为零。有了这种结构的建筑，长江干流和支流沿岸建房地基倾斜的难题就迎刃而解了。第二，三峡库区的民居能够较好地适应江水的四季涨落的动态变化，一般都是沿长江或者是支流岸边建造，江水一年之中有涨、枯的变化，这种结构的民居因为迎水一面处于悬空状态，所以江水的涨落对其没有任何影响。（图10-6）

图10-6　吊脚构架较好地解决了地基不平的难题

吊脚楼对自然环境的巧妙利用和充分适应，不仅反映了峡区民众的聪明才智和创造精神，而且从美学角度看，有十分独特的观赏价值。

二、利用合院式建筑格局阻挡风雨的侵袭

前面章节中已经论述过，三峡民居不管采用何种建筑结构形态，合院式布局是其始终不渝的

空间追求。究其原因，一方面是因为中原文化对峡区住宅文化的渗透与浸润，人们需要利用合院的空间来建构尊卑秩序，满足伦理礼仪的心理要求；另一方面则是当地环境所致。面对"地无寻丈之平、朔雨江风"[①]的恶劣自然条件，人们力求通过住宅的建构来改变自己的生存空间，在此过程中，除了运用吊脚结构来克服宅基地不平的造屋难题之外，还须借助一种四周较为封闭的建筑样式，来阻隔外界风雨的侵袭，营造"家"的港湾。而合院结构的建筑无疑最符合这一要求。不过，峡区合院民居因为地形条件的限制，在基本满足礼仪规制要求的前提下，内部空间布局不似北方平原地区的合院那么规整方正，一般会因地制宜，适应自然环境，采取比较灵活的方式安排布置院内各个房屋空间；虽然不以中轴对称为目标，但房屋空间的布局必须体现尊卑秩序；有的合院民居里面的房屋、院落、天井甚至都不在一个标高平面，形成多层次上升式布局结构；不过，内部空间布局与层次变化不影响外部的围合与封闭。外部相对封闭，内部开敞、通透，是合院类民居最为本质的特征。从外墙立面观察，合院民居有一种从低到高、层层上升的节奏感，地域特征十

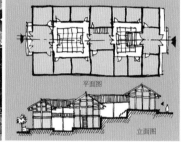

平面图

立面图

图 10-7　三峡库区合院民居

分强烈。三峡合院式民居，是当地民众经过世世代代的生活实践，创造出的既宜居宜用，又与自然和谐统一，把传统文化、地域精神与功能性要求紧密融合在一起的典型山地民居类型。（图 10-7）

三、建构天井取得与自然的联系

　　"天井式"民居的出现，成功解决了峡区民居既向往合院结构，又囿于地形环境狭窄的难题，因此，受到当地民众的普遍青睐。这种民居的优势主要表现在两个方面：其一，满足了外部围合的要求，其形如缩小版的院子，但用地需求相对合院小得多；其二，建筑布局符合宗法伦理规范，能满足人们对于住宅空间礼仪等级的心理需求。因此，明清之后，这种民居形态在三峡地区大为流传。在天井民居中，"天井"往往是民居建构的关键，它不仅是生活在院内的人们吸纳天地宇宙气息，联系、感受自然氛围，与自然对话的桥梁，也是一栋宅院"四水归堂"，实现宅主人聚财进宝、人旺家兴美好愿望的接口与通道。因此，峡区民宅不管是建在斜坡上，还是建在平地上，中央大都要围合修葺一只天井空间；一些大的住宅还要修筑多重天井；有些宅基倾斜的大型民居，更是不惜把多个天井建在不同的标高平面上，以实现对这种空间形态的多元追求。峡区民众对天井的特殊偏爱，反映出其既敬畏自然，又崇拜自然，并期盼时刻保持与自然的交流与联系，以实现人与自然共生的哲学观念。（图 10-8）

①周传发：三峡传统民居的空间特征解析 [J]. 安徽农业科学，2011.35，第 15227 页 .

图 10-8
三峡库区天井民居

第三节 观赏休闲价值

三峡民居犹如一颗颗异彩纷呈的珍珠，镶嵌于长江及其支流沿岸，与自然山水互为映衬，璀璨耀目。游客置身其间，既能感受到自然山河风光之绮丽壮美，体验寄情山水、返璞归真的田园乐趣，又可欣赏我国古建民居艺术之美妙，解读中华文明之博大精深，在游乐观赏中得到启示，享受愉悦，陶冶情操。这种集高山的峻秀、大江的畅快、植物的葱郁、建筑的精美于一体的特色环境，是长期生活在都市里的人群放松心情、回归自然的理想观光休闲场所，有非常丰富的旅游休闲价值。（图 10-9）

图 10-9 沿江民居鳞次栉比，美不胜收，魅力无穷

一、审美价值

三峡民居宜用宜居，宜赏宜游，集中体现了我国传统建筑艺术的造型美、装饰美、材料美与和谐美。

（一）造型美

三峡民居造型千姿百态，式样非常丰富，有官府宅院、宫观建筑、祠堂寺庙与普通民宅等，各种形态的建筑汇于三峡城市与场镇之中，形成峡区传统建筑大观。在三峡的城市与乡场的街道两侧，民居与宫观及官府建筑比邻相间，一侧依山而建，一侧背水而筑。靠山一列建筑多为府衙公署、宫观寺庙及富户人家的大宅院，坐北朝阳，以体量较大的合院与天井形态的建筑为主体，造型一般飞檐翘角、灰瓦白墙、门楣气派、形象庄重，演绎出砖砌房屋丰富的审美变化。背水一列一般为普通民宅，因是靠近江边的坡地，失去平地优势，只能采取吊脚式样；靠江一侧用木柱支起悬空起吊，为家庭生活用房，面街一侧坐于实地，是住房门面，一般设置为商铺，形成前店后宅格局。背水一列民居建筑以穿斗悬山架构为主体，外墙少用砖石，一般以竹编夹泥墙或木材等轻质材料围合，建筑造型清新飘逸，"如跂斯翼，如矢斯棘，如鸟斯革，如翚斯飞"，欲收欲放，美

图 10-10 造型别致、形态丰富的三峡民居

轮美奂。[①]两侧建筑造型一高一低，一重一轻，一虚一实，形成鲜明的对比美感。

另外，三峡民居建筑整体造型打破中国建筑低矮向"地"的传统格局，出现明显向"天"性的审美特征。从江面观察沿岸城市与场镇，各类建筑群体紧密衔接，层层叠叠，鳞次栉比，从江边顺山面爬坡上坎，形成一种势不可挡的向上拔升的动势，给人以在山水间不断生长的审美感觉。这种蓬勃向上的建筑空间态势，既是三峡地区自然环境影响的结果，也体现了三峡地区特有的地域性城镇建筑特征，能为游客提供积极的观赏物像，有着独特的审美价值。（图10-10）

（二）装饰美

三峡民居建筑外部与内部都有十分精美的装饰艺术。装饰的工艺手段和部位前面已有论述。装饰的目的不外乎两个：一是增加房屋的美誉度和舒适感；二是借助装饰物传递房屋主人的信仰、观念与意愿。例如：用蝙蝠、梅花鹿、猕猴、大象图案来寓意福、禄、寿、喜和封侯拜相，用观音、菩萨图案来寓意对神祖先灵的敬畏，用鲤鱼、娃娃图案来寓意年年有余、多子多福等，以此寄托房主人的精神追求和对幸福生活的向往。事实上，在三峡传统民居建筑中，正是

图 10-11 三峡民居的色彩装饰

这些看起来显得陈旧甚至是破败的装饰构件，却蕴含着十分丰富的历史、宗教、社会、生活、民俗等多方面的文化内涵，传递出三峡区域特有的审美情趣；这些装饰构件所传达的审美信息，是引起游人愉悦与文化认同的兴奋点。（图10-11）

三峡民居装饰美感还体现在对色彩装饰的运用上。对于色彩的运用和处理，三峡民居可以说是"惜色如金"。笔者在对库区现存的传统民居的考察中发现，三峡地区民居属于典型的江南民居系，建筑装饰用色普遍比较素雅、单纯，一般尽量保持材料自身的自然本色不变，只是在局部关键地方饰以简单的黑、灰、土黄、土红等色彩线条或者图案，起协调和点睛作用。因此，峡区民居的整体形态，尤其是外部色彩装饰简洁大方、朴素雅致、黑白分明、清淡恬静，具有南方民居的古风神韵。请看：沿江坡岸边那些层叠而上、一脊两坡的黑色屋顶及高挑宽大的屋面，在雨过

①杜芳娟，熊康宁：贵州喀斯特地区传统民居风格的旅游开发[J].贵州师范大学学报（自然科学版），2002，20（2），第89页.

天晴的朦胧阳光照耀下，与片片竖立白色的墙面形成白与黑、深与浅、大与小的色彩对比，穿插交错，对比强烈而和谐，恰似一幅畅快淋漓、色彩清新的水墨画卷，给人以强烈的视觉冲击力。它给游人带来的是美的思维、美的启迪、美的意象、美的感觉、美的享受！（图10-12）

图10-12 室内装饰纹样

（三）材料美

材料是房屋建构的物质基础，材料在作用于房屋各类构件时除了功能表达，也体现自身的特质与美感。三峡地区虽然地理环境复杂，土地资源有限，但建造房屋所需的材料却十分丰富，因此，峡区居民在建房时，一般就地取材。三峡民居不仅建筑造型精美，而且在材料使用上也独具本土特色，体现出民居建筑的地域性材料之美。

1. 木质材料之美

由于传统民居多为木结构，木材就成了必不可少的建筑材料，建筑的梁柱、椽皮、墙板、楼板、门扇、窗扇等，以及各种室内用具一般都用木材制作。木材材质细腻柔韧，纹理丰富，可加工成各种需要的型材。峡区民居木构技术已经到了炉火纯青的境地，一幢穿斗木结构的建筑，从始至终，不用一钉一铆，全部通过榫接技术完成。而且，完成后的民居，其木质材料构件，基本不上颜色或混水油漆，只用清漆涂刷数遍，以确保木材自然纹理的清晰和颜色的显露，透示出木质材料的自然本色，保持木质材料的自然美。

2. 石质材料之美

石头在三峡地区虽然漫山遍野，但开采较难，加工不易，因此，在峡区，除了极少数石头宅式民居整体用石头砌筑之外，石材在民居建筑中一般用于局部，如台基、台阶、墙体下部和柱础。石质材料不仅防腐防潮、防虫防蛀，还具有坚固稳定之美。

3. 砖瓦材料之美

砖瓦是三峡地区在明清及以后时期大量使用的人工材料。砖瓦材料的使用，标志着三峡区域的房屋筑构方式与材料的运用取得了本质的进步，从过去以草顶、木板、草壁为主体的房屋构成跨入到了砖瓦建房的时代。峡区大量留存的青砖灰瓦白墙的各类古建筑，就是最好证明。伴随着砖瓦材料的应用，民宅的居住环境和审美意象也出现了较大变化，灰瓦白墙建筑已成为民居的主体，其黑白分明的审美品格已成为三峡地区民居的典型地域性特色之一。

4. 竹材之美

由于竹材质坚杆直重量轻，峡区民居，尤其是干栏式民居运用最为广泛。建筑的外墙大都采用竹编夹泥墙刷白灰的方法做成，有些民居的楼板也用粗直竹竿铺设，这种墙壁与楼板经济实用，大大减轻吊脚楼支柱的承重量，不仅对延长房屋的使用寿命十分有利，而且使吊脚楼民居更具飘逸生动之美。

总之，三峡民居在建造过程中能根据建筑的使用功能，选择相应的本土材料来构筑，并能充分发挥各种建筑材料的特点和优势，既使民居建筑经久耐用，又让材料完美显示自身的审美属性，体现出材料本身的美。游客置身这些传统民居建筑之间，不管是近看还是远观，都能深深体会到这些建筑材料美的感染力，甚至会觉得这些民居建筑犹如从身边山地里生长出来的一样，与周边环境完全融为一体，成为环境的一部分，达到了"天人合一"的完美境界，这就是建筑"材料美"的力量之所在。（图10-13）

图 10-13　各类建筑材料机理与质感之美

（四）和谐美

三峡民居处处洋溢着和谐之美。

1. 建筑与自然的和谐

图 10-14　建筑与自然和谐之美

三峡民居多于长江干流及其支流岸边，依照风水理念，利用已有的地形，面水而建。稍平缓之地一般砌筑地基，采用合院、天井式样建筑格局；斜坡之处则因势利导，立柱搭架，营造吊脚楼房。在民居的建造过程中，随形就势、因地制宜，尽量保持用地原貌，注意与环境协调，体现建筑与环境共生共存、统一和谐的审美关系，这是三峡库区民居建构的基本原则，也是其最突出的地域性特点。（图10-14）

2. 建筑与建筑的和谐

三峡沿江城市与场镇基本上都建于临江坡地。传统城镇街道非常狭小，一般只有2～4米，建筑与建筑之间更是密密麻麻"层叠累居"，拥挤异常。但是，沿江城镇中的各类房屋并没有因地基狭小而杂乱无章，乱搭乱建，一盘散沙，相反是进退有序，宽窄适度，高低错落，收放自如，显示出高度的默契与秩序。这种拥挤而和睦的街道建筑状态，体现出传统城镇古风民俗的互助互让精神，以及睦邻友好的民风品质，反映的是城镇街道建筑与建筑之间的和谐美。

3. 人与建筑的和谐

每一栋民居建筑，都是一个独立的精神单元，体现一定意义的文化内涵。民居建筑的外观造型、内部空间布局、构件制作、材料装饰的应用，无不是房屋主人社会政治、经济地位，信仰，爱好和文化修养的物化表现，反映的是主人的社会层次、学识、宗教信仰及审美理念，体现的是建筑与房主人内心世界的统一，是人与建筑的和谐美。

可以这样认为：三峡民居是人、自然环境与建筑完美结合的统一体。和谐，无处不在；美，随处可寻！游历于其间，每个人内心世界都能体验到和谐的愉悦与美的享受，并留下永久的记忆。（图10-15）

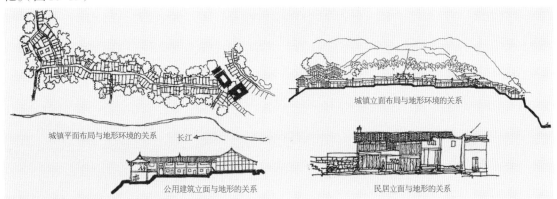

图10-15 建筑与自然环境和谐统一之美

二、资源的多样性与丰富性

三峡库区民居资源的旅游观赏价值还体现在资源的多样性与丰富性方面。库区民居资源分布于重庆与湖北两地，在库区长江及其支流沿岸，不同时代、不同风格的民居建筑麇集荟萃，形成一条富有民族及地域特色的建筑艺术长廊，其资源的多样性与丰富性在我国乃至世界范围内绝无仅有，这些民居建筑不仅是我国重要的文化遗存，也是不可多得的旅游资源。（图10-16）三峡库区沿江古民居古建筑资源十分丰富，非常庞杂，如将其进行分类，大致情况如下：

图10-16 游客对于传统民居的参观游赏兴趣盎然

从建筑类型上分类，可分为署衙建筑、官府宅院、宫观建筑、寺庙建筑、祠堂建筑、民居建筑等。

从建筑形制上分类，可分为干栏式建筑、合院式建筑、天井式建筑、井院式建筑、筑台式建筑、碉楼式建筑、中西合壁式建筑等。

从建筑材料上分类，可分为草木建筑、木构建筑、砖瓦建筑、石头建筑、综合材料建筑等。

三、对其他旅游产品的补充性价值

长江三峡的峡谷风光享誉世界，但在过去很长的时间里，三峡旅游产品的美誉度并不高，游客到此除了看山看水之外，能够深入玩赏与品味的东西不多，因此，许多人"慕名而至，败兴而归""三峡不可不来，不可再来"[1]一直是三峡旅游经营中存在的尴尬局面。三峡工程全面竣工之

---

①许曦：对开发三峡库区旅游文化资源的思考 [J]. 资源开发与市场，2000，16（3），第187页.

图 10-17　绚丽多姿的民居资源是对旅游产品的最好补充

后，库区大量文化古迹和历史文物资源被淹没，旅游资源受损，三峡旅游面临更大的挑战，在新的背景下，库区民居资源具有无可替代的资源优势与价值优势，可从下列几个方面对现有的旅游产品进行充实或补充（图10-17）：

（一）充实三峡旅游产品的文化内涵

三峡大坝蓄水后，由于过去旅游思维的惯性以及库区淹没后带来的资源困境，库区旅游行业的旅游产品开发滞后，品种单一，文化含量严重不足。库区现有的旅游经营方式延续过去的观光旅游的传统路径，一是参观游览三峡大坝，二是进入库区游山观水等，真正有创意、有文化含量与文化品位的旅游产品十分稀缺。

而库区传统民居通过修复、重建、搬迁、复制，一大部分具有历史文化价值和地域特色的传统民居和古代经典建筑被完好无损地保留下来了，在当前旅游环境下，如果将这些优势资源进行合理的利用，开发出具有深厚文化品位的民居旅游产品，投放库区旅游市场，补充库区旅游产品文化功能不足的缺陷，满足旅游人群的需求，这对提高库区旅游产品的档次，促进三峡库区旅游市场的进一步繁荣发展，将有无可估量的作用。（图10-18）

图 10-18　民居旅游能结合地方民俗歌舞表演与农业特色开发出丰富多彩的旅游产品

（二）弥补库区自然景观多人文景观少的缺陷

三峡地区的自然景观以雄、奇、险著称，参观游览三峡的自然山水风光长期是三峡旅游产品的主要特征。三峡大坝蓄水后库区的自然环境有了较大改变，其雄和险的景观特征明显减弱，必然会对库区的旅游市场产生影响。此时，开发推介出具有本土文化特色的民居旅游产品，无疑将会对库区旅游环境注入新的活力，有效保证并推动库区旅游业继续向前发展。

（三）增加三峡旅游产品的体验性

体验性旅游是现代旅游发展的一大特点，游客在旅游过程中除了参观、休憩、游览之外，还在意自己的亲身参与性，从各种参与活动中体验和享受旅游的快乐。比如时下兴起的农业生态旅游，就是把观光旅游与播种、采摘、收割等一系列农业生产劳动结合在一起，让游客参与到这些活动之中进行真实的劳动体验，既丰富了旅游产品的内容，又让游客体验到了劳动的乐趣，还锻炼了身体，有益身心健康，受到游客的普遍欢迎。

三峡库区民居和古建筑因为其资源的多样性、文化性和民俗性，在参与性旅游产品开发中更具有无可比拟的优势，可供开发的体验性产品多种多样。比如：一些具有戏台、茶馆类性质传统民居和古建筑，可结合地方戏曲、曲艺、民俗歌舞、小品等进行开发，让游客参与表演（图10-19）；一些具有手工作坊性质的民居和古建筑，则可结合纺织、刺绣、编织、雕刻等手工技艺进行开发，让游人参与制作等；其他一些民居资源都可根据自身特点开发参与性旅游产品，以增加三峡库区旅游产品的内容，活跃库区旅游市场。

图 10-19　恩施徐家寨开展的专题旅游活动

第四节　经济与社会价值

　　三峡库区民居旅游的经济与社会价值主要体现在促进区域经济发展，提高居民生活质量，增加地方政府财政收入等方面。一个地区的民俗、文化特性，尤其是传统的民俗文化活动和外在表现一般都带有很强的地域性，常常容易引起异地人群的兴趣，成为具有特殊文化特色的旅游吸引物。统计资料表明，85%的美国人、78%的日本人、73%的奥地利人、71%的瑞士人、66%的西班牙人和62%的英国人及德国人，在外出旅游时，其目的地的选择均是把"文化"作为主要的参考要素，也就是说越具有文化内涵和历史文脉的景点，越有可能成为他们观光旅游的潜在的目的地 。[1]据国家旅游局统计，1995 年，我国将这一年的旅游主题定为中国民俗文化旅游之后，当年来华游客大幅度增加，入境人数达 4638.65 万人次，外汇收入达 87.33 亿美元，分别比上一年增长 6.2%和 19.3%，创历史最高记录 。[2]可见，文化因素对于旅游业的繁荣有至关重要的作用。（图10-20）

图 10-20　民居旅游是宣传地域文化、促进地方经济建设的最佳途径

　　三峡传统民居旅游蕴含丰富的文化等方面的信息，无论是在国内，还是在国际上，都是一个具有绝对吸引力的旅游文化品牌，能够成为国内外游客到三峡库区旅游的标志性产品。三峡民居旅游产品如与其他形式的旅游产品

①张胜冰，马树华等：文化产业经营管理案例 [M]．青岛：中国海洋大学出版社，2007，第 261 页．
②曹吉星：北京胡同旅游调查研究——以什刹海地区胡同游为例，中央民族大学，2009.3，中国优秀硕士学位论文全文数据库，第 18 页．

相结合，就能够有效激活其周边相关旅游资源的观赏价值，使之成为民居旅游当中的一个环节，形成复合型旅游产品。而从以往旅游产品开发的状况分析，受欢迎的旅游产品常常是复合形式的，就如要成功地开发一条旅游线路，线路上的游赏内容必须丰富独特、形式多样，才能更具有吸引力。库区民居如果与其他资源形成综合优势，不仅能让库区民居旅游的内容更丰富，而且还能进一步推动库区旅游环境的整体建设和发展。（图10-21）

图10-21　民居旅游能推动商业、住宿、餐饮等各个行业的发展繁荣

一般来讲，旅游产品的受欢迎程度往往决定了它的经济贡献值。民居旅游的繁荣、健康发展所带来的社会经济效应惠及周边餐饮业、住宿业、娱乐业等，这些都能为促进地方经济建设和增加政府财政收入起到积极的作用。民居旅游为当地带来的收益在支持地方经济建设、提高民众生活质量的同时，又能够起到"反哺"作用，为库区传统民居及相关古建文物的保护提供资金支持。尽管在三峡水利枢纽工程建设过程中，国家为抢救和保护库区数量众多的古民居、古建筑及文物古迹支付了大量的资金，使这些珍贵的文化遗产免除了被淹没的命运，得到了较好的保护和修缮，然而，在大坝完工后，随着时间的推移，以后日常的维护、保障则是长期的，无止境的，所需的资金也将是无法估算的，国家不可能无限制地长期为其提供后续维护修缮资金。因此，国内很多专家学者在对三峡库区现有民居及相关文物古迹进行调查研究之后，均提到了"后三峡工程时代"库区这些文化遗产的保护和利用的问题。在当前情况下，对库区现有的民居及其相关资源进行商品化的合理开发和利用，建构形式多样、内容丰富的民居旅游产品，加大库区民居旅游的宣传力度，促进三峡民居旅游的繁荣发展，增加民居旅游在库区旅游经济中的份额，是解决库区民居及其相关资源保护维持资金的最佳途径，也是促进"后三峡工程时代"库区民居及其相关资源保护与开发利用良性循环的重要策略。这一策略的实施，便可将民居旅游的经济效益反过来作用于自身的修缮和保护，"取之于民居，用之于民居"。这种方式还能为当地居民提供就业机会，帮助他们增加收入，而且，从根本上解决古旧民居的修缮和保护的资金问题，并从大局上配合库区城镇的发展与新农村建设。

第十一章
库区民居旅游现状

　　三峡地区山高水险平地少，长期以来，凭借其雄伟壮丽的山水风貌，旅游一直是这一区域经济的主要来源。三峡水利枢纽工程开工建设之后，该区域的旅游业更是得到前所未有的发展。但随着大坝的竣工，库区旅游市场失去了大坝建设时的感召力推动，加之峡区许多过去深受游客喜欢的自然与人文景观的改变，三峡旅游进入低谷在所难免。在此背景下，对库区的民居旅游现状进行考察评估，根据需要，适时推出新的民居旅游产品，以应对库区旅游市场的低迷状态，势在必行。

图 11-1　宜昌举办的"三峡国际旅游节"

三峡地域雄奇的山水地貌景观享誉世界，长期以来，尤其是改革开放以来，吸引无数国内外游客来此地观光揽胜，所以，旅游一直是三峡库区广大地域经济发展的支柱性产业，素有"经济要发展，旅游是关键"之说。三峡水利枢纽工程开工建设之后，在三峡工程建设的强力推动下，库区沿岸各地政府更是把旅游作为经济建设的重要引擎，置于优先发展的位置。例如，重庆和宜昌这两个位于库区一头一尾的大中城

市，为了向国内外宣传推介三峡旅游产品，提高三峡的知名度，推动本地区经济建设，近20年来，采取每年举办"三峡国际旅游节"的方式来吸引国内外游客，已连续举办十多次。（图11-1、图11-2）因此，在三峡大坝施工期间，三峡库区旅游人数激增，旅游经济得到高速发展。然而，三峡大坝蓄水之后，由于库区山水地形环境的改变，以及处于这一范围内的一大批文物古迹被淹没于水底，再加上大坝竣工后，其工程的广告效应和推动作用相对减弱，必然给库区旅游带来影响，三峡旅游业面临着新的挑战。

图 11-2　重庆举办的三峡国际旅游节

第一节　大坝蓄水后对于库区旅游业的影响

一、蓄水前后的旅游经济指标的对比

　　以宜昌市为例，2007—2009年大坝全面蓄水之前，该市年平均接待国内外游客1500多万人次，旅游总收入近100亿元。三峡大坝竣工蓄水后的2010年，该市全年接待国内外游客1214.7万人次，旅游总收入78.5亿元，游客和收入明显减少。同为中部地区中国优秀旅游城市的桂林市2009年接待国内外游客1860.08万人次，旅游总收入126.92亿元；张家界市2009年接待国内外游客1928.42万人次，旅游总收入100.2亿元。宜昌市主要旅游经济指标虽然继续位居湖北省各市州首位，但是与蓄水前相比出现回落，与同等旅游城市相比也有较大差距。[①]以上是库区蓄水之后，宜昌地区旅游业的大致情况。从以上情况中，也可窥见库区旅游业之一斑。

二、旅游经济指标回落的原因分析

　　导致库区旅游经济回落的原因很多，但主要有三个方面。

①数据来源：宜昌市旅游局。

（一）工程竣
工的影响

在三峡工程建
设过程中，由于库
区水位没有变化或
是变化不大，对三
峡的自然景观和人
文景观没有造成实

图11-3　三峡库区山水环境蓄水前后的对比

质性的影响，景观"雄、奇、险"的态势没有改变，地面的文物古迹、古建民居没有被淹，三峡各
种神话传说中的怪石、峡口还在（图11-3），加上大坝施工过程本身的广告效应，人们抱着最后
一睹三峡被淹没前的风姿的心态，纷纷前来三峡地区旅游
观光，客观上推动了蓄水之前库区旅游业的繁荣。随着三
峡大坝的竣工蓄水，一是库区旅游环境的结构层次发生较
大变化，过去一些颇具吸引力的景观要么因水位提高发生
了较大变化而形成新景观，要么被淹没沉入江底，人们对
三峡新的景区环境还有一个了解的过程；二是失去三峡工
程的外力宣传效应，整个库区没有了具有强烈吸引力的热
点，这些必然对库区旅游业产生影响。（图11-4）

图11-4　三峡大坝景区

（二）产品开发的影响

在"后三峡工程时代"，库区旅游环境的系统结构已经不适应快速成长的旅游市场，不能满足
游客的旅游需要。就宜昌地区而言，该地区作为进入三峡库区的必由通道，旅游资源虽然非常丰
富，但长期以来，由于旅游产品层次偏低，只是长江三峡观光的过境之地，而没能完全成为区域
性的旅游目的地。宜昌地区目前的核心景点5A级景区三峡大坝，知名度虽高，但产品尚停留在观
光层面，深度开发不够，缺乏体验型产品，导致游客当地逗留时间短，旅游消费层次较低。

（三）经营模式的影响

长江三峡旅游线虽然是世界级的旅游产品，但经营模式陈旧，经年沿袭乘船观光旅游的方
式，产品缺乏创新意识；宜昌的休闲度假、商务会展等中高端旅游产品开发还不够，屈原、昭君
等名人文化旅游产品和三国历史文化旅游产品缺乏深度开发和品位提升，尤其是宜昌及其周边大
量存在的民居旅游产品还没得到完全开发利用。

三、对民居资源进行旅游开发是降低大坝蓄水影响的最有效手段

近年来，尤其是三峡大坝完工后，有些地区已经意识到了旅游新产品开发的重要性，开始投
入更多的人力、物力开发具有文化含量的旅游新品种，使当地旅游产品面貌得到改观，有效地遏
制了大坝蓄水后库区旅游经济下滑的势头。宜昌市所辖的秭归县就是一个十分生动的例子。

秭归县被称为三峡"大坝库首第一县"，因老县城"归州街"处于三峡工程淹没区，1998年9月28日率先完成了县城整体搬迁。新建县城坐落在距三峡工程大坝1千米的茅坪镇，是离三峡大坝最近的城市。秭归是湖北宜昌地区的旅游大县，搬迁后借助三峡工程对外宣传的力度，凭借境内得天独厚的资源优势，旅游态势强劲，旅游收入一直是该县的主要经济来源之一。但在三峡大坝蓄水后，旅游出现低迷现象，以2010年为例，全年接待国内外旅客仅145万人次，实现旅游收入不过5.2亿元，其旅游收入比之大坝蓄水前，有较大幅度的下降。[①] 这一情况引起了秭归县委县政府高度重视，为进一步保持并扩大该县旅游优势，加快推进"全国旅游名县"建设，遏制地区旅游下滑的势头，他们通过调查研究和论证，决定开辟新的旅游项目，借助三峡工程中国家对库区古民居、古建筑保护迁建之东风，高起点、高规格，精心打造凤凰山古民居风景区，在三峡大坝入口的黄金地段凤凰山建立一个集观光、游览、吃住、休闲、民俗体验、民间艺术活动参与、民间歌舞曲艺表演、古民居古建筑艺术欣赏等多种功能于一体的传统民居旅游景区。（图11-5）

图11-5 秭归凤凰山景区

经过几年的努力，该景区已经全部完工，面向游人开放。景区与三峡大坝隔江相望，主要景点由三峡工程淹没区搬迁复建的屈原祠、江渎庙、青滩古民居建筑等24处富有三峡地区特色的清代传统民居、古建筑与三峡移民纪念馆等构成。景区内民居与建筑完全按照搬迁前的原样复制，建筑周边环境也尽量与原环境接近，整个建筑群背靠凤凰山，面对三峡大坝构筑，风景优美，地理位置优越；景区内各栋民居建筑高低错落，逶迤流韵，古色古香，有非常浓厚的三峡传统小镇的古风神韵：片片青瓦屋顶、层层马头墙垛、堵堵青砖白墙、一字牌坊、百垛翘檐交相辉映，古筝、古箫、古琴奏出的优美古乐飘绕在景区上空；身着土家族民族服装的姑娘，时而翩翩起舞，时而为游客端茶送水，提供导游服务；游客在这里既能欣赏到三峡传统民居建筑艺术之美妙，感受其深厚的文化底蕴，又能领略独具三峡文化特色的土家舞蹈、皮影、戏曲之风采；徜徉其间，仿佛进入时光隧道，有梦游峡区古镇仙境之感！凤凰山民居民俗景区的成功打造，明显地提高了秭归县旅游产品的层次，拓宽了秭归的旅游市场。该景区以其内蕴丰富的文化性，特色鲜明的体验性，独具三峡古民居古建筑艺术美的观赏性，超凡脱俗的休闲性，现已成为秭归县城一张非常有特色的旅游名片，为国内外广大旅客所青睐，对于推动秭归旅游经济的发展起到了不可估量的作用。近几年来，在凤凰山景区的带动下，秭归县旅游业发展取得了突破性进展，整体实力大幅提升，旅游总收入成倍增长，接待人数不断刷新，从而促进其他基础设施和产业建设突飞猛进，

① 数据来源：秭归县统计局。

对外合作不断加强，客源市场不断拓展。2014年，在全国经济增长明显放缓的形势下，全县旅游业呈逆势增长趋势，1～9月就累计接待游客366.5万人次，同比增长38.24%；实现旅游综合收入28.73亿元，同比增长38.46%，旅游业逐渐成为秭归县域经济发展的引擎。[①]

第二节　库区民居旅游存在的问题

三峡水利枢纽工程的完美收官，使三峡旅游业结束了靠工程外力推动的黄金时期，步入"后三峡工程时代"。这一时期，是库区旅游业进入转型与发展的非常时期，同时也是一个挑战与机遇并存的重要时期。所谓转型是：三峡经济社会发展由"移民稳定"向"富民和谐"转型，交通格局将由"航运主导"向"水陆空联运"转型，旅游空间将由"线状旅游"向"面状旅游"转型。所谓发展是：旅游产品将由"单一观光型"向"综合型、多元型、体验型、文化型、休闲型"方向发展，旅游经营方式将由"单个经营"向"资源整合、联合经营"方向发展。在这一转型、发展过程中，库区旅游业面临的挑战与机遇并存。只有那些善于把握机遇，重视产品开发，注重产品文化建构的企业，才能凝聚人气，吸引游客，立于不败之地。早在20多年之前，我国著名学者于光远就指出："旅游业是经济性很强的文化事业，又是文化性很强的经济事业。"人们之所以选择旅游，除了休养身体、放松心情之外，更为重要的是从异地的景物与环境中得到异质文化的愉悦与审美享受。[②] 所以，从本质上讲，文化内涵是旅游产品的生命，也是旅游市场兴旺发达的保证。

在这一背景下，全面审视三峡民居资源的文化艺术及旅游开发价值，积极从历史、文化、经济、社会、审美等不同角度对其进行全方位的评价与总结，促进对库区民居资源的合理利用，使之形成保护与开发的良性循环机制，对实现库区旅游经济可持续发展将有无可估量的作用。但目前三峡库区民居旅游的整体状况，存在诸多问题。（图11–6）

图11–6　库区民居资源较为分散（摄影：曹岩）

一、资源分散，旅游利用率不高

三峡库区民居资源虽然丰富，但比较分散：一是民居资源位于湖北、重庆两个不同的行政区域；二是分布范围广。在数百库区沿线的城镇和乡村到处都有大量传统民居建筑留存其间。

库区传统民居资源分为两类：一类是过去存在于淹没区，因有一定的文化、艺术或考古价值而被搬迁复制的古民居和古建筑；另一类则是地势较高且相对靠后的原有民居。从旅游可利用度

①数据来源：秭归县统计局。
②曹诗图：中国三峡导游文化序言，梅龙．中国三峡导游文化．北京：中国旅游出版社，2011第1页．

分析，由于迁建复制民居是在异地重新建造，建筑品质好，基础配套设施完备，已经完全具备了游憩观赏条件，只需适度的包装，就是非常有特色的旅游产品。库区有些复制重组的传统民居景区已经在这方面做出了不菲的成绩，如秭归凤凰山景区等。

原有民居中一部分本身就是传统的旅游景点，这类民居多年来已经是人们耳熟能详的旅游目的地，如重庆的西沱古镇、双江古镇、瓷器口古镇等；有的过去虽然是名镇，但如今民居建筑破败严重，需要重新修缮和开发，如巫溪洋渡镇；还有一些是处于库区腹地深处，过去与现在均鲜为人知，亟待开发的古民居建筑群，如彭水的阿依苗寨、黄家镇，以及一些处在大山深处未被发现"待之闺中"的古民居等。（图11-7）从整体上看，不管是何种类型的民居建筑资源，由于分布在不同的地点，再加上处在不同的行政管理区域，目前除了少数资源已经被用于旅游服务，绝大部分开发利用程度都不高，资源的旅游价值与经济效率被严重弱化，从而造成民居旅游在整个库区旅游市场之中所占的份额很少。目前库区的旅游项目中，基本没有一个地区把民居旅游作为一个单独的旅游产品向外界推介的，更没有像周庄、宏村、西塘、平遥等地区那样形成单独的规模化民居旅游产品。

重庆磁器口古镇民居　　　　　　　　　　　　　亟待开发的彭水黄家镇民居

图11-7　库区民居资源

究其原因，笔者认为主要有以下三个方面：

第一，库区传统民居资源处于湖北、重庆两个行政区域，因而造成在管理上各自为政，缺乏协调机制，难以形成旅游产品开发与项目经营合力，客观上阻碍了库区民居资源的开发利用。

第二，库区传统民居建筑分布范围太广，资源过于分散，从此景点到彼景点相距遥远，不像周庄、平遥这些地方所有民居资源基本集中在一块儿，既便于规划开发和管理，也方便游客旅游观赏与游憩。另外，库区有些民居点不仅建筑较少，而且内容比较单一，难以形成旅游吸引力。

第三，库区各地旅游管理者和经营者对民居旅游的价值认识存在误区，习惯于过去"山水观光游"之类快餐式服务，不愿意花精力对产品进行深度开发，对民居旅游尤其缺乏热情，成为制约库区民居旅游市场发展的关键因素。

二、文化定位模糊，特色不鲜明

传统民居旅游，本身就是一种高层次的文化休闲活动，旅游者除了对建筑本身所蕴含的文化内容进行观赏探究之外，还要对景点所在地域的风土人情、民间习俗、民俗文化进行了解和欣赏，并从这种对异域文化的了解和欣赏中获取知识、增进身心愉悦。（图11-8）因此，在对民居资源进行旅游开发时，如何把握好产品的文化内蕴至关重要。三峡库区是一个多民族聚居的区域，各民族在衣食住行、娱乐及生活方式与习俗上，都有本民族十分独特的文化色彩和鲜明的地域风格，这些特色鲜明的民俗文化和地域风格体现在民居旅游产品中就是产品的文化特色。实际上，三峡库区的文化资源是非常丰厚的，这里是屈

土家族的舞蹈

苗族的山歌　（摄影：黄东升）

图 11-8　三峡库区丰富多彩的民间歌舞

原的故乡、王昭君的出生地、三国时期的古战场，涪陵周易园更是程朱理学的发祥地，还有土家舞、苗家歌，以及铜梁龙、秀山灯、綦江的版画（图11-9）、川江的号子等，更有唐宋时期经典石窟艺术——大足石刻（图11-10），这些都是独具地方特色的旅游文化资源。但是，目前库区各地对这些丰富的旅游资源开发利用有限，尤其是对库区独具特色的民居资源，远没有完全激活其旅游文化价值，因而进入"后三峡工程时代"之后，库区旅游业整体上还是因袭过去那种观光、过境旅游的老套路，旅游产品陈旧单一，文化定位模糊，不仅毫无新鲜感和吸引力，也缺乏创意特色与文化内涵，所以，很难受到游客的驻足青睐。客人少了，产品质量就会越来越差，因而形成恶性循环。

图 11-9　綦江农民版画

图 11-10　精美的大足石刻

三、宣传力度弱，营销手段少

长期以来，由于对三峡库区旅游资源没有形成统一完整的营销策略，宣传上也没形成合力，导致各类媒体上难以看到专门介绍三峡民居的信息，即使有，也较分散、零星、不成体系，以至于到目前国内外游客对三峡民居还没有形成一个完整的概念。绝大多数游客到三峡库区旅游并不是为三峡古民居而来，而是在其他旅游项目中接触、观赏了部分三峡古民居与古建筑。笔者在调查中发现，许多人在游憩、参观过三峡库区这些内涵丰富、造型独特、赏心悦目、古韵绵长的古民居与古建筑之后，都印象深刻，难以忘怀。这充分说明了库区民居资源的艺术魅力和旅游价值。

但由于目前库区的民居旅游多是其他旅游项目的补充手段，旅游方式多停留在观景层次上，民居艺术的文化欣赏、体验教育、民俗文化、农耕文化等旅游产品的深层次内涵无法体现。另外，长期宣传的失语，导致三峡库区民居旅游多是靠口口相传或朋友介绍。在当今信息爆炸的时代，在网上检索不到"三峡库区民居建筑特色旅游"的专门信息。库区民居资源目前的旅游困境，除了分散、开发上的原因，宣传上的失语与营销手段的稀缺也是制约其旅游发展最主要的短板之一。

四、导游人才缺乏，服务意识差

三峡民居作为峡区多元文化的一种物质外化形态，记录了三峡地区人类数千年的发展史。三峡民居无论是在建筑的空间造型，民居的结构形态，抑或是室内外精美的装饰艺术方面，都体现出峡区各族民众杰出的创造精神和审美意象，蕴含着非常丰富的历史文化信息。然而游客在面对这些有些破旧的古建筑时，虽然也能感受或领略这些古建筑表面所呈现出的文化与艺术韵味，但如果没有导游和讲解人员的宣讲与介绍，对其深层次的了解往往大打折扣，甚至会因为难解个中意味而影响游兴。然而，目前三峡库区旅游行业之中，高素质的导游十分稀少，尤其是文化水平高、知识结构丰富的传统民居导游更是凤毛麟角。从笔者调查的情况来看，库区旅游业的从业人员在学历结构上绝大部分偏低，大学本科以上学历的人员在所有从业人员中所占比例不到25%，绝大部分导游都没有本科学历，一般只是中专或者技校毕业生。与库区日益繁荣的旅游事业相比，库区旅游从业人员的知识文化水平和学历结构明显跟不上旅游业发展的需要。另一方面，专业的服务及管理人才缺乏，尤其是一些原有民居开发的旅游项目，采取的仍然是家庭作坊式经营方式，其从业人员基本都是家族成员，素质低下，服务意识差。由于库区旅游从业人员整体文化素质偏低，高素质的管理及服务人才欠缺，不仅影响了三峡库区旅游业的整体服务水平，而且制约着传统民居旅游产品的深层次开发。

五、环保意识不强，旅游开发过度商业化

1997年，在中共十五次全国代表大上，把"可持续发展战略"确定为我国现代化建设中必须施行的基本国策。这对旅游行业而言既是机遇，又是挑战。所谓机遇，是因为旅游业被称为"无烟工业"，对环境与空气的污染与破坏少，在人类生活水平日益提高的当今时代，旅游业是具经济价值、最环保的行业，也是有发展前途的行业；所谓挑战，是指在旅游资源的开发及产品实施过程中对其环保质量的要求会更高更严。可持续发展主要包括社会可持续发展，资源可持续发展，生态可持续发展，经济可持续发展等。民居旅游实际上包含着资源、生态与经济的可持续性三个方面的指标。民居旅游虽然是无烟工业，但在资源的开发、利用过程中如果运用不当，也十分容易对生态环境造成破坏，因此在旅游开发和旅游实施的过程中也必须遵循可持续发展原则。这就要求，首先是在保证生态环境不受威胁的前提下实现资源的开发利用，其次还要实现资源利用的可持续性，形成利用与保护的良性循环机制。当然，要形成资源开发利用与环境保护的良性循环，必须得到经济支持，这就是旅游资源开发利用的经济性指标。也就是说，资源被开发利用之后必

须有经济收入回馈于资源与环境的保护，这就构成了资源、生态与经济的相互关系。只有三者是相辅相成、缺一不可地互为作用时，才能保证传统民居资源旅游开发利用的可持续性发展。

然而，从目前三峡库区少数已经开发利用民居景点来看，情况并不乐观，主要表现为以下几种乱象。其一，为了满足游客的吃、住、行的要求，有些地方在古民居附近大量兴建旅店、宾馆等现代建筑。(图11-11)第二，对民居周围已经存在久远的传统道路随意进行加宽取直改造。以上这两种行为直接造成了对传统民居周围环境的整体性破坏。第三，有些城镇民居民俗景点一到旅游旺季或节假日，人满为患，垃圾遍地，污染十分严重，已经达到了环境承受力的极限。

图 11-11　传统民居毁坏严重，在其旁边修建不伦不类的现代建筑.

这种不计后果的对民居资源的利用，实质是以生态环境为代价，来获取眼前短期的经济利益，从长远可持续发展的观点来看是一种短视的、得不偿失的机会主义行为。古民居古建筑旅游的优势在于给人们提供一个返璞归真、回归自然、悠然自得的优美环境，如果失去了这种特色和优势，民居旅游就失去了自我，也就失去了旅游生存的价值(图11-12)。

图 11-12　民居旅游景点开发的过度商业化（1）

　　还有一种现象是在传统古镇、古民居旅游开发过程中的过度商业化问题，这也冲淡了传统民居的特殊价值和旅游吸引力。当然这种过度商业化现象不仅出现在三峡库区，其他地方的民居旅游景点或许更为严重。古民居古建筑作为一种旅游的目的物，之所以能够吸引游客就在于它自身的观赏价值、文化艺术价值、审美价值、休闲价值等，游客在民居景点旅游的目的是民居建筑本身。而现在一些景点恰恰是反其道而行之，把这些珍贵的古民居古建筑作为诱饵，吸引国内外游客来此购物，把民居旅游景点变成了生意场。我们看到，一些民居旅游景点为了获取商业利润，已经到无孔不入、无地不占的地步；弥漫在旅游点上空的浓厚的商业氛围已经让古民居古建筑的审美价值消损殆尽；那些过去幽静娴雅的宅院内、堂屋间、弄堂里、街巷旁到处充斥着百货店、小吃店、纪念品店等；各种商品、纪念品、小吃食、珍馐百味，琳琅满目，要啥有啥。民居小镇空间成了地地道道的商品百货、小吃一条街。再看街道两旁民居建筑之上的商业牌匾、广告招贴，那真是五花八门，五颜六色，各显神通，应有尽有；还有形状各异的大红灯笼成排成串，基本占领民居建筑的内外檐廊；整个民居景点基本上成了灯红酒绿、热闹非凡的超级市场，哪里还有半点旅游休闲的味道，已经完全失去了传统民居集聚地那种幽静、典雅、充满文化底蕴的本来面目（图11-13）。

图 11-13　民居旅游景点开发的过度商业化（2）

第十二章
库区民居资源开发的可行性

库区民居资源从东到西，连绵数百里，分布于湖北、重庆两个不同的行政辖区，要整合与开发，谈何容易！本章基于客观条件和现实需求，从旅游市场的可持续发展、资源保护、综合环境、社会文化等不同侧面进行了可行性论证分析，以期为开发利用峡区民居资源提供学理依据。

在人类发展的浩瀚历史长河中，我们的祖先曾取得过无数的文明进步成果，而式样繁多、风格各异的各色民居无疑是这些成果中一朵璀璨的奇葩。其所凝聚的文化价值与艺术成就长期以来一直是人们关注、倾心的焦点；在旅游业迅速发展的今天，其文化艺术魅力已成为现代旅游热门，引起越来越多旅游人群的兴趣，对其进行旅游开发是现实社会旅游发展的必然趋势。

欧美一些发达国家民居旅游开展得较早，20世纪中期美国的"流水别墅"（图12-1）、法国的"萨伏伊别墅"（图12-2）等就已成为大众旅游观赏的经典目标。

图 12-1 　流水别墅 　　　　　　　　　　图 12-2 　萨伏伊别墅

我国在1996年设立了历史文化名城、名镇保护的专项资金，用于重点历史街区和重点古建筑的保护规划、维修、整治与开发。次年，丽江、平遥等16个历史街区获得国家资助进行保护修缮，并在此基础上进行了旅游开发尝试，获得巨大成功。（图12-3）自此，古民居、古建筑、古村落、古城镇的保护与旅游开发在我国正式拉开帷幕，进入快速发展的轨道。[1]

图 12-3 　苏州周庄古镇

三峡民居作为峡区社会发展进步的一种特殊文化形态，其特殊而丰富的旅游文化价值不言而喻。在"后三峡工程时代"，面对库区旅游发展的新环境，对其进行旅游开发利用势在必行。问题是：三峡库区民居资源分布范围如此之广，点多面散，又处于不同的行政区域，要成功对其进行资源整合与开发利用，是否具有可行性？这是一个必须回答的问题。下面笔者将从四个不同角度对其开发利用的可行性问题进行分析探讨。

①李广宏，席宇斌：朗山古民居的保护与旅游开发探讨 [J]. 南宁职业技术学院学报，2011.1，第 77 页．

第一节　从旅游市场发展角度看开发的可行性

市场的需求始终是旅游产品开发的唯一依据。进入新世纪以来，随着我国经济持续30多年的高速发展，人们的生活质量发生了本质的变化；与此同时，人们对待生活的观念也发生了深刻的改变。当民众为提高生活质量而需要休闲的时候，旅游就会成为大部分人群外出度假的必然选择。自1995年5月1日起我国实行双休日，1999年9月18日国务院又修订发布《全国年节及纪念日放假办法》，规定春节、劳动节、国庆节为"全体公民假日"，加上逐步推广的带薪休假，以及2008年新实施的法定节假日，等等，人们可以自由支配的时间越来越多，因而引发国内旅游市场持续增温。在各种节假日、黄金周的推动之下，旅游行业得到了前所未有的快速发展。（图12-4）

然而，随着时间的推移和社会的进步，人们对旅游产品的要求越来越高，对旅游项目的内涵越来越挑剔，从过去以游山玩水为主导的观光旅游，发展为参与、体验、赏

图 12-4　旅游已成为人们休闲度假的首选

析、研究、探险等多元化的旅游体验要求。尤其是最近十多年，随着城市化进程加快，城市人口急剧膨胀，城市建筑越来越密，城市空间越来越拥挤，寻找一些环境优美的古典乡村民居景点去体验中国传统村落的田园风光、感受我国传统文化的典雅韵致、远离城市喧嚣、亲近绿色自然、疏缓心理压力、参与户外活动，便成为城市多数人群共同的心理需求。三峡大坝蓄水之后，面对日益繁荣的旅游市场，以及游客对新的多元旅游产品的渴望，在保证传统旅游项目优势的前提下，大力开发新的旅游项目，以适应旅游市场的需求，是"后三峡工程时代"库区旅游业可持续发展的必然要求。一方面，三峡库区具有十分丰富的民居资源，有天然的资源优势；另一方面，三峡库区民居旅游开发的目标市场主要立足于当下城市人休闲、度假体验的迫切需要，具有广阔的开发前景。由于三峡库区民居资源所蕴含的丰富的历史文化价值，以及杰出的艺术成就，如果开发成不同层次的旅游产品，必然会吸引国内外大量游客前来参观与探究，其市场潜力非常巨大。（图12-5）虽然，从表面看，三峡民居分布于不同行政区域，但长期以来，在旅游资源利用、旅游客源组织及旅游线路安排等方面，库区实际上已经形成了一个旅游经营共同体，你中有我、我中有你。在这一背景下，民居资源完全可以共同开发、共同管理和共同经营。

图 12-5　传统民居已越来越受到旅游者的喜爱

第二节 从资源保护角度看开发的可行性

在三峡工程建设过程中，虽然有不少古民居古建筑被迁建保护，但就整个库区而言，毕竟是少数。面对库区数量庞大的古民居古建筑，国家不可能也没有能力长期投入大量资金给予维护和修缮。综合考察国外对于历史建筑的保护办法，以及国内其他地方的成功经验，其结论是：三峡库区传统民居的保护不能完全依赖于政府。库区应该充分利用传统民居的资源优势，通过开发激活传统民居的旅游价值，以此来获得保护的动力和经济实力。其资源开发利用的动力机制，主要有以下几个方面：

一、有利于传统民居的保护

图 12-6　三峡库区民居

开发的目的是为了更好地保护。三峡传统民居是一种价值独特的历史文物，随着时间的推移，这些珍贵的民居资源难免在岁月的消损下日渐破败，要获取修缮保护资金，最好的办法是对其进行开发利用，以民居资源本身获取的收益来维护自身的生存发展。所以，在当前环境下，旅游开发是对库区传统民居资源最好的保护。（图 12-6）

传统民居作为一种凝固的物质文化载体，在旅游过程中不仅是一种独具特色的吸引物，其所包容的文化内涵还可以被用来为大众传播知识服务，使游客在休闲游览中获得知识，受到启发，增加对传统民居的保护意识和责任感。事实证明，随着我国经济快速增长而日新月异发展起来的旅游需求，尤其是伴随着现代城市化建设发展而出现的追寻自然生态和寻求返璞归真的田园旅游方式的兴起，不仅为传统民居的旅游开发提供了广阔天地，也使传统民居资源的保护得到了前所未有的机遇。从社会效益来说，开发传统民居能提高地区知名度，传扬区域文脉，树立良好的文化形象，提高所在地区旅游景点的文化品位，建构良好的文化形象，吸引大量游客前来参观旅游，从而拉动其他产业的发展，促进区域经济繁荣。同时，经济得到发展了，居民的收益增多了，生活得到改善了，民众从民居旅游开发中得到了实实在在的好处，其保护意识会随之增强，对古建民居的保护就会成为一种自觉行为。①

二、有利于提高传统民居的综合效应

三峡工程竣工之后，虽然库区有一部分古建筑古民居已经开发为旅游景点提供给游客参观旅游，但从整体上看，状况很不理想。从资源利用的完整性与综合效率考虑，对库区民居资源实施

---

①黄芳：传统民居的旅游开发模式 [J]. 市场经纬，2002.1，第 25 页.

全面的整合与开发，有利于传统民居资源的合理利用，同时，也有利于提高传统民居开发利用的综合效应。（图12-7）

图 12-7　三峡库区民居

（一）文化效应

通过全面开发，充分挖掘传统民居的文化内涵，让更多的人通过对传统民居建筑的观赏游憩，进一步了解三峡地区特有的文化面貌，促进其对传统文化的热爱，可让传统民居作为一种人文旅游资源的文化效应发挥至最大化。另外，传统民居的文化性不仅是其资源的特殊价值的依存，而且也是传统民居旅游产品的最本质的特征，游人在观赏中透过其形状、颜色、纹理、质感、年代等视觉上的审美感受而得到心灵的愉悦。（图12-8）

图 12-8　三峡库区吊脚楼民居

（二）经济效应

对于三峡库区民居资源的成功开发利用，一方面，可以通过增加新的文化旅游项目，提高库区旅游产品的文化含量，提升产品层次，进一步繁荣库区旅游市场，推动库区旅游业的可持续发展；另一方面，一旦民居旅游产品的开发成功，就意味着为库区创造了一个新的经济增长点，库区沿岸的民众与地方政府将从中获取收益，从而促进库区城乡各项事业的建设和发展。除此之外，在目前国家对文物资源的保护经费投入有限的情况下，面对库区数量众多的需要修缮维护的古民居古建筑，除了政府拨款以外，通过旅游开发把资源用活，充分发挥库区古民居古建筑自身的价值来赢得经济上的回报，是解决保护资金、改善传统民居和历史文物生存状况的一种最为有效的途径。[1]（图12-9）

图 12-9　三峡库区吊脚楼民居

（三）宣教效应

民居旅游本身就能起到良好的宣教效应，开展民居旅游能够更方便地向外界传播与推介当地的旅游文化、旅游产品和旅游环境，吸引更多旅客前来观赏游览，促进本地区旅游发展。从另一种角度来说，旅游业的基本目标就是吸引和接待游客。传统民居作为旅游观赏对象，其被赏析的过程，就是充分发挥其社会功能与宣教效应的过程。游客在传统民居进行游憩观赏的同时，也潜

---

①宋毅等：我国古民居旅游开发中的保护与利用研究现状 [J]. 台湾农业探索，2013.2，第 67 页 .

移默化地接受了其文化展示与精神宣传；实际上，旅游过程是以游客为对象，通过对景观的空间序列进行浏览体验来获得文化愉悦的休闲活动，因此，在传统民居的旅游产品开发中，通过对内容和节点的分布进行合理组织，为观众展示其特有的精神文化面貌，让游客不仅能从中获取愉悦快感，还能从中得到美的享受和知识的增益，这本身就是传统民居旅游的宣教效应的完美体现。

三、有利于旅游景点建设

旅游是人类社会发展到一定程度之后随着生活质量的提高而出现的一种新兴产业，与之相适应的前提是必须建设一定数量和一定规模的旅游景点，创造适合各类人群口味的旅游产品，唯其如此，才能保障这种新兴产业的正常运行。大坝蓄水之后，尽管三峡库区的旅游景点仍然十分丰富，5A级旅游景观多达6处，但高质量的文化旅游产品和景点却仍显不足，大部分旅游产品的文化含量偏低。为了推进库区旅游产业持续发展和旅游产品的升级换代，旅游景点建设已成为库区"后三峡工程时代"重要而又迫切的任务。在当今信息时代，所有的经济活动都与文化有关，旅游经济，实际也是文化经济。因此，文化旅游是今后很长时期我国旅游发展的总趋势，而文化旅游的基本特征表现在对人文历史景观的开发利用上。从人文景观的历史文化价值和性质来说，利用传统民居比一些新建的人文资源效果更好，开发更具有可行性，开发成本更低，成功率更高，投资回报率可能更乐观。在数百里的库区及其周边腹地，民居资源十分丰富，关键是如何让这种资源优势转变为产品优势，从而减少开发成本，增加和丰富库区旅游项目，为日新月异的库区旅游业做出相应的贡献。

第三节 从综合环境角度看开发的可行性

一、独特的自然环境

长江三峡地区是代表中国旅游总体形象的旅游线路之一，也是我国最主要的旅游目的地。[①]它跨越湖北、重庆两省市，辐射四川、贵州、湖南等地，是一个跨越多个省份的特大型旅游区。三峡库区全长600余千米，地形环境由丘陵、中低山和峡谷组成，东段为深嵌于巫山山脉中的三峡峡谷，长约160千米，西段为四川盆地东部的低山丘陵区，长约450千米。

巫山山脉位于我国地势第二级阶梯的东缘，平均海拔700～800米，长江由西至东又折向东南，切穿巫山，形成著名的三峡自然景观，亦构成川鄂间唯一的天然通道。长江较大的支流亦分布于此段，梅溪河、大宁河、香溪河、神农溪等流域是史前巴、楚先民休养生息的主要地段。此库段内分布有7个市县，即：湖北宜昌市，秭归、兴山和巴东县，重庆的巫山、巫溪和奉节县。

自奉节县上溯至库尾地段的低山丘陵区，平均海拔300～700米，在该库段内，长江位于盆地底部，河谷形态以宽谷为主，辅以小型峡谷段。此库段内长江最大的支流为乌江，其他较大的支流有御临河、龙溪河、澎溪河、磨刀溪、长滩河，它们呈树枝状分布于干流两侧。由于两岸河谷

---

①梅龙：中国三峡导游文化 [M]. 北京，中国旅游出版社，2011.1，第36页.

地带地理条件优越，史前即为巴人祖先的重要聚居地。该库段内分布有重庆、涪陵、云阳、万县、忠县、开县、丰都、长寿、武隆、石柱、巴县、江津、江北、合川等市县。（图12–10）

图 12–10　三峡库区旅游环境示意图[1]

图 12–11　三峡神女峰风光

三峡库区地处长江上游地段，长江的总体流向，万州以上为北东向，万县以下为东向。库区具有丰富的旅游资源，自然景观奇绝天下，奇特的高峡平湖风格、举世瞩目的水利工程、奇异的民俗风情使三峡库区的旅游环境享誉世界。库区内现有各类自然人文旅游景点100多个，其中5A级景点就有6个。国家旅游局公布的《中国国家旅游线路初步方案》的12条经典旅游线路中，长江三峡以"峡谷景观、高峡平湖风光、大坝景观、历史文化、地域文化为主要吸引物"，名列第三位。（图12–11、图12–12）

库区蓄水后，三峡的旅游环境发生了较大变化，但新三峡旅游的大格局正在逐步形成。新三峡旅游将以175米水位库区为核心区，形成连接重庆、湖北、湖南、四川、贵州等数个省市的大三峡旅游圈，确定"两极""三轴""三区""四带"的空间布局。所谓"两极"分别为重庆和宜昌两个中心城市；"三轴"即长江主干线旅游发展主轴、湘鄂陕旅游发展辅轴、川渝黔旅游发展辅轴；"三区"为重庆都市旅游片区、新三峡生态文化旅游片区、两坝一峡水电明珠

图 12–12　三峡夔门风光

---

①图片来源：http://www.6cts.com/cjsx/sxzne.html.

旅游片区；"四带"为贵州赤水、黔渝乌江、湖北清江、湖南张家界等四条旅游辐射带。根据国家旅游局、国务院三峡办、国家发展改革委、国务院西部开发办、交通部、水利部关于《长江三峡区域旅游发展规划纲要》的精神，经过数年的建设，力争"将三峡旅游建设成为以新三峡为品牌，以自然生态观光与人文揽胜为基础，以休闲度假和民居、民俗体验为主体，以可靠探险和体育竞技为补充，融生态化、个性化和专题化为一体，具有国际影响力、竞争力的可持续发展的世界级的旅游目的地"[1]。大坝建成之后独特的新型自然环境为库区的旅游发展奠定了良好的基础；国家对三峡旅游建设的高度重视为库区民居资源的旅游开发带来了难得的机遇。（图12-13）

图 12-13　三峡大坝景观

二、宽裕的经济环境

改革开放以降，经过几十年的经济发展，人们越来越富裕，生活质量越来越高，个人消费需求和支付能力越来越强，旅游消费群体进一步扩大，旅游市场日趋繁荣。随着人们经济的宽裕，外出度假旅游的人群逐年增多，这不仅对三峡库区的旅游产品提出了更高、更多元的要求，而且也使开发新的旅游项目，拓展库区旅游景点的人文品质成为当务之急，这也客观上为库区传统民居资源的开发利用提供了有利条件。

那么，人们的富裕程度是采用什么方式来进行测算的呢？常用的方法是通过恩格尔系数的抽样调查来获得。所谓"恩格尔系数"是指食品支出占家庭支出的比重值，其反映的是居民生活水平的高低。越富裕的家庭，食品支出比率越低。根据联合国粮农组织的标准划分，恩格尔系数在60%以上为贫困，50%～59%为温饱，40%～49%为小康，30%～39%为富裕，30%以下为最富裕。

[1]《长江三峡区域旅游发展规划纲要》，https://wenku.baidu.com/view/bafc964ab8d528ea81c758f5f61fb7360a4c2bd4.html。

总体趋势来看，改革开放以来，我国的恩格尔系数下降明显。以湖北省为例，根据国家统计局湖北调查总队资料显示，1980年湖北省城镇居民恩格尔系数是57%，1990年降至53.5%，说明居民生活温饱问题已基本解决；到了1995年，恩格尔系数降至48.9%，说明该省居民生活进入小康水平。最近5年，湖北省城镇居民恩格尔系数在40%上下波动，2012年为40.3%，2011年为40.7%。需要注意的是，受物价影响，恩格尔系数会上下波动。例如，2010年的物价比较平稳，当年该省城镇居民恩格尔系数为38.7%。但是2011年物价上涨明显，尤其是食品价格上涨较快，因而当年恩格尔系数为40.7%，高于2010年。尽管如此，恩格尔系数总体趋势在逐步下降，而居民收入在节节攀升。同样来自国家统计局湖北调查总队的数据，1988年湖北省城市居民年人均可支配收入只不过1000元左右，1993年时超过2000元，1999年时超过5000元，2007年则超过10000元，到了2014年，全省居民人均可支配收入达到18283元，比上年增长11.0%。按常住地人口分析，城镇常住居民人均可支配收入24852元，比上年增长9.6%；农村居民人均可支配收入10849元，比上年增长11.9%。[①]

　　居民收入提高，恩格尔系数下降，标志着居民生活水平的提高。就恩格尔系数而言，以前收入低时，大多数收入花在了吃饭上，用于娱乐、休闲、旅游、保健上的开销就所剩无几；现在居民收入高了，花在吃饭上的资金比重下降，可把更多的钱用在其他方面，使生活更加丰富多彩。这也是近些年来，我国旅游热潮持续高涨的重要原因。

三、优越的交通环境

　　便捷、完善、快速的交通环境，是旅游发展的重要依托条件。随着三峡工程的建成，库区的交通状况得到了根本的改善，现已基本上形成了水、陆、空三维立体交通网络。

　　首先是水路交通的改善。三峡长江自古就有"黄金水道"的美誉，是联系四川与下游广大地区的唯一通道，乌江、嘉陵江、清江等河流为辐射三峡腹地区域的辅助性支流航道。由于过去三峡地区水急滩险，航运的效率有限。三峡大坝的兴建，在其工程建设的强力推动下，以重庆、涪陵、万州、宜昌四大港口为枢纽的"水上高速公路"已基本形成，真正实现了"千里江陵一日还""轻舟已过万重山"的美丽梦想。尤其是大坝蓄水之后，水位的提升还使过去的急流险滩变成了平静宽阔的湖泊，不仅极大地方便了峡江两岸游览活动的组织，增加了新的景点，扩大了游览范围，也为过去交通不便，藏于峡谷深山的民居资源的开发利用创造了条件。

　　其次是铁路网络的形成。西部以重庆为中心，有成渝线、襄渝线、渝黔线、达万铁路线等；东部以宜昌为中心，有宜昌至北京、上海、无锡、西安、太原、湛江、广州等线路；尤其沪蓉高速铁路宜昌至重庆段的贯通（图12-14），彻底改变了自古以来"蜀道难于上青天"的通行难题；2012年7月1日铁道部正式批复汉宜城际高铁开始营运，标志着从武汉至三峡大坝的陆路通行时间缩短为两小时以内。目前，三峡地区已形成以重庆、宜昌为中心的铁路网络。

①每日经济新闻：https://www.sohu.com/a/228692967_115362.

图 12-14　沪蓉高速铁路

图 12-15　沪蓉高速公路

第三是公路干线的全覆盖。初步统计，三峡与周围地区公路通车总里程达6万多千米。主要公路干线有成渝高速、渝万高速、渝黔高速、渝长高速、宜黄高速、荆宜高速、宜昌翻坝高速、坝区专用公路、沪蓉高速等，还有209、210、212、301、318、319国道等众多公路干线。可以说，三峡库区现已实现了公路干线的全覆盖，从域外进入库区的任何景点都十分方便。（图12-15）

第四是空中航运的兴起。在三峡库区以重庆、宜昌为中心的空中航运正在兴起。目前，库区通往全国各地的航线已达60多条，另外还开通了境外旅游包机和不定期国际航线。2013年底神农架机场建

图 12-16　宜昌三峡机场

成，成为湖北省继武汉天河机场、宜昌机场、恩施机场、襄阳机场之后的第5个民用机场。从发展的眼光看，空中交通将是今后到三峡旅游观光最快捷、最方便的客运手段，同时也将是旅客选择采用最多的交通工具。（图12-16）

交通条件的改善，还为自驾游提供了方便。随着三峡地区经济的发展，私人拥有的轿车越来越多，自驾游也将是一个不可小觑的旅客源。所有这一切，都成为库区民居资源开发的有利条件，可以预见，作为最具文化品质与乡土韵味的三峡民居游，将会带来库区旅游的新一轮热潮。

第四节　从社会文化角度看开发的可行性

三峡库区民族众多，从古至今有多个民族世居在此。不同民族的生活习惯与民族信仰造就了本地区种类繁多、乡土气息浓郁的民俗习尚与文化特色。这里民风古朴，民艺丰富，民情和善，

民德厚重。数百里峡江两岸充满了古老而优美的神话传说、幽默而有趣的民间故事。这里有感天动地、荡气回肠、高亢嘹亮的峡江号子，有热情奔放、风格独特、被誉为"东方迪斯科"的集体舞蹈——巴山舞；有地域特色浓厚、艺术性与观赏性俱佳的川剧、傩戏，还有为数众多、格调清新的民间小调、曲艺杂耍、皮影说唱、评书口技、腰鼓渔鼓三棒鼓等传统表演节目；有种类繁多、特色鲜明的民风民俗活动，包括岁时节庆、时令节律、生产劳动、衣食住行、婚丧嫁娶、生辰寿诞、风物特产、民间工艺等。三峡地区更是土家族、苗族等

图 12-17 土家织锦"西兰卡普"

少数民族最为集中集聚之地，其民族文化形式多样，民俗风格浓郁。苗家的歌舞清丽多姿，活泼动人；苗族民间的刺绣、蜡染、剪纸、绘画、雕刻古朴不失精湛，粗犷而留有韵致。土家族风尚根植于巴、楚文化，民风厚重，民俗奇特。土家人饮"咂酒"，住吊脚楼，唱山歌，对山歌，唱哭嫁歌，喜欢"撒尔嗬"与"巴山舞"，擅长表演肉莲湘、傩戏、八宝铜铃、毕兹卡等传统舞蹈，织"西兰卡普"(图12-17)，葬"岩葬"等，具有原始、古朴的民族风尚。起源于土家男女谈情说爱的"女儿会"，质朴粗犷的土家歌舞"摆手舞"，乡土意味浓郁，深受域内外大众的欢迎，是来到三峡库区旅游的客人参与性最强的保留民族文化节目。

随着葛洲坝、三峡大坝的建成，库区沿线一座座新城拔地而起，城市建设日新月异，与库区的自然山水一起构成新的三峡画卷，库区环境更加美丽。库区的新兴现代社会文化——水电文化、城市文化、休闲文化、旅游文化，与三峡区域的传统文化——巴楚文化、巴蜀文化、川江文化，二者交相辉映，互为补充，构成新型的区域性文化谱系，色彩更为丰富。库区西边的重庆市和东边的宜昌市每年的"三峡国际旅游节"，更是文化搭台、经贸唱戏，广邀天下朋友，游三峡、观大坝，尝三峡蜜桔、品三峡清茶，向全世界推介三峡，宣传三峡。两座城市的旅游节已成为三峡库区的一张金色的名片，一个开放的窗口，一座友谊的桥梁。这些多彩的区域性社会文化为三峡库区传统民居旅游资源的开发利用提供了内容丰富的文化保障。(图12-18)

皮影

蜡染

剪纸

刺绣

图 12-18 三峡民间艺术

第十三章
库区民居资源的开发模式探讨

　　开发模式，是指旅游产品在开发过程中，涉及到的"资金投入模式、经营管理模式、利益分配模式、市场营销模式"等多个方面。每一种模式，都有其自身的优势和局限性，根据开发对象的归属不同，选择适宜的开发模式，往往能调动各方积极性，达到事半功倍的效果。如资金投入就有政府投入、企业投入、股份制、社会集资、银行贷款、引进外资等众多模式选择。三峡民居分布于不同区域，其归属背景复杂多样，不同景点旅游产品的开发，在模式选择上可能存在较大差异。本章在深入探讨国内外不同民居旅游开发模式的基础上，对库区民居的开发模式选择进行了探讨。

三峡民居的分散性、差异性及区域性决定其不可能仅使用一种单一模式就能指导或者完成其所有资源的保护与开发工作。库区民居资源的开发利用是一个十分复杂的系统工程，在开发过程中，涉及到资金投入模式、经营管理模式、利益分配模式、市场营销模式等各个方面，因此，对这些开发模式进行多维分析研究，并予以优化选择，为其开发做好理论准备并提供模式参考，是十分必要的。下面主要对库区民居资源开发利用过程中的资金投入模式与市场营销模式进行重点探讨。

第一节 资金投入模式

一、西方国家古建筑保护及开发的融资模式分析

第二次世界大战结束后不久，随着经济与城市建设的恢复，西方国家就开始了对城市历史建筑保护方面的理论与实践研究，用以指导城市发展过程中对历史建筑的保护；至20世纪60年代中后期，由于经济的发展与旅游业的推动，又在历史建筑与民居资源旅游利用方面进行了大量的理论探讨与开发实践，积累了丰富的经验。人们在古建筑保护内容的划定分类、风格特色控制、保护方式，以及建筑维修原则与维修方法、对历史文化内涵信息的处理、开发利用原则等方面都制定了一系列行之有效的法律法规，形成了比较成熟的保护与开发模式，很多经验值得我们借鉴与参考。古建筑的保护与开发需要大量的资金投入，资金的筹措往往是制约其保护与开发的最大难题，没有钱什么也干不成！西方国家经过长期实践，采用多渠道筹集方法，较好地解决了这一问题，形成了自己特有的融资模式。这对于三峡库区民居资源的开发有一定的启示作用。

（一）资金来源

古民居的保护资金，从旅游产业的角度来说，就是旅游开发的先期投入。20世纪中期，很多西方国家就在其国内展开了对本国历史街区、历史建筑及传统民居保护与开发的理论研究活动。这些国家已经深刻意识到，具有深厚民族文化内涵的历史街区和古民居古建筑，如果进行良好的保护与合理的开发，不仅仅具有巨大的社会意义，同时也能带来非常可观的经济利益，既能解决一部分人的就业问题，也是保护地域环境，推介宣传本国历史文化、建筑艺术成就的良好途径，甚至还可以成为一个地方经济发展的引擎，带动社会各个产业向前发展。因此，大部分西方国家对本国具有历史文化价值的街道、民居、建筑等都十分重视，不仅通过专门立法进行保护，防止人为破坏，而且定期加以维护与维修，并在资金上支持对其进行合理的旅游、展示、观光开发。其维修与开发的融资来源主要有以下几类：

1. 政府拨款

由政府提供专款对历史建筑或古民居进行保护和旅游开发，这类资金直接投入给业主作为古建筑或古民居修缮与开发资金，并监督其实施。英国、法国一般都是采用这种模式。比利时曾经立法规定古民居保护的资金补助由国家、省政府与市政府分摊，比例一般为 3：1：1，根据古建筑或古民居的产权人的经济状况不同，这种资助比例可做调整。

2. 银行贷款

银行贷款是除国家直接投资拨款之外的另一项资金来源，一般以担保贷款的形式由银行将资金提供给房屋的所有人或者房屋的保护修缮与旅游开发的实施者，然后，用开发利用之后获取的利润来偿还银行贷款及利息。为了鼓励对历史街区、古民居、古建筑的保护与开发利用，搞活经济，本国政府一般会为这类贷款提供担保，比如希腊、荷兰、芬兰等国就是采用这种资金投入模式。

3. 社会资助

在很多欧洲国家，社会资助资金投入模式是历史建筑与古民居保护与开发的主要资金来源，甚至比国家投入的保护与开发专款都要高得多。其资金来源的主体成员主要为社会团体、教会、企业及个人捐资与捐款。

4. 建立基金

通过国家拨付和企业捐资建立专项基金来对历史建筑与古民居实施保护与开发。基金的运作方式是对全国的古建筑古民居进行全面的清查，建立档案；对一些需要保护、可开发的对象，采用资助与赎买的方式进行资金投入，促进其保护与开发利用。所谓赎买就是利用基金的优势，直接把一些破旧的古建筑和古民居买下来，修复后，再出售给相关企业进行保护和旅游开发利用，从而达到盘活这些资源经济价值的目的，使死资源变成活资源，不仅为社会发展做贡献，还通过开发盈利反馈，使其后期维护维修费用有了保障。这种基金运作方式盘活了资源，而且基金本身在其资本运作中产生了增值效应，增强了自身的造血功能，基金也得到了壮大。丹麦、葡萄牙等国采用的就是这种基金资本的运作模式。[1]

5. 税收减免

为了鼓励对古民居古建筑的保护与开发，促进资金投入，对维护、修复及开发利用古民居古建筑资源的企业和个人根据实际情况实行减税或免税。如法国、意大利等国都有对各类古民居古建筑开发利用的初期阶段实行税租减免的政策。

6. 罚金反馈

制定文物破坏及其相关法律法规，对损坏、破坏古民居古建筑者予以重罚，然后将罚没的资金反馈于古民居古建筑的保护和开发。如英国就制定有类似的法律法规。[2]

7. 其他筹款方式

如转让开发权，以及从市政建设、旅游收入中按比例提存等来进行筹资等。西方国家用于本国古民居、古建筑保护和开发的资金采用多渠道、多层次筹措方式，十分灵活，效果好，筹措的资金充裕。而且，在资金的投入与使用上监督机制十分健全，确保资金合理有效的使用，已经形成一种十分有效的运作模式。一般而言，在项目实施之前，政府相关部门首先对那些保护与开发对象进行历史价值、文化价值、民俗价值、建筑价值、艺术价值、旅游观光价值、经济价值等，

---

①汤黎明等：西方历史建筑保护激励政策初析 [J].价值工程，2012，31（28），第103–104页.
②喻世海：中国古民居保护与旅游开发应用模式研究，第13页.

以及损坏程度、维修与开发费用进行评估，然后根据评估的情况以及建筑所处的地理位置和环境、风格特色等确定相应的资金注入模式，如政府拨款、银行贷款、社会捐资等。资金到位后开始项目实施，在其项目实施过程中，地方政府定期组织相关部门与专家进行监督检查，以敦促项目的圆满完成。

（二）制定法规

欧洲是世界上文物立法工作开展得最早的地区。早在17世纪，瑞典就颁布了保护历史文物及古代建筑的政府公告。而对文物建筑保护法的立法完善则是在19世纪末到20世纪的100年多年内完成的。以英国为例：19世纪后期英国的古建筑保护得到社会有识之士的关注，1877年，英国的两位"工艺美术"大师威廉·莫里斯和约翰·拉斯金，在伦敦创办了"古建筑保护协会"，目的是防止在城市发展过程中对于古建筑的破坏及现代技术的不正确使用对古建筑造成的损害，并通过组织一些研究和宣传活动，来唤起人们对于古建筑的热爱之心及保护之情。两人的努力，引发了公众对古建筑保护的强烈兴趣，民众通过各种方式参与到这一活动之中。随后，英国政府也渐渐将原来仅视为民间运动的古建筑保护纳入立法范围，1882年通过了英国第一个古迹保护法令《历史古迹保护法》；1967年又出台一部重要的《城市文明法》，在这部法律文书里首次提出了"保护区"的概念，把保护范围更加扩大；1974年又补充了《城市与乡村文明法》，从法律上进一步明确了包括古民居在内的历史建筑保护范畴，厘清了政府相关部门责任职责，对保护的内容做出了规定，同时，对于保护与开发利用的资金筹措方式、来源以及盈利后的回馈的比例都做了具体规定。[①] 至此，英国关于历史建筑的保护与开发的立法趋于完善。

另外法国有关历史建筑的保护与利用的立法也相当早。法国在1913年的《历史性纪念物保护法》和1930年的《景观保护法》中就有关于古建筑及其周围环境的保护的专门条款。1962年法国又率先制定了更具体的保护历史街区的《马尔罗法令》（即《历史街区保护法令》），该法令规定将为"历史保护区"制订的保护和开发利用的规划纳入城市规划的严格管理中，凡属于保护区内有一定历史文化价值的建筑物，不得借任何理由随意损毁与拆除，维修和改建计划要上报专业部门批准，然后在"国家建筑师"的指导下进行。凡是经过审批的正当的维护修缮与开发利用的工程项目，可以得到国家的资助或优先得到银行贷款，并在经营过程中享受相关减免税收的优惠政策。[②]

综上所述，西方国家尽管情况不尽相同，但大都通过立法来规范本国古建筑和历史街区的保护与开发利用，使各个国家在本国历史街区和古建筑开发利用过程中做到了有法可循、有章可依，避免了盲目性和破坏性，基本保证街区与建筑的完整性与历史性。同时，各国对古建筑修复保护方面的资金投入也制定了相应的政策法规，根据具体情况，分别采取税收政策的优惠、政府资金主导，或者其他社会资金的投入等不同模式来进行资金筹措，融资渠道多元，资金融入灵活充分。因此，西方许多国家的历史街区、古建筑、古民居得到了十分有效的保护，其开发利用也保证了建筑与街区的原汁原味，看不到改造破坏的痕迹，确实值得我们学习和借鉴。

---

① 沈群慧：英国历史建筑及古城保护的成功经验与启示 [J]. 上海城市规划，1999.4，第 33 页 .
② 任云兰：国外历史街区保护 [J]. 城市问题，2007.7，第 99 页 .

二、我国传统民居保护与开发的资金投入模式探讨

自20世纪改革开放以来，随着我国经济的不断进步，被称为"无烟工业"与"朝阳行业"的旅游业也得到了高速发展，成为我国经济新的增长点；在当前倡导可持续发展的语境下，旅游业已成为带动其他产业链滚动发展的最有效途径。国家统计局的统计数据表明，我国入境旅游接待人数从1978年的181万人次，增长到2011年的1.35亿人次，增长近75倍，年平均增长率28.3%。我国入境旅游外汇收入从1978年的2.6亿美元，增长到2011年的485亿美元，增长近186倍，年平均增长率28.9%。（图13-1、图13-2）我国接待住宿旅游者人次数和入境旅游外汇收入的世界排名分别从1980年的第18位和第34位上升至2010年的第3位和第5位。中国已成是世界性的旅游目标大国。我国已成为日本、韩国国民出境旅游首选目的地，也是俄罗斯国民出境旅游的第三大目的地；我国接待美国游客数量占美国赴亚太地区游客总数的20%左右；我国接待德国游客数量占德国赴亚太地区游客总数的20%左右；我国接待英国游客数量占英国赴亚太地区和美洲地区游客总数的10%左右；我国是法国在亚洲的第一大旅游目的地。2011年我国接待入境游客总人数13542.36万人次，比上一年增加1.24%，市场总体保持平稳增长态势。其中接待入境外国游客2711.21万人次，比上一年增加3.77%，市场较活跃；接待港澳台地区入境游客10831.15万人次，比上一年增加0.63%，市场总体稳

图 13-1 越来越多的外国人选择到中国旅游

图 13-2 传统民居成为深受国外游人喜爱的游览项目

定。2011年入境旅游实现外汇收入484.64亿美元，比上一年增长5.78%，外汇收入持续增加。2011年，我国入境旅游、国内旅游、出境旅游三大市场快速增长，国际国内旅游总收入达15700亿元，比上年增长21.7%。[1]

另据有关部门的抽样调查，来我国旅游的国外旅游者以欣赏文物古迹与民族文化为目的的占80%以上，以自然风景为目标的不到20%。[2] 由此可见民族文化的巨大魅力，反映出文化旅游已成为外国游客的重要选择。我国不仅地域广阔，民族众多，民族文化丰富，而且有数千年的文化积淀，仅地面就留存着各个民族数不清的文物古迹，尤其是从南到北、从东到西、从城镇到乡村，不同风格、形态各异的古民居、古建筑群，更是千姿百态、难计其数。（图13-3）这些都是十分优秀的文化旅游资源。从20世纪80年代开始，一些历史文化内蕴深厚、地域特色浓郁、旅游价值独特的古城、古镇、古村落在当地政府的指导与组织下，先后进行了旅游开发，开启了我国民

①国家旅游局旅游促进与国际合作司，中国旅游研究院：中国入境旅游发展年度报告 2012[M]. 北京：旅游教育出版社，2012.

②金毅：民族文化旅游开发模式与评介 [J]. 广东技术师范学院学报，2004，1，第 41 页.

图 13-3　浙江乌镇民居

图 13-4　周庄古镇民居　（摄影：锡海）

居旅游之先河，影响巨大。例如，1989年初，江苏省江阴市周庄在当地镇政府的主导下，开辟出古镇民居的第一个旅游景点——沈厅，当年游客达5.5万人次，营业收入约20万元。随着周庄古镇民居旅游开发完成，到21世纪初，周庄古镇景区实现年游客接待量超过300万人次，门票收入超过1.2亿元。周庄镇政府经过多年的古镇保护与旅游开发，取得了明显的社会、经济、文化与环境效益。[①]（图13-4）

首先是社会效益：周庄民居旅游的成功开发让当地民众深刻认识到了传统民居的价值，增强了民居保护意识；周庄民居旅游已成为一个具有强烈感召力的社会品牌，令世人向往；周庄模式催生了一大批江南水乡古镇，促进了全国的众多古民居的保护与旅游发展。

其次是经济与环境效益：周庄人通过对本地特有的民居资源的保护开发，在不太费力的前提下增加了收入，提高了生活质量，他们从中尝到了"无烟工业"的甜头，最终放弃了走发展工业来繁荣地方经济的道路，使其周边环境及相关资源免遭破坏，在近年来全国空气污染恶化的情况下，这里依然天蓝水秀，民众健康快乐，幸福指数很高。周庄发展模式说明，以文化资源发展经济的道路是一条可持续的、科学发展的康庄大道。

综上所述，传统民居旅游已成为我国旅游业中一个富有民族文化内涵的旅游品牌产品，深受国内外游客喜爱。开展民居旅游，不仅提升了我国旅游产品的层次与文化内涵，增加了旅游收入，而且，各地区在资源的保护与利用上也积累了丰富经验，形成了许多有中国特色的融资与开发模式，值得总结和借鉴。根据已经开发成功的景点经验总结，这些模式有：周庄模式、乌镇模式、同里模式（图13-5）、大理模式、丽江模式、平遥模式、南浔模式、朱家角模式、宏村模式、婺源模式，等等。齐学栋先生以各民

图 13-5　同里是我国民居旅游开发最早的古镇之一

①卞显红：江浙古镇保护与旅游开发模式比较 [J]. 城市问题，2010.12，第50页．

居景点开发过程中的投资主体为依据，将其归纳为两种开发模式，一曰"外部介入性开发模式"，一曰"内生性开发模式"。笔者综合目前各民居景点的保护与开发资金投入方式，将其概括为三种模式：政府主导模式、民营资本介入模式、自筹资金模式。下面对三种模式特征进行简单分析。

（一）政府主导模式

政府主导模式实际上就是以政府的财政投入作为民居资源的保护与开发资金来源，这种模式是20世纪末期我国资本市场还比较单一的情况下传统民居资源旅游开发的主要方式。那时，国家经济发展还处于起步时期，民间资本的发育还很不完善，文化古镇、古民居的保护除了政府出资之外，很难有社会资本愿意投资。这一时期比较有名的古城、古镇及古民居的保护与开发的主体投资人基本上都是各个地方政府，如云南的大理、丽江等古城，江苏的周庄、同里等古镇，江西的婺源民居（图13-6），陕西的平遥古城等。在该模式下，政府是各个古城镇古民居的主要保护者，也是主要项目的开发者，主要收益为国有。

图13-6　江西婺源民居

（二）民营资本介入模式

民营资本介入模式是指传统民居的保护与开发的投资方主要是外部的民营企业或者公司。民营资本进入到传统民居、古村镇的保护与开发，成为推动古村镇旅游发展与遗产保护的重要力量。在实际操作过程中，根据各地具体情况以及民居古镇开发项目对资本的不同需求，民营资本在介入古村镇保护与旅游开发过程时，主要采取"整体租赁"与"股份合作"两种方式。

1. 整体租赁

该模式是古民居、古村镇旅游开发中比较常用的一种开发模式。其运作方式是将开发对象——古镇、古村或者古民居建筑群的所有权与经营权分开，古村镇、古建筑的所有权不变，经营权则由当地政府统一规划，招标或者授权民营企业进行投资开发，并与之签订租赁或承包协议，约定在一定的时期内（一般不超过50年）由该企业对其项目进行保障维护、经营管理。同时，在合同履行期间，实行利益分享的原则，民营企业按协议约定比例向古村镇、古民居建筑的所有者支付经营所得利润。

以南浔古镇开发为例：2003年12月底，上海博大公司与湖州南浔欣欣城建发展有限公司组建浙江南浔古镇旅游发展有限公司，在政府的招标中取得南浔古镇的开发经营权，该公司成为南浔古镇保护与旅游开发的主体后，投入重资，对南浔古镇进行了卓有成效的保护与开发，并成功塑造南浔古镇"江南大宅门"的旅游品牌形象，受到国内外游客的认可。南浔古镇通过出让古镇30年经营权的方式取得了民营资本的投入，使古镇保护得到了突破，旅游开发步入良性轨道，形成了保护与开发双赢的局面。2007年，南浔古镇游客接待量突破70万人次，比2006年增长40%；旅

图 13-7　浙江南浔古镇民居

游综合收入比2006年增长52%；景区旅游人气指数大幅度上升，带动了地方第三产业的快速发展。[1]（图13-7）

2. 股份合作

股份合作模式是指政府为筹集古村镇、古民居遗产保护与旅游开发建设资金，引入民营资本，由一家或多家民营企业及政府下属国有资本公司共同组建股份制企业，由当地政府将古村镇委托给股份制企业进行开发经营。在这一模式下，古村镇、古民居的所有权仍然不变，经营权则由当地政府委托给了股份制企业，实现经营权与所有权分离的经营模式，同时股份制企业负责古村镇、古民居旅游资源开发利用与遗产保护工作，具有古村镇的开发经营权与保护权。[2]

浙江乌镇的旅游开发属于典型的股份合作开发模式。（图13-8、图13-9）2006年底，乌镇引进中青旅，由此，民营资本介入乌镇进行开发。中青旅对乌镇实施增资控股，以现金3.55亿元认缴乌镇注册资本1.55亿元，超过部分2.05亿元计入资本公积金。增资后中青旅持股60%，桐乡市政府所有的乌镇古镇旅游投资有限公司持有40%的股份。2009年，为了实现乌镇更快更好的发展，提升乌镇旅游品牌的国际影响力，乌镇又引进了外资IDG公司。由中青旅、IDG公司与乌镇古镇旅游投资有限公司共同组建了乌镇旅游股份有限公司，其中中青旅持有乌镇51%的股权，乌镇古镇旅游投资有限公司持有34%的股权，IDG的两家公司（美国国际数据集团在香港控股的两家公司，Hao Tian Capital I, Limited持股5%，Hao Tian Capital II, Limited持股10%）共持有15%的股权。由此乌镇景区形成了中青旅、地方政府、外资企业共同投资、风险共担、相互促进、相互制衡的经营管理结构，公司类型变更为中外股份合资企业，公司注册资本2.94亿元，固定资产逾10亿元，在编员工1600多人，成为国内第一个超大型古镇文化旅游集团。由此，乌镇的影响力与知

图 13-8　浙江乌镇民居

图 13-9　浙江乌镇民居

①卞显红：江浙古镇保护与旅游开发模式比较 [J]. 城市问题，2010.12，第52页．
②李吉来：民营资本介入古村镇遗产保护与旅游开发的商业模式研究，第48页．

名度节节攀升，旅游接待人次与旅游收入稳步增加，仅2011年，旅游接待人次就达到525万，一举超过周庄，成为江南接待量最多、盈利能力最强的文化旅游古镇。[①]

（三）自筹资金模式

该模式是指古村镇、古民居的居民及其当地基层组织作为直接利益主体自筹资金、自我开发、自我保护而自发组织逐步生成的一种开发模式。这种模式以房屋建筑的产权所有者为主体，以自筹保护与开发资金为原则，实际上是一种村民自治的开发模式。这一开发模式在实践中有诸多优势，其中最为突出的是充分关注了民居建筑的所有者及其他直接利益主体的利益。这种模式对产权人及相关利益主体的关照，不仅能够唤起民众的保护与开发热情，而且还能够充分调动民间闲置资本，解决开发资金不足的难题。另外，在这种民间自发模式下，开发过程中如果遇到问题，与民众的沟通协商十分直接，不存在障碍，这不仅能够保证项目的开发工作顺利进行，而且还能利用其丰富的社会资源使开发项目的历史风貌得到较好的保护。

浙江兰溪诸葛村是这一开发模式的典型案例。诸葛村有209座明清时期的民居建筑，村中有18座厅、18座堂、18口井及8条主巷。至改革开放初期，大公堂、丞相祠堂、崇信堂、尚礼堂、雍睦堂、大经堂、崇行堂、春晖堂、文与堂、燕贻堂和敦多堂等11座堂保存下来，但大多数民宅已经破旧，急需维修。1988年，在村民委员会的组织下，该村自发集资按原貌修复村里4个小祠堂。其后不久，村委会又召集村里德高望重的老人参加会议，决定成立专门机构，以村集体和个人集资的方式筹集资金，组织修复大公祠、春辉堂等一批古建筑，并对全村的古民居建筑清理登记，进行旅游开发。随着民居的修缮和对外的开放，诸葛村的知名度和影响力大大提升，1996年成为国家级文物保护单位。至2002年，旅游的门票收入就已经突破400万元。[②]（图13-10、图13-11）

图 13-10　浙江兰溪诸葛村民居

图 13-11　浙江兰溪诸葛村民居

从我国旅游发展的过程来看，这种自发的村治模式有其必然性：一是由于政府财力有限，不可能对所有的古民居建筑投入大量的资金进行保护；二是随着我国旅游业的发展，民居旅游已成为人气不凡的旅游热点，加上其他地方民居开发成功的示范作用，促进了拥有特色民居资源的村民保护与开发意识的觉醒，他们能够自觉参与其中；三是村集体有一定的资金储备，并能够筹措到更多资金对古民居实施保护与开发。

①卞显红：江浙古镇保护与旅游开发模式比较 [J]. 城市问题，2010.12，第 52 页．
②齐学栋：古村落与传统民居旅游开发模式刍议 [J]. 学术交流，2006.10，第 132 页．

三、库区民居资源开发的融资模式构想

综合上述对国内外有关古建筑、古民居的保护与开发的融资模式分析，我们可以得出以下结论：

第一，西方国家用于本国传统民居和历史建筑保护与开发的资金投入来源是多元化、多层次的，既有政府拨款，也有银行贷款，还有社会资助、建立基金、税收减免、罚金反馈等方式。最为关键的是大多数国家通过行政立法，使传统民居和历史建筑保护与开发有法可依，有章可循，其资金筹措与投入的方式多元化、常态化、规范化，具有应用的广泛性和很强的可操作性。因此，多数西方国家的传统建筑、民居、历史街区保护较好，新的城市发展与建设基本没有对旧有的城镇与传统民居造成破坏和损伤。以德国为例：德国是二次世界大战的战败国，虽然很多古建筑和历史街道遭遇战火，但德国目前仍然是欧洲历史文物古迹和古代建筑保护最好的国家之一。"德意志"一词大约始见于公元8世纪，在漫长的历史进程中，德意志国家不少城市的内城或市郊留下了不同历史时期的市政厅、古堡、宫殿和教堂等，虽然经历二战，但是经过战后的修复重建，大部分历史文物古迹得以较好地保存。如德国经济实力最强的巴登–符腾堡州拥有许多举世闻名的历史文物古迹与传统建筑，在保护历史建筑的工作上已经形成一套科学完善的法律规范和管理机制。该州十分注意处理好保护与利用的关系，坚持"有效保护、深入挖掘、合理利用"三者有机结合，使历史建筑的保护与开发利用互为依存，良性循环，世界各地的游客纷至沓来，络绎不绝，美名远播，创造了客观的社会与经济效益。西方国家对历史古迹和传统建筑保护工作经验，诸如历史文物古迹分级分类保护、保护与利用、部门协作、政策经费援助等方面为我们提供了有益的启示。[1]

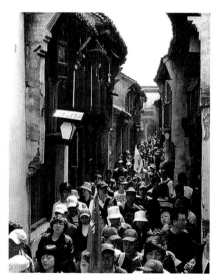

图13–12　浙江西塘民居旅游盛况

第二，对于我国的古村镇与传统民居保护与开发资金投入模式，我们主要分析了政府主导、民营资本介入、自筹资金等三种模式。随着政府、全社会对古民居保护与开发的认识的深入，我国的古村镇与传统民居越来越受到政府与民间的重视，保护与开发的热情越来越高，在我国的旅游市场中，古民居、古村镇的旅游已经成为一个不可小觑的文化旅游产品，正越来越受到国内外游人的喜爱。笔者曾到西塘、同里、乌镇、平遥这些旅游开发比较成功的古城镇参观考察，看到这些地方每天都是游人如织，摩肩接踵，盛况空前。（图13–12）这种情形一方面说明了我国经历几十年的社会安定与经济发展，人民生活的幸福指数不断提高，旅游已成为大众休闲、娱乐、度假的主要活动方式，旅游市场兴旺发达；另一方面也反映了我国传统民居与历史古城镇旅游已成为一种深受大众喜爱的旅游项目，开发的市场潜力巨大，前景广阔，有进一步开拓、建构与发展的无限空间。经

①王考：德国巴登–符腾堡州历史文物古迹保护工作略述 [J]. 中国名城，2013.6，第54页.

过多年的开发与摸索，我国传统民居与古城镇的保护与开发，已从早期低层次的盲目开发模式、中期自我修正不断前进的开发模式，发展为当前相对成熟的利用与保护并重的开发模式。但从整体来看，我国在传统民居与古村镇的保护与开发方面离良性互动、可持续发展模式，离广大人民群众的要求还有较大距离。其表现为：其一，对古民居古建筑的保护开发缺乏立法保证，导致在实际操作过程中因缺乏法律依据，随意性较大，往往造成景点开发上的无序与杂乱；其二，对古民居古建筑的保护资金投入不足，资金来源渠道比较单一，成为制约民居旅游开发的瓶颈；其三，在已经成功开发的古民居古城镇景点中过分突出了商业性，致使这些景点的文化性丧失，弱化了古民居古城镇旅游的文化价值，影响了景点的观感，在游客心目中造成了不和谐的印象。所有这些因素客观上影响了传统民居旅游的进一步发展。这些经验与教训都是十分宝贵的，值得在三峡库区民居资源的旅游开发中借鉴和参考。

　　三峡传统民居和古建筑的状况比较复杂，前文已论述过，主要分为三类。（图13-13）第一类是原来处于库区175米淹没之下，后来经过搬迁，在新址重建修复的古民居古建筑。这类古建筑由于是国家投资进行的抢救性保护的对象，资金投入比较充裕，房屋修缮保护的措施比较得力，基本上保持建筑的原貌，修旧如旧，建筑周边环境与辅助设施完整，道路等基础实施畅通。这类古民居古建筑有湖北秭归的凤凰山古建筑群，重庆丰都的名山镇彭家垭口小棺山秦家大院、王家大院、周家大院、卢聚和大院古建筑群，巫溪的大昌古镇，西阳的龚滩古镇等。第二类是处于库区175米以上的原有的古民居古建筑，这类民居有巫溪的宁厂古镇、石柱的西沱古镇等。第三类是位于库区边缘腹地的古民居古建筑，这类民居如恩施自治州的土家民居，神农架民居，彭水的阿依苗寨、黄家镇民居等。在这三种类型古民居建筑群中，除第一类由于三峡工程的原因，国家投入资金予以抢救和保护外，其他两类，则需要大量的资金投入，才能进行有效的保护与开发利用。由于三峡库区民居资源的复杂性，以及我国制度环境的特殊性，笔者对于三峡库区古村镇与传统民居资源的保护与开发的资金筹措模式提出如下构想：

第一类：搬迁重建民居（湖北秭归凤凰山）　　第二类：原有民居（重庆石柱西沱古镇）　　第三类：亟待修缮开发的民居（重庆彭水黄家镇）

图13-13　三峡库区民居资源状况

（一）坚持政府主导

　　政府主导在今后相当长一段时期内，仍然是中国旅游业开发的主要战略。库区民居资源的旅游开发融资更是需要政府的宏观调控和引导。（图13-14）库区旅游业的开发需要在社会主义市场经济条件下，充分发挥市场对旅游资源配置和社会资金流向的基础性作用。库区民居资源开发只能在政府的主导下建立多元化投资机制，由政府出台一系列有关税收、价格、外汇和建设用地等方面的优惠政策，动员全社会的力量对其开发投资，并在社会主义市场经济基础上对民居旅游资源开发投资进行宏观调控和引导。利用财政手段，政府能够对旅游基础设施和重点民居旅游项目进行导向性投入，启动和引导社会投资；利用行政手段，旅游主管部门参与民居开发项目的立项审批，从而进行宏观调控；发挥政策引导作用，制定旅游投资政策，对不同民居旅游项目的开发加以鼓励、限制或禁止；通过对区域旅游规划的编制和民居旅游开发项目的调控，能够避免开发的盲目性和随意性，使库区民居旅游平衡有序发展；旅游行政主管部门通过定期发布旅游市场的相关信息，引导民居旅游开发的投资方向。总之，政府主导模式能够以市场为基础，在积极引导库区民居旅游开发投资、融资主体多元化、领域多向化、方式多样化的同时，起到稳定、保障作用。

图 13-14 大昌古镇的搬迁修复采用政府主导的投资模式

（二）引入民营资本

引入民营资本是三峡库区民居资源开发资金来源的一个重要方面。从我国古村镇古民居资源开发民营资本介入的总体态势来看，一方面，民营资本的专业性逐渐增强，一批眼光独到、经营领域多元的民营企业为寻求盈利空间与资本扩张，已经在古镇遗产保护与旅游开发方面打拼多年，逐步站稳脚跟，并发挥着越来越重要的作用。尤其是有一批资金雄厚的投资公司对我国旅游市场发展充满信心，十分看好古村镇旅游开发前景，积极以股权形式参与到古村镇、古建筑的旅游开发之中，有效地拓宽了古村镇旅游开发的融资渠道，为古村镇遗产保护提供了较为可观的资金支持，极大地缓解了古村镇、古民居的保护与开发的资金压力，是当前推动古建筑、古民居保护与开发可持续健康发展的重要力量。另一方面，随着我国民居旅游开发市场机制越来越健全，发展环境越来越好，民营资本介入古村镇、古民居旅游开发的空间层次进一步提升，范围更广：有整体租赁、协议承包、股权合作、项目经营、单项和整体买断等多种形式。民营资本这种多元化的介入方式方便灵活，适合不同区域、不同类型、不同风格、不同规模的古村镇旅游开发。三峡库区民居资源分布范围广，资源的规模大小，产权归属、风格特色、毁损程度等千差万别、各不一样，方便灵活的民营资本正好能与之相适应，无论是大中型民营集团还是单一的民营资本，都能在三峡库区传统民居资源的旅游开发中找到相应的开发途径与发展空间，从而为库区传统民居提供最适宜、最有效、最合理的开发模式。（图13-15）

（三）引进外资

合理地引进和利用外资是三峡库区民居资源旅游开发的另一重要的融资解决方案。调查表明，不少海外资本对于国内旅游项目有积极的投资意向。三峡民居旅游资源的保护与开发，完全可以敞开大门，制定比较优

图13-15　秭归凤凰山景区

惠的投资政策，采取多种方式积极引进、大胆利用外资。对于外资的引入和利用，可以采取合资、合作、独资、补偿贸易等多种方式，吸引他们参与到民居的保护与开发活动之中，以加快开发速度，促进库区民居旅游市场的尽快形成。引进外资，首先是要有良好的投资环境，包括软硬投资环境，要特别注重投资软环境的改造。当然，引资时要加强调查研究，注意针对性，不能盲目行事，防止"病急乱投医"的倾向，要特别注重对投资者实力和行业水平的考察，谨慎选择，尽可能引进实力雄厚的海外国际知名企业对三峡库区民居资源旅游开发进行投资，在吸引这些国外知名企业投资的过程中，也能吸收其先进技术及管理经验。

（四）设立库区民居旅游开发投资担保公司

在旅游产品开发中，银行贷款是重要融资手段。但是在实际运作过程中，贷款难成为制约旅游开发的"瓶颈"。因为在现实中，旅游开发企业对所开发的对象往往是有经营权，而没有产权。这样，在申请贷款时，不能将其作为有效的担保抵押品。在这种情况下，要获得贷款就十分困难。同时，由于目前我国银行实行资产负债比例管理后，加强了贷款的风险防范，即使一些旅游企业符合贷款条件，审批程序也十分复杂，贷款的门槛越来越高。在当前条件下，三峡库区民居旅游开发要有效克服信贷融资的难题，可以探讨在政府的支持与指导下，专门设立民居旅游投资担保公司的办法来解决这一问题。这样能够简化诸多贷款程序、加快融资效率、扩大贷款规模，使企业更加容易获得商业银行信贷资金支持，使库区民居旅游开发正常进行。

（五）建立库区民居资源旅游开发风险投资机制

建立库区民居旅游开发风险投资机制，要与项目的风险及利润的评估相结合，与中国投、融资体制改革相结合，以保持风险资本来源的可持续性。库区民居在旅游开发的融资过程中，可尝试在风险投资理念、项目选择、经营管理和退出机制方面建立规范的程序，最大限度地提高投资人的投资成功率。

首先，要建立旅游风险投资的激励机制。结合库区民居旅游开发实际情况，应设立政府旅游业风险投资补助资金，鼓励旅游风险投资公司的建立发展；建立旅游公司信用担保体系，降低银行贷款风险，解决创业期的旅游公司和旅游项目开发贷款难问题；同时，国家税务部门应考虑对

库区民居旅游开发投资收益给予税收优惠，引导风险资本向库区民居旅游开发流动。

第二，库区民居旅游开发风险投资基金可引进国外金融资本，也可依托境内金融资本。依托国际金融资本建立的旅游风险投资基金，能有效吸引海外金融资本，解决库区民居旅游开发的资金短缺问题。依托国内金融资本建立的旅游风险投资基金，首先应是得到政府支持的旅游风险投资机构，地方财政可以直接投资，用于库区民居旅游业开发与建设项目的风险投资，或者认购风险投资公司一定比例股份，其对库区民居旅游开发风险投资的发展具有引导和示范效应。其次是依托大型的金融机构、企业组建库区民居旅游开发风险投资公司，它可以承担相对较大的投资风险。最后可以考虑成立混合型旅游风险投资机构。政府可以投入一定的启动资金带动社会资金组建库区民居旅游开发风险投资机构，这有助于分散风险。

第三，建立库区民居旅游开发利用风险投资退出机制。库区民居旅游开发风险投资的目的是资本的增值、资产的变现。民居旅游开发风险投资在一定时期，如3～5年内，一般可通过股权和产权交换而退出被投资公司。库区民居旅游开发风险投资的退出机制是旅游风险投资资本形成和发展的必要条件，必须建立库区民居旅游开发风险投资的退出通道，降低库区民居旅游开发风险投资的风险。库区民居旅游开发风险投资的目的不是寻求控股或经营受资公司，而是通过资本的注入，促进受资公司快速发展，使投入的资本增值。待受资公司发展壮大之时，库区民居旅游开发风险投资公司会退出受资公司，实现股权转让。

（六）建立库区民居资源开发投资基金

建立基金是西方国家进行古建筑和历史街区保护和开发融资的常见方式，英国、法国、丹麦、葡萄牙等国多采用这种基金资本的运作模式。美国于20世纪中期为资助本国中小企业发展建立了一种特殊产业投资基金。这种投资基金以个别中小产业为投资对象，以扶助产业发展为目的，以追求长期收益为目标，吸引了大量投资者，基金资金充足，投资效果好，取得了投资人收益高、投资对象发展快的双赢局面。

三峡库区民居资源开发可借鉴国外建立专项投资基金的模式，组建库区民居资源开发专项基金，资助库区民居资源的保护与旅游开发。随着三峡水利枢纽工程的竣工，库区的旅游市场将进一步壮大，库区民居旅游前景广阔，如果建立库区民居资源开发的专项基金，一定能够吸引大量投资人的资金注入，从而加快三峡库区民居资源开发资金的融资步伐。

库区民居旅游开发投资基金的组建还可考虑采用契约型这种带有封闭性质的基金投资形式。契约型基金的投资者为法人，也可为自然人；投资人除了获取基金收益外，对基金的使用没有发言权；投资人相互之间是一种松散关系，基金进出比较自由。但是，作为实业性投资基金，要有一定期限的稳定性。因库区民居开发基金主要用于旅游基础设施建设和民居资源的开发保护项目，其基金可依据项目建设周期，制定相应的封闭期。

库区民居旅游开发投资基金可先行试点，选择部分开发潜力大的地区，按实际情况确定基金规模和封闭期，取得经验，再推广。另外，还可以考虑引进外资，组建中外合作的库区民居资源开发投资基金，吸收国外资金和先进的基金管理模式，使基金真正在库区民居资源的保护与开发过程中发挥巨大作用。[1]

（七）民间集资

经过30多年的改革开放和经济发展，我国已基本进入小康社会，绝大部分民众不仅衣食无忧，而且手头都有一定数量的余钱，尤其是三峡库区，在三峡工程的推动下，经济发展很快，再加上经过搬迁补偿大部分人群都较为富裕，在库区民居开发中，可在各地政府和金融部门的主导下采取股份认购和发行债券等方式向民间集资，以获取民居开发资金。

第二节　市场营销模式

21世纪是人类追求健康、和谐、绿色、生态的世纪，也是我国人民消费层次及精神文化追求进一步提升，旅游产业进一步发展的世纪。据人民网公布的数据显示：进入新的世纪以来，随着生活水平的大幅提高及节假日的增多，外出旅游已成为当今我国民众主要休闲度假方式，仅2014年，国内旅游人数就达到36.3亿人次，同比增长11.4%；出境旅游人数达到1.16亿人次，同比增长18.2%。[2]（图13-16）从以上数据我们可以看出，

图13-16　中国人出国旅游成为常态

我国的旅游市场已走过高速发展阶段，进入初步繁荣期。

然而，旅游市场的繁荣也必将导致其竞争的日趋激烈，企业想要在这种竞争中求得生存与发展，建构本企业独一无二的产品特色与品质固然是关键，但仅仅如此还不够，还必须拥有先进的营销理念，以及在此基础上建立起来的市场营销模式，向社会宣传和推广自己的产品，使其得到市场认可，才能立于不败之地。在当代全球社会提倡绿色、环保、生态生活方式的语境下，旅游产业的市场营销模式必须紧扣可持续发展这一主题，把"绿色旅游""生态旅游""文化旅游"作为消费的吸引点；同时，从"以人为本"的观念出发，在营销策略上关照下列事项，一是重视旅游资源的开发与生态环境的协调发展，二是重视服务体系的建构，三是注重企业整体形象的营建，彰显企业文化，突出产品特色，强化品牌建设，以此收获人心，得到游客青睐。

就三峡库区而言，虽然目前有部分古建筑、古民居因是政府投资搬迁复建，辅助设施与道路系统比较完备，基本具备了旅游条件，有些已经开门迎客，取得了一定的经济效益，但是，由于库区大量民居资源还没有得到完全开发，民居旅游总体上仍然处于初级的半自然阶段。（图13-17）

①俞世海：中国古民居保护与旅游开发应用模式研究，第46页．
②中国产业信息：http://www.chyxx.com/industry/201603/395700.html.

在此背景下，目前很难针对库区尚不成熟的民居旅游产品做出营销策划。笔者只能以市场预测、库区民居旅游产品开发的前景分析及相关理论知识为基础，借鉴其他地方的民居旅游营销经验，提出一些较为粗浅的市场营销模式和建议，以供日后库区民居旅游市场营销之参照。

图 13-17　基础设施配套不足，民居资源损坏严重

一、以政府为主体，完善法规建设

政府始终是地方旅游事业发展的决策者和主导者。三峡库区民居资源分布在不同的行政区域，各地条件和环境差别较大。各地政府要充分利用本地区的各种有利因素，促进对于本地的民居资源的保护与开发利用。首先，要进一步完善旅游产业法规建设，规范库区民居旅游市场竞争秩序，以及各类旅游中介机构和个人的经营行为，防止欺诈和安全事故的发生；制定服务标准，定期对旅游景点的服务进行标准化检查，督促其提高服务质量。其次，从整体出发，优化民居旅游环境，加快民居旅游基础设施建设，完善交通、住宿接待设施，满足旅游者的需要：营造良好的政策环境、投资环境、治安环境，扩大库区民居旅游的知名度和吸引力，为推动三峡库区民居旅游的发展打下坚实的基础。最后，政府要大力对外宣传，加大民居旅游的推销力度，以新、奇、真、雅来创造三峡库区民居旅游产品的品牌及其知名度，招徕天下游客。[1]

二、营建产品特色，塑造产品个性

产品是营销的载体，是整个营销组合的核心。质量低下、内涵浅薄、特色平庸、个性缺失的旅游产品，无论价格多么低廉，促销手段多么完美，都不能够真正吸引游客，满足目标消费者的需求，并获得市场认可。基于此，库区民居旅游营销首先应加快产品的开发速度，大幅度提高产品开发的水平，营建产品的特色，塑造产品的个性，以适应市场需求；同时完善产品的配套服务，提升旅游服务质量，提高市场的美誉度和认可度。[2]

三、实施品牌策略，树立创新意识

从商品经济的角度出发，现代社会，实际上是一个品牌经济社会。品牌的感召力和凝聚力无

①向延平，陈友莲.武陵山区民族村寨旅游营销模式研究 [J].邵阳学院学报（自然科学版），2006.4，第 80 页.
②许慧：贵阳市乡村旅游产品开发及营销策略研究，第 46 页.

处不在。因此，在三峡库区旅游市场，只有立足品牌观念，运用创新的思维，采用多维手段从多层次、多角度、多方位去打造出个性鲜明的民居旅游品牌，才能在激烈的市场竞争中抢占制高点，站稳脚跟。品牌的建构，创新是关键。创新的方式多种多样，可以从库区民居开发的地域特色上创新，也可以从民居的建筑风格方面创新，还可从民居旅游的参与性、体验性特色方面创新，等等。旅游经济是特色经济、文化经济，只有突出自己的文化特色，才能成功打造具有影响力的产品品牌。可以毫不夸张地说，所谓品牌，就是自己的特色，自己的文化！三峡库区地域特色鲜明，文化资源丰厚，为我们创造民居旅游品牌提供了无限的想象空间。如：库区土家族民居吊脚楼文化、火塘文化、村寨文化，以及三峡地区原始狩猎文化、梯玛文化、信仰文化、民间歌舞文化、民居工艺文化等。这里有土家族织锦系列产品、食品系列产品、苗族蜡染、刺绣、剪纸系列产品，还有独具三峡特色的根雕、石雕、竹艺、工艺、盆景等系列产品。（图13-18）

图 13-18　民居资源与民俗文化相结合，提高民居旅游产品层次

民居旅游产品的开发建构过程就是一个挖掘个性，展现文化，突出特色的过程，这个过程也是打造产品核心竞争力的过程。

四、优化价格策略，提高产品的满意度

调查显示，虽然旅游费用已不是影响人们选择是否出游的关键因素，大部分旅游者都有一般旅游消费的经济支付能力，但还是有37.26%的游客因价格太贵而对旅游经历感到不满，且收入越高，不满意的比例越高。为什么会出现这种情况？认真分析个中原因，其实道理很简单，并非价格的问题，而是价值的问题。也就是说，游客认为他们所付出的费用和他们所实际消费的价值不能成正比。实事求是地说，就整体而言，我国目前的古民居古城镇旅游仍然处于旅游产业的低端市场。产品层次不高，开发深度有限，价格低廉。因此，在库区传统民居旅游产品开发过程中，应积极修正古民居旅游在旅游者心目中的低端产品印象，向上扩展产品的质量线，从以价格作为吸引游客的竞争思维转向更为务实的品牌建设，减少低层次的价格战；同时，切实提高服务质量，杜绝价格欺诈，采取灵活的定价策略，最大限度地减少旅游景点的不合理收费或乱收费现象。依托城市资源的古民居旅游产品，其客源以周末、节假日休闲度假游客为主，家庭出游的比例大，主要出游形式为散客旅游，需求弹性大，对价格敏感性较强，旅游产品可采取灵活的价格策略，

充分发挥价格的杠杆作用；对于依托风景名胜区的古民居旅游产品，其目标客源市场是该风景名胜区既有客源群，其需求弹性相对较小，对价格不敏感，此时民居建筑旅游产品宜采用中档价位策略；对于专项的体验型古村镇、古民居旅游产品，由于面向的是特殊的兴趣者，他们在旅游时更注重旅游地的品质而非价格，同时，体验型民居旅游地多依托于原生态的资源与环境，从保护资源与环境的角度，也应走控制旅游流量、提高消费的发展道路，因此应采取相应的高价策略。高价策略的目的也在于提高旅游消费者对该旅游产品价值的认知，不轻易降价的稳定价格策略则是为了维持消费者的这种认知。

五、多层次推介，全方位促销

对旅游产品的宣传与促销，是提高产品知名度、让世人获取三峡库区民居旅游信息、了解其产品特征的主要方式。通过多层次的宣传推介，把民居旅游产品信息传递给潜在旅游者，使之产生旅游的愿望，从而促进库区民居旅游产品的销售，是一种最常用最有效的促销手段。大力度的宣传与推广，激发旅游者对三峡库区民居旅游景点游憩观赏的兴趣，是产品营销的最终目的。因此，库区传统民居旅游要以体现自身特色为出发点，设计自己的旅游形象，并制作出受众明确、能迎合旅游者出游心理的民居旅游宣传资料，运用现代宣传的所有手段进行多层次推介宣传，全方位地促进销售。针对不同的目标市场，不同的消费群体，不同的民居旅游目的地类型，需要采用不同的广告促销策略：

（一）多层次宣传

针对不同的消费对象，采用不同层次的宣传促销方式。

第一，依托城市资源的民居旅游产品，由于其客源市场地域集中性很强，可以采取广告促销和人员推销双层推进的策略，在城市的主要干道悬挂路牌广告，以吸引尽可能多潜在游客的关注；在居民社区、大的购物场所、大型活动会场等地，则采用发放产品宣传材料的方式进行推销宣传。

第二，在全国各地的旅游景区的出入口、旅游集散地车站和码头等人口集中的地方设置醒目的灯箱、广告吸引人们关注，引发他们的游览兴趣。

第三，针对网民对互联网上商业广告厌烦的心理特点，在全国知名旅游网或综合网站开展以三峡民居命名的游记征文大赛、诗歌创作大赛、写生绘画大赛等活动，并组织专家在网上点评并与网民交流，以此提高三峡民居的知名度。

第四，以本地老年旅游者为受众的中低端民居旅游产品应多采用晚报、日报、本地电视节目进行宣传，并结合超市、商场的产品折扣，购物抽奖等活动进行现场促销；对社区闲暇时间较多的老年消费群体还可采用资料发放、墙报、宣传栏等方式进行宣传促销。

第五，如果目标消费群体是在校青少年，则可多通过校园网站、刊物、传单、歌曲、文艺节目等进行宣传。还可与校方合作，采取夏令营、节假日考察等活动进行民居旅游产品宣传。

第六，中高端市场的休闲、疗养、度假、民族风情体验、民居文化研究等民居旅游产品则可以通过地方电视台、都市旅游服务窗口、旅行社、旅游网站，甚至可以通过举办三峡民居摄影展、写生展、三峡奇石根雕展、民间工艺品展、民俗歌舞表演、区域才艺大赛等来宣传、介绍和促销；还可以直接向潜在旅游者散发旅游宣传品，赠送能够传递旅游产品信息的小物品，如日历、招贴画、打火机、小手巾、纪念卡，实现联合促销。（图13-19）

图 13-19　开展多层次民居旅游宣传推介活动

第七，为达到宣传促销之目的，库区各地政府还可定期发售有特定意义的纪念币、纪念商品、纪念礼物来提高民居旅游的知名度；库区各地旅游主管部门应编制旅游营销规划，在全国主要目标市场建立民居旅游营销网络，实现产品营销的网络化管理，推进民居旅游促销宣传的全面性与快速性。

（二）多方位促销

1. 发挥旅行社的推销外联作用

旅行社作为旅游市场的中间商，既是旅游产品的组合者，又是旅游产品的宣传者和代销者，其在旅游市场中所起作用不可小觑，特别是在旅游者和旅游对象之间所起的中介作用，以及为旅游者提供综合服务方面，具有独特的优势。库区民居旅游产品的经营者应积极与各旅行社建立联系，建构旅游销售的产业链，实行客源、市场、线路、景点共享与联动，联合促销，风险共担，利益分享；在有条件的地方，可推动建立库区民居旅游企业联合体，共同面对市场，实现联营。

2. 创建三峡库区民居旅游网站

在当前以网络为中心的信息时代，网站是宣传自己，推销产品，扩大影响的最优平台。在整合开发三峡库区古民居资源的过程中，应尽快建立自己的网络平台，并通过这一平台向全世界快速推销自己，让世人及时了解三峡民居旅游相关信息，激发潜在的游赏欲望。在网站的页面上，三峡库区沿岸各地民居旅游景点的形象照片、产品特点、文字说明、产品报价、企业品牌、旅游线路、交通设施、服务设施、自然环境、气候条件等等一目了然，并定时更新网页内容，把三峡库区最新古民居旅游信息传递给国内外网民，人们通过点击即可链接到自己想去旅游的目标景点，了解所有相关产品的特点及服务情况。同时，在网站上构建三峡库区民居旅游营销服务系统，实现在网页上一次性完成景点选定、门票订购、导游服务、宾馆预订、往返交通工具预定等旅游前期工作，以此简化游客出行手续，方便民众到三峡旅游。另外，还可通过网站与全球各地的旅游企业和旅游商建立联系，实现全球联营。

3. 充分利用现代多媒体手段进行营销

动画、网络游戏、网络音画风光片、景点虚拟三维浏览是当前进行网上产品宣传的最时尚的手段。三峡民居旅游产品营销应借助互联网，充分发挥网络多媒体功能的效率，创造独特声、光效果，以达到加深受众印象的目的。同时还应发挥现实网络云端服务数据存储量大、传播迅速的特点，定期向各大门户网站投放三峡民居旅游的多媒体风光片、动画片及网络游戏等宣传品，全方位宣传介绍三峡民居旅游风光和特色景点，吸引广大网民关注和欣赏；还可利用自己的网站，或者与各大门户网站论坛合作，征集三峡库区民居旅游开发方案、产品设计方案、景点规划建设方案等，增强民众对三峡民居资源开发利用的参与性，以提高产品的亲和性；同时，还应与其他有影响力的网站建立良好关系，增加其网站页面与三峡库区民居旅游网站的链接，扩大库区民居旅游信息在互联网上的链接覆盖面。

4. 创建库区民居旅游网络销售联盟

以"三峡库区古民居古城镇旅游网站"作为整合营销平台，由库区银行、旅行社、旅游景点、宾馆、酒店、交通运输、宣传媒体等合作共建，邀请域外省市加盟，打造一个国内古民居、古村镇旅游的联合体，通过跨行业、跨地区的合作，整合各自的优势资源，在"信息共享，资源互补，市场互惠"的前提下，为消费者提供民居旅游产品的延伸服务，以促进我国民居旅游的服务质量整体提升。通过此活动，库区民居旅游作为一个新建项目，可以从中吸取经验，学会管理，创新服务，尽快营建库区民居旅游产品的特色品牌，提高核心竞争力。

六、营建渠道策略，促进产品营销

旅游营销的渠道有长短之分。所谓"长"，指的是从民居旅游生产者到最终消费者之间机构的级数较多；所谓"短"，则是民居旅游生产者到最终消费者之间机构的级数较少。一般来讲，产品开发投放市场一段时间之后进入成熟阶段，其产品特征与品质已被大多目标顾客所认识和了解，就采用短渠道，设立旅游经营者自己的销售网点进行直接销售，这样容易掌握主动权，节省费用。新的旅游产品开发后投入市场，消费者往往有一个了解认识过程，这期间要采用长渠道，即与旅行社合作，通过旅行社有目的地介绍和引导尽快获得客户认知，以此打开市场。可以聘请经验丰富、社交广泛的营销人员，向选定的旅行社直接推销，也可以通过价格优惠，结盟合作，互惠互利等方法与旅行社建立联合促销模式，使销售活动辐射范围更广，获取充足客源。

另外，销售渠道还有宽窄之分。"宽"指的是在旅游生产者和最终消费者之间同一个级数的机构较多；"窄"指的是在旅游生产者和最终消费者之间同一个级数的机构较少。通常来讲，有三种模式可供选择，即专营性分销、选择性分销和密集性分销。

专营性分销指不仅严格限制中间商的数目，而且还要限制中间商经营的产品，如果说一个中间商已经经营了三峡库区某个民居旅游产品，一般不允许再经营其他竞争者的商品。在这种情况下，中间商的积极性最大，与民居旅游经营者的协作关系最密切，缺点是如果该中间商无法打开市场，民居旅游经营者会有完全失去市场的风险，高端的库区民居旅游产品可以采取此类营销策略。

选择性分销指的是只选择那些信誉较好、经验丰富、有合作诚意的中间商进行产品销售，中、高档民居旅游产品都可采取此营销模式。

密集性分销指的是保持尽可能多的中间商数量。其优点是可扩大客源，缺点是对中间商的控制比较困难，易导致价格混乱。针对城市周末、节假日旅游市场的库区民居旅游产品可以采取此类渠道策略。

渠道策略的原则是通过对分销渠道长度、宽度的正确决策及中间商的选择、激励和评价，发挥最高的流通效率，取得最好的效益。目前旅游市场较常见的有零级渠道、一级渠道、二级渠道、三级渠道。零级渠道是旅游者直接向旅游产品生产者购买所需的产品而不是通过中间机构购买，一级、二级、三级渠道则分别有一个、两个、三个中间机构。[①]

库区民居旅游产品销售渠道长度的选择一般要考虑到产品特征、市场状况、企业自身条件、经济效益等因素的综合影响。一般而言，从产品特征来看，价位较高、旅游容量较小、产品内容较单一、产品更新换代快的民居旅游产品适合长渠道策略；价位低、旅游容量大、产品内涵丰富、产品生命周期长的则适合短渠道策略。就市场状况而言，市场面较窄的民居旅游产品宜采用短渠道；潜在市场巨大、市场面宽的适用长短结合渠道策略。从经营者自身条件来看，规模大、实力雄厚、管理能力强、销售经验丰富的企业推广产品时可采用以短渠道为主的策略；反之，则必须依靠中间商，采用较长的渠道策略。

不过，由于库区民居旅游景点分布的线路长、范围广，在条件允许的情况下，建议选择"短渠道"，因为过多层级的中间商会使产品成本提高，也会使产品本身失去新奇的效果而影响旅游者的兴趣。

七、重视参与，强调体验

随着旅游的发展，以及大众的文化素养的提升，人们对旅游产品的文化要求越来越高，越来越不满足那种走马观花为主的观光式旅游，希望旅游产品有更多的文化性、参与性和体验性。民居旅游本身是一种体验性很强的文化旅游，在产品开发中应重视参与、强调体验性环节；产品的营销也要重点宣传、推介民居旅游的参与、体验性文化内容，以吸引顾客，满足旅游大众的要求。（图13-20）三峡库区民居的参与、体验性可包含如下内容。其一，研究性体验，这是一种层次较高的体验性旅游。我们知道，三峡传统民居、古建筑一般都具有丰富的历史文化内涵，其艺术成就和审美价值也十分深厚，对一些特殊的历史民居、历史建筑进行探究和考察，

体验民间竹竿舞蹈

体验民间剪纸艺术

图 13-20　民居旅游与库区丰富的民间艺术相结合

①陈德林：我国乡村旅游营销策略研究 [J]. 科技信息，2009.3，第 5 页．

是一部分旅游者的兴趣所在。因此，开发出古民居古建筑专题研究的科考旅游产品，以满足这一部分层次较高的旅游者对其科学研究的要求，是传统民居旅游一项十分有意义的内容。它既适应了部分游人的科考体验，也提升了民居旅游的产品层次，同时，更能增强旅游人群对古民居建筑价值的认识，提高自觉保护意识。第二，民居旅游与当地的民俗文化、民间工艺相结合开发出参与体验性产品。例如：在民居旅游景点举办传统集市、节日圩场，不仅可以让旅游者体验古代三峡地区集市圩日的风采，还能更进一步丰富旅游内容，增加旅游收入；也可举行民俗歌舞表演，民俗节庆活动，民间灯谜、民间戏曲、杂耍表演，以及民间蜡染、雕刻、剪纸等一系列活动，让游客参与其中，体验新、奇、娱的乐趣。其三，民居旅游结合当地的山水环境与农业生产，根据不同季节开发出适合游人参与的旅游产品，如春季的播种、踏青、观花、赏春，夏季的避暑、垂钓、纳凉、赏荷，秋季的采摘、收割、赏菊，冬季的踏雪、赏梅等，让旅游者观赏四季的山水田园风光，体验四季农事活动，等等。（图13-21）

垂 钓

观 花

图 13-21　民居旅游与库区休闲农业相结合

以上这些体验性民居旅游产品如果成功开发，必然会极大丰富三峡民居旅游的产品内涵，为广大旅游者所喜爱。另外，民居旅游作为一种传统文化性、体验性旅游，还可根据民居的建筑风格、当地环境特点、民俗民族习惯，确定体验旅游的主题。主题应体现传统民居所蕴含的精神品质、艺术特色、乡村诗意等文化内容，根据目标客源市场的需求，突显个性，避免与周边邻近地区同类旅游目的地雷同。主题体验强调的是一种整体性，而这种整体性的体现必须靠对内营造和对外营销两个方面结合才能够完成。一方面必须有意识营造一种"形象"的整体氛围，另一方面又必须通过宣传把它推向市场，形成鲜明的民居旅游主题，整合各种感官刺激，展开以"色"悦人、以"声"动人、以"味"诱人、以"情"感人的体验式情景营销，并让消费者参与其中，使其留下难忘的体验印象。在营销过程中，应站在旅游者的立场上考虑问题，密切关注顾客的需求，提供真正使其满意的产品和服务，引发旅游者特定的情愫，使其充满对旅游体验的向往。亲近自然、远离喧嚣、贴近人心、爱心奉献、亲情呼唤，等等，都可以成为传统民居旅游营销的情感策略和基本诉求。围绕主题把食、住、行、游、娱等各种活动与游客参与、体验结合起来，营造一个传统民居景点特色浓郁的体验性场景，给游客带来全方位的感官刺激，从而提升游客的体验效果。（图13-22）

采 茶

摘 果

图 13-22 民居旅游与库区农事相结合

　　旅游体验的第一要素是视觉，民居旅游地的视觉景观形象设计是视觉的第一要素，要突出传统民居建筑的景观特色，注重形态、装饰、色彩、比例、尺度、材料和质感等给人的视觉感受，重视整体环境美、建筑造型美、局部装饰美，杜绝诸如垃圾成堆、污水横流、厕所脏乱等"视觉污染"。

　　旅游体验的第二要素是情感，民居旅游应把知识性、文化性、艺术性、科学性、趣味性、美观性融为一体，激发旅游者情感共鸣，引起旅客的思考。民居建筑特殊的形态、朴实的材质、精美的工艺、美轮美奂的装饰使游人能够从中感受到三峡地区传统文化之博大精深，体验到三峡古先民之聪明才智与创造精神；民居周边的花草树木、庄稼蔬菜、六畜家禽又似在向旅游者诉说自然界万物之生机勃勃，奥秘无

图 13-23 宜昌龙泉古镇菊展

穷。探索这些生物奥妙能激发都市游客，尤其是青少年的浓厚兴趣，激活其思维和探究欲望，并由此获得成就感、满足感和自豪感。（图 13-23）

　　总之，参与、体验式旅游是现代旅游发展的趋势，三峡库区民居旅游要努力创造条件让广大消费者参与进来，按照消费者的生活意识和消费需求开发能与他们产生共鸣的"生活共感型"产品，使他们在对最终产品满意的同时，不仅其兴趣、爱好、想象得以实现，而且，从中能享受到无穷的快乐。

第十四章
库区民居资源的开发思路与战略目标

　　确立文化核心，实施精品战略，是库区民居资源最基本的开发思路与战略目标。通过5～10年的努力，建设一批地方特色鲜明，民族特色浓郁的三峡民居旅游的新景区；开辟4～6条传统民居专题旅游线路；打造一批多层次、文化内涵深厚的三峡民居旅游的产品；创建一批三峡民居旅游精品和品牌；培育一批从事三峡民居旅游的优秀旅游企业；培养一批三峡库区民居旅游的管理和服务人才，使民居旅游成为库区旅游产业的重要支撑。

第一节 开发思路

一、总体思路

库区民居旅游开发要以突出三峡地域文化为核心，以传统民居为载体，整合资源，打造独具魅力的"三峡民居旅游"品牌，构建三峡传统民居旅游景区精品体系和精品旅游线路，从而达到繁荣库区民居旅游市场，促进库区古民居、古建筑的保护与文化传承之目的。

（一）确立文化核心

以文化为核心是三峡库区民居资源开发的重要原则。三峡民居是本地区数千年来社会、经济、文化发展的历史见证物，是库区各族劳动人民的创造精神与聪明智慧的结晶，蕴含着十分丰厚的历史文化、伦理文化、迁徙文化、风水文化、水运文化、耕读文化、民族文化及民俗文化信息，其内涵丰富的文化价值与库区特殊地理环境的充分融合构成三峡民居独有的地域文化特色，这也是三峡民居的精髓和最具吸引力的地方。因此，以三峡地域文化为核心，确立本地区民居文化的丰富性与独特性，是贯穿库区民居整体旅游开发的主脉。

（二）实施精品战略

充分利用三峡库区丰富的人文景观与自然景观，实施精品战略，按照民居资源的风格特色、规模大小、聚散组合、交通状况进行分类、分层次开发，推出层次明确、针对不同受众的旅游产品；同时，对库区最具代表性的古村镇、古民居、古建筑资源进

西沱古镇民居

龚滩古镇民居

图 14-1 三峡库区特色鲜明的精品民居

行重点开发（图14-1），完善其基础设施，提升其服务品质，创造其展示条件，将其做成精品，打造成特色鲜明、文化内涵丰富的文化旅游品牌，以此推动库区旅游产品向高层次迈进，实现三峡民居旅游的跨越式发展，建构完整的库区民居旅游市场。

（三）开辟专题旅游

图 14-2 访古探幽专题旅游

根据三峡库区民居资源现状，合理组织线路，进行多维度的专题旅游开发，实现民居旅游产品的系列化、专题化。具体做法如下：其一，依托三峡库区数百里传统民居、古建筑所形成的人文景观与自然山水景观相结合的天然环境，建构沿江民居艺术长廊，以此开发出以参观欣赏三峡沿江两岸传统民居为主线的长江三峡民居画廊休闲、体验游；第二，合理利用典型的传统民居、文物民居、历史建筑、文物遗址等资

源，开发传统民居建筑与文物
遗址的踏幽、仿古、摄影、写
生等专题旅游（图 14-2 ~ 图
14-4）；第三，凭借三峡传统
民居蕴含的丰富历史文化内
涵，与当地的民族文化、民俗
文化、传统节庆文化等结合，
开发三峡民风民俗体验旅游；
第四，从人文历史地理角度，
以民居建筑历史文化为背景，
开展三峡地区居住文化、历史
文化考察、研究专题旅游。

图 14-3　写生摄影专题旅游

图 14-4　三峡库区民居写生

（四）实行联合开发

　　三峡民居分布在湖北与重庆两个不同的行政区域，数量多，分布广，只有实现联合开发，形
成合力，才能使库区传统民居从资源优势变为产品优势，形成库区民居旅游的整体形象，建构库
区民居旅游的共同市场，推动库区民居旅游的繁荣发展。联合开发可以是同一区域不同景点的联
合开发，也可以是不同区域的跨地域联合开发。

　　1. 同一区域联合

　　在同一区域内，旅游主管部门要对域内旅游资源
进行全面梳理，对旅游项目的建设及旅游线路的设计
进行全盘规划，统筹安排，实行联合开发，使之协同
发展。可结合资源特点，采取以老带新、以点促面的
方法，让资源开发迟缓的民居资源与开发成熟早、知
名度高的旅游资源进行联合营运，发展多功能、综合
性强的旅游产品，以提升库区民居旅游产品的品质，
丰富产品内容，带动三峡库区民居旅游全面发展。
（图 14-5）

图 14-5　三峡农业观光采摘游

　　2. 不同区域联合

　　库区不同区域的旅游行政主管部门应打破地域疆界，携起手来，根据各自民居资源风格特
点、环境面貌，结合其地域的民居资源优势进行联合开发，实现旅游产品组合串联，形成特色鲜
明、面向不同层次市场的丰富的民居旅游系列产品；在机制联动、资源共享、责任均担、利益分
存的前提下，建构统一品牌，联合打造长江三峡库区民居旅游精品系列，实行统一宣传、统一促
销，加深受众印象，形成竞争优势。

二、具体思路

（一）空间布局原则

由于库区民居资源分布于不同区域，其旅游开发的空间布局应充分考虑经济、社会、交通、环境之间的协调关系，强调并坚持保护优先，坚持以开发促保护的原则。依据三峡库区各地民居资源单体价值与组合状况，在空间布局上应以突出重点、显示特色、发挥优势、因地制宜为前提，进行旅游空间结构营建和产品设计。

1. 点、轴结合

从旅游空间结构关系来看，"点"是静态的，是指旅游中心地或旅游景观节点；"轴"是动态的，是指连接各旅游中心地或旅游景点的交通线路。点、轴结合是将分散的旅游资源及各分散的景点串联起来，形成具有强大的凝聚力与吸引力的旅游空间序列，并结合各景点的基础条件，以及资源结构的集散度、组合度，构成环形旅游文化圈或特色文化旅游带。三峡民居资源分布在600多千米长的库区两岸，各景点民居建筑的自然环境、风格特色、人文内涵、资源大小各不一样，在库区水、陆、空交通环境不断完善的条件下，应根据景点的聚散和分布状况，灵活地采用点、轴结合的串联式民居文化旅游特色景观圈或者景观带的方式进行布局组合。

2. 新、老结合

目前，三峡库区民居资源的关注度还较低，旅游开发总体滞后。但前期也有一些比较有名的民居旅游景点，例如西沱古镇、双江古镇、龚滩古镇等；还有一些搬迁复建对外开放的景点，旅游开发的成效也十分显著，如重庆丰都县名山镇彭家垭口小棺山景区和宜昌秭归凤凰山景区等。这些景区已有一定的知名度，客源稳定，市场前景好。以这些已有一定市场口碑的景区带动库区新的传统民居旅游发展，是最为有效的产品开发方式。这种方式不仅强化了区域联系与区域协作，丰富了已有的旅游产品内容，而且又形成了区域内、区域间旅游产品的延伸和发展，促进了旅游新品牌的创造、老品牌的更新与升级。

3. 城、乡结合

库区民居旅游开发还必须充分依托周边城市的旅游集散能力与旅游优势，走城乡结合的道路进行产品开发。库区一头一尾有重庆（图14-6）、宜昌（图14-7）两个大都市，像两颗硕大的明珠镶嵌在三峡这条世界上最大的人工水库两端，水库中间还有众多的中小城市散落在沿江两岸。重庆

图14-6 三峡库区国际大都市重庆

与宜昌是进入三峡库区旅游的出入口，沿线各地中小城市是旅游者的集散地和区域旅游节点。沿线各城市自身拥有数量众多的城市居民，从旅游学角度分析，这些居民更是库区民居旅游的潜在

图 14-7　三峡库区新兴水电明星城市宜昌

目标人群。因此，三峡库区民居旅游必须依托周边城市进行产品开发，才能适应市场的要求。（图14-8）

走城乡相结合的开发道路，关键是要适应现代城市发展需求，在"以人为本"的前题下，精心打造为市民和广大旅游者服务的多功能、多层次的旅游产品，为他们提供心灵的关照，使其得到精神的愉悦。库区传统民居一般位于城市周边或者深山腹地，有的基础设施较好，也有的环境很差。因此，产品的打造要和基础设施的建设完善结合起来，使城市与乡村联系为一个整体，提高民居旅游目的地可达性。生态良好、景色优美、建筑独特、环境舒适的三峡库区乡村民居旅游项目，才会真正得到广大旅游者的喜爱。

（二）空间布局框架

根据三峡区域旅游景点整体状况，以及库区民居资源的分布特点，结合资源特色，确立"四个旅游中心地区、五条精品旅游线"的总体空间布局框架。具体思路是：

1. 四个旅游中心地区

"四个旅游中心地区"，即围绕三峡库区四个中心城市宜昌、万州、涪陵、重庆，进行库区民居旅游开发布局。三峡

图 14-8　重庆市现代民居

民居资源多数分散在库区沿江两岸及其周边腹地山区，分别处在这四个城市周边或在其辐射范围之内，有些经典古民居及古建筑，直接位于这些城市之中。把宜昌、万州、涪陵、重庆作为三峡库区民居旅游开发的中心地域，一是这四个城市本身具有民居资源优势；其次，还因为这四个城市从东到西，比较均匀地分布在库区不同的中心位置上，不仅拥有水、陆、空俱全的完善交通设施，较强的接待能力，而且还是组织和发散广大游客的空间节点和集散地。

2. 五条精品旅游线

第一条，长江三峡干流旅游线。这是一条传统的游线，虽然大坝蓄水之后，峡区的峡谷急流险境有所改变，但在这条黄金旅游线上，仍然可以饱览长江三峡的神奇美景，领略"白盐赤甲天下雄，拔地突兀摩苍穹"（宋·陆游）的磅礴气势，感受美轮美奂的巫山神女风姿，以及峡区朝云暮雨、变幻万千的气候神韵，观赏孟良梯之古栈道、风箱峡之古悬棺，体验金盔银甲峡、兵书宝剑峡、牛肝马肺峡、灯影峡之神奇，三峡工程大坝、葛洲坝之宏伟，赞叹自然宇宙之神秘、人类力量之伟大，还可以纵览长江两岸千姿百态的城镇与乡村，品析沿途风格迥异、美不胜收的古民居、古建筑，欣赏各种不同风格的民居与建筑之美，体验三峡库区沿岸特有的居住文化与居住特色。（图14-9）

神女峰

古栈道

灯影峡

图 14-9　第一条旅游线

第二条，大宁河旅游线。大宁河是长江北岸一级支流，发源于大巴山南麓，经巫溪、巫山注入长江，全长约 143 千米，是著名的小三峡旅游景区，旅游资源极为丰富（图14-10、图14-11）。大宁河中下游西岸峭壁山崖之上有众多的悬棺，神秘莫测，是考察古代巴人丧葬文化的重要场所；巴雾峡、滴翠峡和龙门峡，以山雄、滩险、峰奇、峡翠、水清、石秀著称，堪与长江三峡相媲美。除了自然景观外，这里是古代三峡地区盐业重镇——宁厂古镇和大昌古镇所在地。这两个古镇以盐业兴镇，历史上相当繁盛，是三峡区域人口最多的城镇。因此，这两个古镇遗存的传统民居十分集中，不仅数量多，而且具有非常浓郁的地方特色。宁厂古镇的半边街吊脚楼与大昌古镇的合院式封火马头墙式建筑，早已闻名遐迩。这里是游

小三峡旅游线路图

大昌古镇

图 14-10　第二条旅游线

图 14-11　小三峡风光

图 14-12　大宁河独特风景——峭壁悬棺

客近距离欣赏、研究三峡地区传统古镇、明清时期民居建筑的最佳去处。（图14-12）

第三条，丰都鬼城、小棺山古建筑—忠县石宝寨—梁平双桂堂—云阳张飞庙—奉节白帝城—秭归凤凰山等古建筑、古遗迹旅游线。这条旅游线囊括了三峡库区的主要古迹，三峡库区一些重要的古老文化古迹及建筑都在这条线上。（图14-13）

梁平双桂堂　　　　　　　　　　云阳张飞庙　　　　　　　　　　秭归凤凰山

图 14–13　第三条旅游线

　　三峡特殊的地理环境，造就了此地聚落"田野纵横千嶂里，人烟错杂半山中"的特点，建筑高屋危瓴，重楼突兀，亭角翘立，画阁飞檐，龙腾凤翥，结构精巧，殿堂雅致。这条线上的双桂堂是清顺治十年（1653年）修建的古建筑，为三峡库区佛教祖庭，是了解三峡库区传统建筑与宗教文化的必到之地。此旅游线路可供参观古迹还有：忠县的丁房阙，该阙为我国现存最高汉石阙；无铭阙，该阙古称屈原塔，相传为追思屈原而建；万州西山碑，据传该碑为北宋黄庭坚所书；距今201万～204万年的"巫山人"遗址；距今约五六千年、相当于母系氏族繁荣时期父系氏族萌芽时期的巫山大溪、忠县甘井沟新石器文化遗址。还有万州太白岩（李白）、忠县白公祠（白居易）、陆宣宫（陆贽）、皇华城（宋度宗）、太保祠（秦良玉）、兴山明妃村（王昭君）等名人遗迹与名人建筑，以及万州天生城、梁平赤牛城、巫山天赐城等南宋抗元古战场[1]；以及秭归凤凰山古建筑群，猇亭夷陵之战古战场等。

　　第四条，乡村山野生态旅游线。这条旅游线路为：武隆仙女山国家森林公园—开县大垭口森林公园—城口青龙峡自然保护区—湖北神农架原始森林区。这条旅游线路不仅有丰富的森林植被，有众多的三峡珍稀树木物种，还分布着大量的传统乡村民居建筑。这条旅游线重点满足现代都市人群向往山野、回归自然、追求清新宁静的特殊需求。（图14–14）事实上，在我国不管古代还是现代，人们对自然的向往

图 14–14　第四条旅游线之开县大垭口森林公园

与回归的心情是一样的，明代的大文学家莫是龙就曾经说过："人居城市，无论贵贱贫富，未免尘俗喧嚣……我愿去郭数里，择山溪清嘉、林木丛秀处……良友相寻，款留信宿。"[2] 随着现代城市的发展，绝大部分城市已成为钢筋水泥组成的现代化建筑森林，车多、人多、环境日益恶化已成为现代城市的普遍现象。人们在高节奏的城市环境中普遍向往乡村的宁静生活、回归自然、亲近山水的心态尤为普遍，桃花源式的旅游正好满足了人们的这种愿望。神农架幅员辽阔，地跨湖北房县、兴山、巴东三县，以丰富的原始森林与茂密的植被资源在海内外闻名遐迩，其有关野人的传说，更是神秘莫测，引人入胜；城口青龙峡由变质岩、石灰岩构成，海拔2000多米，悬崖峭壁，高山幽谷，瀑布飞泻，水天一色；这里还有国家一类保护动物金丝猴（图14–15）、金钱豹、云豹，

①滕新才：三峡库区旅游资源深度开发研究 [J]. 改革与战略，2010.5，第 157–158 页 .
②冯学钢：安徽省"两山一湖"旅游区联动发展机制与对策研究 [J]. 人文地理，2003，(1)，第 19–23.

国家二类保护动物金鸡、大鲵(娃娃鱼)、猕猴、斑羚等珍稀动物等；还有国家一级重点保护植物水杉、珙桐(鸽子树)，国家二级重点保护植物银杏、杜仲等珍稀树种。在这条旅游线路上还可以经常看到短尾猴、獐、麂、石羊、黑熊、野猪出没，并且曾发现有野人活动的足迹，更增添了旅游奇趣，提高了旅游的吸引力。

第五条，恩施—利川—宣恩—彭水—黔江土家族、苗族民居、民俗文化旅游线。这条旅游线路是三峡地区土家族、苗族传统集聚地，不仅土家族、苗族传统民居资源十分

金丝猴

原始森林

图14-15　第四条旅游线之神农架林区

丰富，而且其民俗文化特色非常鲜明，地域特色浓厚，是旅游者全面领略三峡地区土家族、苗族居住文化、民俗文化的重要旅游线路。这条线路上有国家4A级景区恩施土司城。(图14-16)该土司城距州府恩施市中心1.5千米，是一个以展示土家族传统建筑风貌为主，集土家族、苗族民族文化与民俗艺术展演为一体的特色建筑群，也是一个融观光、休闲、娱乐、体验为一体的大型文化旅游景区。城内分设民族文化、宗教艺术、休闲娱乐三个主要游览区域，分别为游客提供不同的文化游赏体验。在城中，最具特色的是位于民族文化区中心的土家族建筑"九进堂"，该建筑集土家族建筑艺术、雕刻艺术、绘画艺术之大成，由土家族传统干栏式民居吊脚楼、摆手堂、官言堂、书院、月台、戏楼等诸多建筑元素构成。九进堂依山而筑，亭榭楼阁，九进层叠，错落而上，廊台飞檐，步步登高，气势辉宏；室内木构，严谨庄重，梁柱门窗，精雕细琢。整栋建筑宏大而蕴含精细，华美而不失古朴，完美地展示了鄂西土家族建筑无与伦比的艺术魅力。土司城还常年举办各类民间艺人绝活表演，民间歌舞表演，民俗文化表演等，并邀请旅游者参与其中。这些活动，极大丰富了游客的游览体验，也是景区旅游的一大亮点。

恩施土司城仿古建筑群

利川大水井民居建筑群

图14-16　第五条旅游线

利川市大水井民居建筑群位于市区西北47千米的柏杨坝区，由"李氏宗祠"和"李氏庄园"两大建筑组成，分别建于清道光二十六年和光绪年间，总建筑面积12000平方米，宗祠与庄园东西相距200米。整个建筑群分为"李氏宗祠""李氏庄园"和"李盖五宅院"三个部分，像一首由土家

唢呐、木笛、叶笛、锣鼓加西洋长号奏出的三部曲，演绎着一个家族的荣与辱，凝固了土家民族的建筑文化史。2002年国务院将李氏宗祠、李氏庄园、李盖五宅院三部分公布为国家级文物保护单位。

图 14-17　恩施宣恩民居　（摄影：黄东升）

恩施利川鱼木寨四周皆绝壁，占地3.09平方千米，居住着500多户土家山民，有土家古堡、雄关、古墓、栈道和传统民宅，是国内保存最为完好的土家山寨。（图14-17）景区内城堡寨门、古栈道保存完好，数十座古墓石雕技艺精湛，关隘险道惊心动魄，村民生产生活古朴传统，民族风俗别有风味，素有"世外桃源"之美称。鱼木寨已有600多年的历史，明洪武二年（1369）至清雍正十三年（1735）一直是鄂北土家族土司的要塞之一，是土家族文化展示的活化石。鱼木寨保存着土家族文化区域内最具代表性的军事构筑、民居建筑、陵墓和原始崇拜场所，其建筑思想体现了土家族文化"重死乐生""顺应自然"的价值观念，并由此形成了独特的景观。[1]鱼木寨建筑充分体现了地方民族宗教、美学、文学等多方面的内涵、意境和神韵，展现了历史文化的深厚和丰富。

恩施宣恩的彭家寨是三峡地区最为典型的土家族传统民居村寨。（图14-18）该村寨位于沙道沟镇龙潭河，距宣恩县城10千米。寨内土家吊脚楼设计精巧，造工讲究，气势宏伟，千姿百态，具有浓郁的土家民族特色。寨内吊脚楼为全木结构，挑扇穿斗，单檐悬山，以三柱五骑或五柱八骑为主；在林荫覆盖下的青石板路，古朴雅致，蜿蜒在院落、场坝之间；寨前一道古老的石拱桥横跨龙潭河，是彭家寨

图 14-18　恩施宣恩民居

图 14-19　恩施宣恩民居

土家人走向世界的金桥；寨后群山凌空横立的石峰上，林木繁茂，蓬竹清幽。（图14-19）远眺彭家寨，只见土家吊脚楼群袒露在翡翠般的密山中，沿清澈如带的龙潭河岸层层铺展，峭壁挺秀，使人会油然而生一步一重天的幻觉，疑似美不胜收的人间仙居。这里还是贺龙红军当年活动的根据地，湘鄂川黔苏维埃革命遗址红溪坪就在这里。

重庆彭水黄家镇先锋老街始建于清嘉庆时期（图14-20），是目前三峡库区范围内保存最好的古民居特色古镇之一。这里有依山而建的土家族、苗族民居40多座，民居建筑有的成排成列而

①冯中德，谭中派：土家古堡鱼木寨 [J]. 民族团结，1995.9，第 62—63 页.

图 14-20　彭水黄家镇民居

建，出檐较深，形成较长檐下的长廊；有的单栋而立，飞檐翘角，小青瓦屋面，竹编夹泥白墙；建筑一般为两层，上层为阁楼，是卧室用房，下层一般为堂屋、厨房等生活用房。低区临街房屋均为连排结构，多栋房屋连在一起形成长廊。山上房屋多为单栋吊脚楼式住宅，地域特色浓郁，有较强的观赏性。

黔江位于武陵山脉腹地，有1800多年的建制历史。在古代，经过多次巴楚战争，部分巴人流落到此扎根繁衍，成为当地土家族先民。该地区是一个以土家人为主体的多民族混居地，千百年来，各族民众在这里创造了十分灿烂的民俗文化，并显示出多元文化交相辉映的景象，其中，以土家族十三寨为代表的板夹溪原生态民居，更是被誉为该地区民居、民俗文化的"活化石"。

为了展示和推介黔江地区的民居、民俗文化，当地政府专门投资兴建了"黔江民俗馆"，建筑面积1000多平方米，展出面积800多平方米。（图14-21）展馆建筑式样为土家族传统建筑吊脚楼。室内顶面用

图 14-21　黔江民俗博物馆

西兰卡普图案彩绘装点，使其外形和里面的装饰极具土家特色。整个展厅分为历史篇、服饰篇、民居篇、工艺篇、生产生活篇、民俗文化篇、婚嫁篇等。该馆旨在让游人暂短驻足，就能管窥黔江民俗生态之概貌；通过浏览，游客能从不同角度领略黔江地区少数民族独特的文化韵味。

图 14-22　黔江土家第一寨"十三寨"

黔江民俗馆以板夹溪土家族十三寨特色民居为标本（图14-22），采撷其山水灵气与地域神韵，汇聚成图形文字及实物媒体等传播媒介，向游客展示出一幅黔江民众古往今来的生活画卷，让游客能从中感受到该地区神奇的人文风貌和与众不同的生活方式，领略黔江民居、民俗文化之魅力，并从中得到美的享受。

第二节　战略目标

《湖北省旅游业发展"十三五"规划纲要》中提出，在十三五期间，要在省域内完成以城市为依托，以交通为支撑，努力构建以"金带总揽、两极发力、廊道贯通、板块崛起"为支撑的"一带两极三廊道四板块"开放式战略布局。即湖北长江旅游带。以长江为纽带，整合省内旅游资源和设施，做实做厚旅游产业带，使旅游业成为湖北长江经济带最有活力、最具带动性的支柱产业。同时，在对外开放合作中实现湖北长江旅游带与上下游的互动，共同奠定长江旅游带在全国旅游格局中的龙头地位。即武汉、宜昌两大旅游发展极。立足当前，面向未来，发挥武汉和宜昌作为旅游产业动力极、旅游活力迸发极、旅游线路放射极的极化作用，充分释放其战略潜能，在更大范围内、更广领域上带动全省旅游业的整体发展。[①]

宜昌是《湖北省旅游业发展"十三五"规划纲要》中特别强调的湖北长江旅游经济带的重要一极，与武汉一起肩负带动省域内旅游发展的使命。三峡大坝建成后，随着国家长江大保护战略的实施，绿色、生态、可持续已成为库区经济发展的广泛共识，三峡旅游产业面临新的机遇。宜昌作为三峡库区所在地，鄂西"生态旅游圈"组成板块，湖北旅游产业的动力极，其旅游发展的好坏对实现湖北旅游业产"十三五"战略目标有着直接的影响。因此，依据自身资源特点、区位优势，树立新理念，抢抓机遇，应对挑战，扬长避短，乘势而上，通过努力，将宜昌建成长江三峡国际旅游目的地、中国休闲度假特色地和鄂西乡村旅游首选地，强化全国重点旅游城市地位，加快建设世界水电旅游名城。到2020年，全市游客接待量突破1亿人次，旅游综合收入突破1000亿元，成为湖北旅游重要的发展极。[②]是该地区"十三五"旅游发展的奋斗目标。

传统民居作为三峡区域最具特色的文化资源，在把宜昌建成为中国休闲度假特色地和鄂西乡村旅游首选地的产业规划与定位中，有着非常突出的作用，对其进行有效的开发利用，是实现上述目标的关键环节。但是，由于三峡民居资源的分散性与复杂性因素，完成其资源整合、开发与利用，难度大，时间长。因此，在充分调查研究的基础上，确立目标，制定计划，分步实施，是实现资源有序、顺利开发的前提。

一、总体目标

三峡库区民居资源开发的战略总目标：通过5～10年的努力，在目前已有的三峡库区旅游景观的基础上，建设一批地方特色鲜明、民族特色浓郁的三峡民居旅游新景区；开辟4～6条传统民居专题旅游线路；打造一批多层次、文化内涵深厚的三峡民居旅游产品；创建和建立一批三峡民居旅游精品和品牌；培育一批从事三峡民居旅游的优秀旅游企业；培养一批三峡库区民居旅游的管理和服务人才，使民居旅游成为库区旅游业支柱性组成部分。

①《湖北省旅游业发展"十三五"规划纲要》：http://wlt.hubei.gov.cn/zfxxgk/fdzdgknr/ghxx/202008/t20200828_2866125.shtml.
②《宜昌市旅游业发展"十三五"规划》：http://xxgk.yichang.gov.cn/show.html?aid=1&id=13366&t=4.

二、分期目标

2014—2016年：制定出三峡库区民居旅游开发的总体规划和具体实施方案。

2016—2020年：在库区沿线两岸及其腹部地区初步建成10个地域文化特色鲜明的三峡民居旅游新景区；开辟3条以上新的民居旅游线路；结合民居景点的开发建设，开发出4～6个新兴的体验型民居旅游产品，包括民俗民艺、歌舞表演、访古探幽、古建研究、农业观光、生态体验，等等。(图14-23)

图 14-23　恩施民居　　（摄影：黄东升）

2020—2025年：对已建成的民居旅游景区进行深度开发，形成库区民居旅游精品和品牌，在此基础上进一步开发库区周边新的民居旅游景点6～8个，形成库区民居旅游的规模效应，初步建成三峡库区沿线民居旅游景观画廊；开辟5条以上民居精品旅游线路，辐射库区周边广大地区，形成大三峡民居生态旅游圈；培育10～15个从事三峡库区民居旅游的专业企业；与库区周边的各大专院校合作，采取定向招生和委托培养的方式，培养一批库区旅游管理和服务人才，以提高库区旅游管理水平与旅游服务质量。通过5～10年的深度开发与建设，使三峡库区及其周边地域丰富的传统民居资源都得到充分的开发利用，并步入开发与保护的良性循环轨道。在产品开发的同时，运用各种媒体开展各种层次的宣传广告，使三峡民居旅游产品尽快为海内外旅客所熟知，吸引其前来旅游，并得到他们的认同。力争通过5～10年的开发建设，让民居旅游在三峡库区旅游总收入中的比例达到40%以上，使之成为我国古民居、古村镇旅游的一个极具竞争力的新兴市场。

第十五章
库区民居资源的开发对策

所谓对策，即实施方法，是实现目标的手段。针对库区民居资源的现实状况，本章提出如下开发对策：打破界线、整合资源；规划先行、分步开发；加强基础、优化环境；融入整体、组合开发；拓宽渠道、多元融资；完善制度、规范管理；培养人才、建设队伍；打造精品、创建品牌；加强营销宣传、提升知名度。通过以上对策的实施，力求使库区民居艺术成为三峡旅游的新亮点和热门旅游项目,带动三峡旅游产业重归辉煌，促进库区旅游市场向可持续方向前进。

三峡库区横贯湖北、重庆两地，库区民居资源分布在这两大行政区域各自的几十个县、市、区和乡镇，不仅面积大，地域广，而且涉及的区域行政管理部门也十分复杂，要想成功对这里的民居资源进行整合与开发利用，不是一件容易的事情。故此，笔者在多次实地调查与充分思考的基础上，提出如下开发对策：

第一节　打破界线、整合资源

从地理概念上看，三峡地区是一个整体，是一个完整的地理单元，但从行政划分来看，不管是古代还是现代，三峡的上段与下段却始终分属于两个不同的行政区域管辖。（图15–1）究其原因，可能是因为古代交通不便。近现代呢？除了交通不便之外，更重要的可能还有习惯的缘故。中华人民共和国成立后，从峡区旅游发展的历史来看，由于分属两大不同的行政区域，在旅游资源的开发利用及经营管理上，各区政府往往是自成体系，互不往来。据统计，三峡工程开工之后，重庆市政府每年举办一届"三峡国际旅游节"，至今近20届，而从2000年开始，湖北宜昌市也举办"三峡国际旅游节"15次，目的都是推介库区旅游产品，宣传三峡国际旅游形象；但这些活动却是你敲你的锣，我打我的鼓，在资源、信息、市场等方面没有形成联动和共享，也缺乏相应的整合与协调机制。因此，虽然各地的活动搞得有声有色，但三峡旅游产品的质量并没有明显提高，相反，两地企业在市场、价格方面的恶性竞争却日趋激烈。这种状况，严重制约了三峡旅游业的发展，也和国务院六部委2004年颁发的《长江三峡区域旅游发展规划纲要》的总体精神背道而驰。三峡地区丰厚的民居资源之所以长期没有得到有效地开发利用，除了其他因素之外，也与这种各自为政、画地为牢、条块分割的状况不无关系。

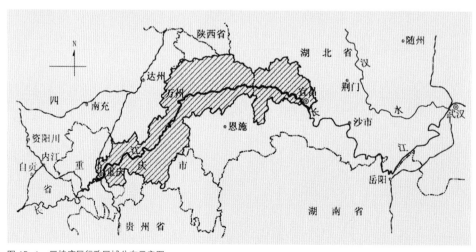

图 15–1　三峡库区行政区域分布示意图

要改变这种状况，重庆和湖北（宜昌）两地的旅游行政主管部门要转变观念，切实贯彻执行《长江三峡区域旅游发展规划纲要》的总精神和总原则，实践科学发展观，打破区域界限，在调查研究的基础上，根据库区旅游市场开发与管理的总要求整合资源：首先，在库区建立一个三峡旅游统一管理与协调机构，对库区所有旅游资源进行统一规划、布局和管理，在客源、市场、价格方面实现协调与联动，以规范市场行为，提高服务质量；其次，在目前游客对旅游产品的文化品位与欣赏价值要求越来越高的趋势下，两地旅游部门还应充分认识开发库区民居资源的重要意义，明确其游赏价值与发展前景，联手协作，在三峡库区旅游统一管理与协调机构的组织下，加大加快开发力度，使库区民居的资源优势尽快变成产品优势。（图15-2）

图15-2　三峡库区民居写生

具体做法是：

第一，对库区现有的传统及新建民居资源进行全面系统地考察与评估，在考察与评估的基础上针对国际国内市场需求，制定出三峡库区民居资源旅游发展的总体蓝图。

第二，根据各地资源分布状况，进行资源整合与重组，突出重点，分步实施，使峡区民居资源都能得到有序、合理及充分的利用，逐步推出三峡民居系列旅游产品，以适应旅游市场的变化与需求。

第二节　规划先行、分步开发

三峡库区民居旅游资源虽然十分丰富，但分散性也是其重要特点之一，而且每一处民居资源的区域环境、风格特色、基础设施、开发条件、开发的难易程度都存在很大差异，因此，要对这些散落在各地的民居进行旅游开发利用，必须经过充分的调查研究，在全面掌握库区民居资源的

图 15-3 搬迁后的龚滩古镇

整体状况的情况下，首先编制好开发利用与保护的整体规划方案，并在其基础上，制定详细开发策略，按旅游市场需求，分层次、分步骤进行民居旅游产品开发，唯其如此，才能确保传统民居资源在开发利用中获得新生，在环境保护中得到发展，才能使库区广阔的民居资源发挥出应有的社会效益与经济效益，在后"三峡工程时代"的库区经济与社会发展中发挥应有的作用。（图 15-3）

库区民居旅游开发规划的编制要注意依据三峡自然条件、人文特点，融合库区绚丽多姿的生态景观、山水景观、人文景观，以及丰富多元的乡风民俗、民族特点、民间艺术、宗教文化等元素，使各类资源得到有效整合，形成地域特色。各区域的分步开发计划要在库区民居资源总体开发规划的框架下进行编制，在景点设置、线路编排、旅游方式、产品特色等方面应尽量避免同质化，突出差异性和特色性，以增强旅游产品的互补性和吸引力。各区域民居旅游开发的具体实施方案要做到起点高、定位准、特色明，正确处理保护和开发利用的关系，做到建设一个项目、打造一个亮点、彰显一种特色、成就一个精品，通过连点成线、连线成面，提升民居旅游整体竞争力。

第三节　强化基础、优化环境

库区各级政府要把发展传统民居旅游纳入当地城镇发展与社会主义新农村建设的整体布局中，作为改善地区环境面貌、建设无烟工业、增加就业渠道、提高民众收入、发展地方经济的头等大事来部署和推动。各地要按照"政府主导、群众参与、各方联动、社会关注"的原则，调动一切积极因素，促进公共服务向乡村延伸，加快完善乡镇基础设施和配套设施建设步伐，优化景点周边环境，提升民居旅游的服务功能，提高产品吸引力和美誉度。

一、改善交通，提升景点的通达性

由于三峡库区民居资源大部分处于山区，有些甚至地理位置十分偏僻，交通环境较差。因此，库区民居旅游开发首先要重点改善民居旅游景区的道路交通，提升民居旅游的可通达性，同时还要建立完善的路标指示系统和停车场。在开发过程中要通过"乡村公路硬化工程"和"景区道路通达工程"建设，实现柏油路或水泥路乡场民寨"村村通"，旅游景区"处处通"。通过道路建设，使景区与景区之间，景区与城镇之间进行串接联通，为旅游者提供快捷丰富的旅游景区交通网络，方便旅游者观赏、游憩。

二、美化环境，完善景区配套设施

对于一些边远地区的特色传统民居资源的
开发，在强调道路建设的同时，要加强民居景
点周边环境的建设，完善景区的设施配套，主
要工作如下：其一，对于一些古老破旧的古民
居、古建筑，首先是清理周边区域的垃圾和污
染物，对污水进行无害化处理，清除畜禽养殖
污染，改善旅游景点的卫生条件，使其达到公
共卫生标准；其二，在对破旧的古民居、古建

图 15-4　以优美的环境、完善的服务，迎接八方宾客

筑进行修复和污染清除的同时，还要加强对景区周围区域环境的绿化美化，以改善其形象。在绿
化过程中，要根据景点建筑风格及地域特点，选择富有地方特色、适宜当地环境气候的花木植被
进行培育栽植，让旅游者在欣赏这些花草植被的过程中，能深切感受其鲜明的地方特色；其三，
着力建构"以游客为中心"的旅游服务体系，加快景点周边的住宿、餐饮、娱乐等服务设施的建设
与改善。具体措施如下：实施以通路、通水、通电、通信为重点的"四通"工程，以无线网络、停
车场、购物中心、游客服务点为重点的"四建"工程，以改厕、改气、改水、改厨为重点的"四改"
工程，以硬化、绿化、亮化、净化、美化为重点的"五化"工程。通过这些开发与整改措施，切实
达到提升景区的整体形象，增强民居旅游的公共服务功能之目的。（图15-4）

第四节　融入整体、组合开发

随着三峡工程的全面竣工，经过近20年的建设，库区沿岸一座座新兴现代化城镇拔地而起，
形成错落有致的城镇群体；这些新兴城镇与宏伟的三峡大坝、葛洲坝以及库区的自然、人文景观
融为一体，相互衬托，相互协调，构成一幅巧夺天工、融古入今、融美入城、流光溢彩的现代风
景画卷，标志着三峡旅游业进入到了一个全新的发展时期。民居作为库区旅游资源的一部分，融
入整体，与其他资源互为补充，进行组合开发，建构特色鲜明的综合性民居旅游产品，是适应库
区旅游新格局，达到市场预期目的的最佳途径。

大坝蓄水之后，不可避免地对库区旅游业带来一定影响，不少地区出现游客回落现象。但就
大坝本身而言，这一宏伟的世纪工程对国内外游客仍然具有吸引力。长江三峡旅游公司的统计数
据显示，仅2014年七八月份，前来大坝参观的游客每天都达到7000人以上，周末更是超过1万人。
至当年8月中旬，景区已累计接待人数108万人，超过全年计划。[①]（图15-5）然而，在这些可观的
数据背后，实际状况并不乐观。调查发现，绝大部分参观者都是被大坝吸引而来的短期过客，真
正留下并进入库区揽胜探幽的游人并不多。

---

①资料来源：新华社发，http://roll.sohu.com/20140824/n403720771.shtml.

参观宏伟三峡大坝的游客络绎不绝　　　　围绕大坝基石合影留念已成旅游者的必备项目　　　　参观三峡大坝的外国政要

图 15-5　三峡工程举世瞩目

从心理学角度分析，这些为数众多的国内外游客在参观完三峡大坝这一宏伟的世纪工程之后，必然会激发观赏库区及周边自然与人文景观的兴趣，有进一步深入峡区观景揽胜的心理需求。因此，要留住他们，使他们成为整个三峡库区新景观的"游客"，而不仅仅是看完大坝就走的"过客"，就必须重新打造三峡库区旅游的整体形象，营建更多层次丰富、质量优异的旅游产品，形

成强大吸引力。（图15-6）在这一背景下，充分发挥库区民居资源的优势与特点，配合其他旅游项目，开发出适应游客不同需求，特色鲜明的民居旅游文化产品，形成新的兴趣点与吸引物，以激活游客对库区新景观的兴趣，把大坝蓄水对库区旅游产业的负面影响降至最低，是最为便捷、最为经济的解决方案，其产品也必定备受欢迎。

图 15-6　宜昌车溪民俗村出入口　（摄影：黄东升）

第五节　拓宽渠道、多元融资

三峡库区民居旅游开发过程中，需要大量的资金，积极引入市场机制，构建以政府为主导、企业为主体、社会资金广泛参与的民居旅游产业多元化融资机制，多渠道筹集建设资金，是三峡民居开发与保护融资的必由之路。

一、加大政府投入

"后三峡工程时代"，是三峡库区旅游转型发展的新时代，作为库区经济的支柱性产业，旅游市场的兴盛与衰败，直接关系到库区沿线各地的经济建设与社会繁荣。因此，各地政府部门要充分认识新的市场条件下库区民居资源的经济与旅游价值，切实发挥对民居资源旅游开发的主导作用，加大引导性资金投入，协调落实各方面的扶持、支助资金，保证旅游开发资金切实到位。同时，要改进扶持资金的使用管理办法，引入竞争机制，采取招投标、以奖代补等方式，最大限度地发挥资金的使用效率，确保开发工作的顺利进行。（图15-7）

图 15-7　远安县地方政府主导保护与开发的翟家岭传统民居旅游景点

二、招商引资

在民居资源开发过程中，还应利用租赁、赎买、股份制、项目经营等招商引资的办法进行资金筹集。首先在政府相关部门的主导下，制定招商引资政策，按照"谁投资、谁受益"的原则，放宽准入条件，落实优惠措施，积极引导海内外社会资本投向三峡库区民居旅游业，为三峡库区民居旅游新格局创造条件。在此过程中，要建好开发项目储备库，对那些资金投入大、开发难度高，但项目前景好、资源旅游经济价值高的开发项目，力争引进那些有实力、信誉好、知名度高的国际国内的企业加盟其中，以保证开发质量。

三、信贷支持

库区各地的银行、信贷金融机构要对信用状况好、资源优势明显的民居旅游项目适当放宽担保抵押条件，并在贷款利率上给予优惠。重点扶持那些与民众增收直接相关的，以村镇为基本经营单位，依托乡村农家自有的传统民宅创办的节地型"民居旅游景点"。在一些贫困地区要积极协调，争取将民居旅游发展纳入扶贫开发贷款扶持范畴。同时，对于经济价值、文物价值、文化价值、艺术价值突出的民居，各地政府要在银行、信贷机构的支持下，积极做好原住民的搬迁工作，将居民迁往新居。搬迁之后，由于有地方政府的统一引导，银行与信贷机构的投入更放心，不仅更利于古民居的整体保护与开发，而且通过开发利用，原民居的产权所有者也可从其旅游收入中分享收益。

四、社会投入

三峡库区民居资源的旅游开发还应采用多种形式鼓励民间资本参与，如采取独资、合资、合伙等多种形式参与开发和经营；鼓励农户、村社、乡镇以土地使用权、固定资产、资金、技术、劳动力等多种生产要素投入到库区民居旅游项目开发建设之中。有条件的地方，可组建村镇旅游

投资公司，搭建乡镇民居旅游融资平台，为库区民居资源开发利用与保护召集全社会的力量。（图15-8）

图 15-8　五峰土家山寨茶乡风情园

第六节　完善制度、规范管理

三峡库区民居的旅游开发是一个涉及面广、工作量大的系统工程，在实施过程中，要充分调动各种有利因素，积极通过机制创新，建立与完善标准化、制度化、规范化管理体系，不断提升旅游景区与景点的管理水平和服务质量。

一、加强行业示范

图 15-9　恩施土家族民居写生

支持鼓励民居旅游景区创建国家质量等级景区、全国民居旅游体验示范点、全国民居旅游休闲示范点，推进民居旅游景区规范管理。事实上，库区已有部分开发较早的民居民俗旅游项目做出了先例，如：宜昌市点军区车溪民俗旅游区、宜昌秭归凤凰山民居旅游区先后成为全国民俗民居旅游示范点；枝江市安福寺古镇桃花园、宜昌市五峰土家山寨茶乡风情园等景区先后成为全省乡村民居、农业生态旅游示范点。（图15-9）

二、完善规章制度

库区民居旅游要尽快建设和完善民居旅游管理办法和相关管理制度，以形成统一规范制度，保证民居旅游发展的有序展开。一是要建立民居旅游市场准入制度，以规范民居旅游的准入标准，避免低档次、格调低下的民居产品扰乱库区民居旅游市场；二是要建立一整套库区民居旅游规范化、标准化服务制度，以保证库区民居旅游服务有章可循，有规可依，避免欺诈、宰客、无序竞争，以及各种不良行为的发生。

以湖北恩施州为例，该州是我国著名的土家族、苗族自治州，民居资源十分丰富，民居旅游开展得较早。20世纪90年代，在三峡工程的推动下，恩施民居就受到旅游者的青睐，旅客纷纷前往参观、旅游、踏访。（图15-10）但早期的民居旅游和旅游接待大多数

图 15-10　画家刘路喜在恩施徐家寨写生

为自发行为，各民居景点不仅接待能力有限，而且很不规范，市场较乱，旅客的各种投诉时有发生。为了规范旅游市场，恩施州政府出台了传统民居旅游的准入制度，并对民居旅游接待标准制定了规范，使该州民居旅游逐步进入良性轨道。这些规制要求如下：第一，凡申请民居旅游接待的传统民居景点或农户，要向所在县旅游局提交书面申请，然后由县旅游局同相关部门完成相应的考核评定工作，然后授予"民居旅游接待景点"标志牌和证书。第二，被授予了标牌和证书的民居景点和乡镇，不仅要求接待设施、服务具备浓郁的地域、民族特色，而且还要符合清洁、卫生、安全标准；在服务用房的装修装饰上，既要现代化，又要体现民族特色；接待设施、设备要有较高档次，符合消防安全及卫生要求，并且具备制作中、高档餐饮的能力，基本能满足高端旅游者的餐饮要求等。除具备以上硬件条件外，民居旅游接待服务人员还须接受相应的业务培训，各接待农户和社区均要严格按照物价部分核定的价格收费，杜绝各种乱收费现象发生。这些制度的建立，有效地规范了该地区的民居旅游市场，保证了民居旅游这一旅游文化产业的正常发展。（图15-11）

图 15-11　恩施州政府制定民居旅游准入制度，该地区民居旅游规范、红火

三、建立统一管理机构

三峡库区要建立库区旅游的民居旅游统一管理机构，对库区的民居旅游资源的开发和旅游景区进行统一管理，实行一体化管理模式。这种管理模式一是有利于对库区的传统民居资源的开发利用的统筹安排，分步实施，避免资源浪费和重复开发；二是便于对旅游企业进行实时监控，规范服务行为，如对景区环境、交通、安全、卫生、设施、服务项目、接待能力等内容进行评分,评定星级，挂牌经营，引导消费，等等。针对库区民居旅游景区分散的特点，还可以尝试成立旅游协会，使之隶属于库区旅游管理机构，以协会的面貌出面引导和规范客源市场，协调和处理消费投诉等一系列工作。

四、健全检查监督机制

政府职能部门建立健全监督检查机制，加强监督检查力度，对库区民居旅游经营的不规范以及不道德行为进行及时制止和纠正，严厉打击以次充好、缺斤短两、宰客欺诈、哄抬物价等不法行为，开展"放心玩、放心吃、放心住、放心购、放心娱"的"五放心"活动，切实提高三峡库区民居旅游的整体服务质量，营建良好的社会口碑，为游客提供良好的旅游消费环境，力求做到让大多数旅游者游后难忘，过后复来。

第七节　培养人才、建设队伍

旅游人才战略规划是旅游业发展总体战略规划的重要组成部分。库区各地要根据旅游业发展战略规划，制定旅游人才发展战略规划，力求使旅游人才总量与旅游业发展相适应，旅游人才结构与旅游产业结构相协调，旅游人才素质提高与旅游业快速发展的要求相同步，实现旅游人才资源持续开发与旅游业长期稳定增长的良性互动。三峡库区民居旅游所涉及的区域广，范围大，需要大批的经营管理和旅游服务人才。因此，围绕库区民居旅游开发的产业要求，分类型、分层次对旅游管理者和服务人员开展培训工作是库区民居资源旅游开发的重要组成部分。库区各地政府要把对民居旅游从业人员的培训作为一项长期性工作纳入库区地方财政支持范畴，加大投入力度，扩大培训规模，为库区民居旅游的加快发展提供门类全、数量足、质量高、用得上的旅游服务和管理人才，为库区旅游的持续快速健康发展提供有力的人才保障。

库区各地政府和旅游管理部门，要在旅游人才战略规划总要求下，将民居旅游人才培训与教育、农业、劳动、民政等部门的专业技能培训相结合，与各种上岗学习相结合，共同推进和实施；也可与库区沿线各大专院校、职业院校及大型企业合作，积极探索政府、学校、企业和社会公益组织共同办学培养的路子，鼓励、引导通过各种方式培养民居旅游人才，促进库区民居旅游与乡土旅游人才开发的协调发展；还可依托大专院校、职业院校、行业协会和产业基地组织编撰实用型民居旅游培训手册、培训教材，通过专家讲授、经验交流、典型汇报、实地考察、项目实习等方式，培养一批会经营、善管理、懂服务的专业人才队伍；也可充分运用现代传媒技术在培训方面的优势，结合远程教育建立现代化旅游教育培训平台，运用网络远程培训的方法，为库区民居旅游发展提供人才支撑。库区当前民居旅游人才培训应从以下几个方面入手：

一、导游人才是重点

图 15-12　导游是三峡民居旅游不可缺少的领路人和推广者

库区民居旅游服务人才的培养中，导游人才是重点。高素质的导游人员，是三峡民居旅游不可或缺的宣传员和推广者，更是三峡民居旅游的带路人和组织员，其作用不容小觑。三峡民居尤其是传统民居是在峡区多元文化的背景下、历经数千年发展与演变而形成的一种特殊的历史沉淀物，蕴含的社会历史、经济文化信息十分丰富。游客在面对这些古建筑时，如果没有高水平的导游和讲解人员的宣讲与介绍，往往会因为难解个中意味而游兴索然。导游人员富有煽动力的宣讲和引导，是提升三峡民居旅游产品吸引力和美誉度的关键因素之一。而在现阶段，库区旅游业高素质的导游，尤其是具备丰富历史文化、建筑技术与艺术知识的民居旅游领域的专业导游十分稀缺，因此，培养大批热爱民居旅游事业、具备丰富文化知识的导游与讲解人员，是实现三峡民居旅游可持续发展的必要条件。(图15-12)

二、管理人才是关键

目前，库区旅游业较为紧缺的不只是导游人才，旅游企业经营管理的高端人才，包括高层管理者以及从事人力资源管理与开发、市场营销、旅游娱乐管理、旅游规划、旅游景区管理、旅游物业管理等工作的人才也十分紧缺。面对库区丰富的民居资源，要使其资源变为成品优势，形成特色产品，做大做强，就必须有一批素质高、责任心强的民居

图 15-13　举办民居旅游短期培训班

旅游管理人才来负责经营管理。因此，造就和培养一批高素质的民居旅游的管理者，也是库区民居旅游开发的当务之急。为了尽快解决管理人才不足的问题，当下可以从库区旅游从业人员中选拔一部分素质较高，有一定的文化水平和实践经验者进行短期培训，然后上岗工作。（图15-13）对民居旅游管理人员培训主要从政策法规、宏观管理、发展理念、产品创意、信贷融资、生产安全、综合服务、市场促销等知识入手，培养其开拓创新精神、政策法规观念、服务安全意识等，使其上岗之后，带动库区民居旅游市场迅速走上正轨，实现快速有序发展。

三、一线员工是基础

工作在库区民居旅游第一线的广大员工，是库区民居旅游产品开发与旅游服务的基础人群。这一大批人群服务质量的好坏，直接关系到旅游景区的美誉度。因此，对于民居旅游服务的一线员工，也要分期分批开展专业知识、服务技能和服务礼仪培训，重点学习职业道德、食品卫生、安全生产、旅游礼仪、服务内容、操作程序、产品知识、解说技巧等方面的内容，以增强他们的专业素质和服务技能，提高服务水平。同时，还要加强对一线员工的本土民俗文化和风土人情等相关知识的培训，使他们在为游客服务的过程中，自觉传递三峡地区特有的民风民俗特色和地域文化信息，加深游客对三峡民居旅游目的地的印象，提升库区民居旅游文化产品的品位和服务档次。

第八节　打造精品、创建品牌

旅游经济的繁荣和发展，取决于产品的知名度和景物的吸引力。从这个意义上讲，旅游经济可以说是"眼球经济、知名度经济和品牌经济"。现代旅游产业的发展，已不只是旅游资源的竞争，更是旅游产品的竞争，其产品品牌形象的建构已成为企业生存的关键性因素。库区民居资源的旅游开发和产品创建战略应以三峡地域特色文化为核心，以库区绚丽多姿的传统民居建筑为元素，以构建库区民居旅游的特色品牌体系为目的，真正打造具有强劲竞争力的民居旅游品牌，实现库区旅游经济的跨越式发展。

一、以文化为核心，营建品牌特色

旅游产品品牌的的开发与创建，文化是核心，特色是关键。在库区民居资源的旅游产品的开发中，应根据不同的建筑及环境所形成的文化和文脉，突出个性，彰显特色，营建良好的景观文化环境，并以此为基础，形成独具特色的三峡民居旅游产品的品牌，以便尽快占领产品竞争的制高点，形成品牌优势。（图15-14）具体策略如下：

图 15-14　精美的宜昌车溪民居

图 15-15　经过环境整治与初步开发的宜昌远安翟家岭民居

第一，对于一些以建筑历史文化和形态风格见长的民居旅游产品，其品牌价值重点体现在展示其产品蕴含的文化和建筑本身的造型、结构及装饰等方面的审美信息，这类产品应让游客在游憩过程中不仅可以欣赏其建造技艺之精湛，感受峡区先民的聪明智慧和杰出创造精神，而且还能深刻体会到三峡地域的古民居、古建筑所特有的文化底蕴与艺术品位，从中得到美的享受和文化艺术氛围的熏陶。（图15-15）

第二，在特色传统民居聚落景点的产品开发上，应把展示三峡地区建筑群体与自然环境相互依存、和谐共生的特征作为品牌建构的重点，让游客在观赏中能体验峡区特有的山水城镇和山水乡村风貌：俯首低瞰，可领略山苍水秀、绿茵人家、鸟语花香的田园诗意；登高望远，能感受建筑与山水相依、自然与人文相融、落霞与孤鹜齐飞、长天共秋水一色的审美意境。

第三，对于新型的仿古民居的旅游产品开发，则应在传统文化与现代精神相结合上创建其品牌价值，让游客在游憩中，既能触摸到城镇特有的历史印迹，体验其厚实的文化品质，又能感受到生动的时代气息；在景点中，还可通过增加游乐、休闲设施，以及开展与社区居民的互动交流活动，来提高游客对新型民居旅游景点的兴趣。

第四，各个民居旅游景点还可根据其所处的地域环境、地方及民族特色，结合民风民俗，开发出三峡地区特有的民族歌舞表演、民族服饰表演、龙舟赛、巴山舞比赛、民族饮食文化品评等丰富多彩的游乐产品，并让游客参与其中，满足他们对新、奇、知、乐、艺、美等多元旅游文化的追求。（图15-16）

　　单栋民居　　　　　　　　民居聚落　　　　　　　新建仿古民居聚落　　　　　　民居与民俗旅游

图 15-16　打造丰富多彩的民居旅游产品

二、依托现有资源，加快创建特色旅游名镇

　　三峡地区在数千年的历史发展中，曾经出现过数不清的古场镇，虽然随着岁月的更替、时代的进步及三峡大坝的蓄水，有些古场镇发展为城市，有些古场镇衰落、消失，还有些古场镇沉入江底，成为淹没区。但是当今库区沿线依然还留有不少地方特色浓郁的古村镇。这些古村镇既是三峡地区旅游的集散区，又是旅游的目的地。因此，充分依托库区这些特色资源，推进旅游名镇建设，积极创建旅游名镇品牌，既是完善库区民居旅游综合功能的需要，又是追求旅游综合效应的必要对策与措施。在我国，江西婺源古镇、浙江乌镇、江苏周庄、江苏同里古镇等都是打造旅游名镇、形成知名品牌的鲜活样本。这些旅游名镇的品牌形象已深入人心，在各种广告宣传中吊足了广大民众的胃口，对旅游者已形成强大的吸引力。近年来，湖北和重庆两地已开始重视旅游名镇建设，如宜昌的三斗镇，神农架林区木鱼镇，重庆的西沱古镇、双江古镇、瓷器口镇，已被列于各自省、市旅游名镇目录。但与库区广阔的范围及旅游发展的新形势、新要求相比，这些名镇无疑数量太少，其品牌的号召力亦有进一步提升的空间。因此，在库区民居资源的开发过程中，进一步推进特色旅游名镇品牌建设，是繁荣库区旅游经济、提升库区旅游产品层次的重要措施。

三、激活库区周边民居资源的潜力，打造旅游名村

　　三峡库区地处湖北、湖南、重庆、贵州四省市毗邻的地区，周边腹地纵深广阔，民族众多，文化多元，民风淳厚，民居资源丰富，在深山峡谷山林中有很多鲜为人知的古村寨、古民居、古建筑。但在很长时间内，由于山高路险、交通不畅、信息闭塞，这些地方丰富的文化与民居资源长期无人问津，"藏在深山人未识"。（图 15-17）随着三峡工程的建成，库区周边的交通条件不断改善，以及城市

图 15-17　尚未开发的传统民居

的扩展，库区旅游业为了适应现代旅游的发展与转型的要求，在旅游资源的开发利用上，已经在不断向库区内陆山地和腹部区域延伸。在此背景下，充分激活库区周边腹地那些长期处于"休眠"状态的深山特色古民居、古建筑及其相关文化资源的旅游价值，创建众多各具特色的深山传统民居旅游名村品牌形象，为广大旅游者提供更多可供选择的新鲜的旅游吸引物和旅游目的地，不仅

是在新形势下库区旅游可持续发展的需要，更是改变库区腹地山区民众生活环境，提高生活质量，增加经济收入的重要手段。在开发创建库区民居旅游名村的过程中，可在当地政府的引导下，采用多种灵活的引资方式，实现资源的开发利用。可采用独资、合资、股份制、租赁制、项目买断经营等方式进行开发，也可实行景民共建、景村共建、景镇共建等方式进行开发。总之，不管采取哪种方式进行资源开发与品牌创建，其最终目的都是要使景区资源得到合理的开发利用，村镇旅游服务设施得到全面的规划建设，村镇环境得到根本改善，村镇形象得到全面提升，形成开发投资者与民居产权所有人两者共赢的发展局面。（图15-18）

图 15-18 位于大山深处的宜昌市夷陵区黄花镇张家口村古民居

四、彰显地域特色，建构民居民俗文化旅游精品

三峡地区民族众多，民风民俗、民族文化十分丰富。在库区民居资源的开发利用中，其产品的建构应以彰显三峡地区民族的民风民俗、地域文化特色为主脉，建构具有深刻影响力的三峡传统民居与地域民俗文化为特征的旅游精品，打造品牌形象，形成核心竞争力。与一般旅游产品相比，地域特色鲜明的民俗文化，不仅可满足旅客多层次的旅游欣赏需求，又可丰富旅游产品结构，弘扬三峡地区特有的民俗风格和民间特色，使游人感受异质文化带来的审美享受和心理愉悦。如：土家族的女儿会、跳丧舞、哭嫁歌、摆手舞、西兰卡普工艺，苗家山歌、蜡染、剪纸，以及峡区的戏剧、皮影、根雕木雕，说唱等。还可举办三峡纤夫文化旅游节、生态旅游节、油菜花旅游节、游泳节、桃花节、庙会等（图15-19），这些都是构成精品品牌影响力的民俗、节庆文化活动。游客在民居旅游中能够观看、

图 15-19 宜昌五峰高山茶叶生态旅游园

参与到这种活动中，就会留下深刻的印像和难忘的回忆，以此作为民居旅游品牌建构的一个关键组成部分，其作用不言而喻。因此，在库区民居旅游产品的创建中，要进一步挖掘民俗文化，融入民族精神，塑造民族品格，全面创建库区民居旅游精品，为旅游者在三峡民居旅游中提供别具特色的精神文化大餐。

五、与农业观光相结合，创建民居生态旅游品牌

乡村农业观光旅游，是现代旅游业发展的一个新型项目，该产品的热销，是因为其适应了广大长期生活在高节奏下的城市居民回归自然的心理需求，为他们提供了一个与大自然亲密接触、休闲体验的场所。(图15-20)传统民居旅游与乡村农业生态旅游有共通性，只是民居旅游产品更侧重于文化内涵的发掘，农业观光旅游产品则更注重于生态环境和农作物播种、生长、收获过程的体验。(图15-21)

图 15-20　恩施徐家寨生态农业观光旅游项目（油菜花节）

图 15-21　宜昌市窑湾乡万亩橘林生态旅游园

目前，以湖北鄂西地区为代表的三峡库区旅游业正在加快乡村农业旅游示范点建设，通过打造精品景点，串点成线，连线成片，整体盘活乡村旅游产业，形成库区东部"鄂西生态旅游圈"，以适应广大城市居民对农业生态旅游的需求。库区周边各级政府应借此机遇，力争把管辖区内民居资源的保护与开发工作纳入"鄂西生态旅游圈"的整体建设环节之中，整合库区沿线及周边腹地的古老民居与现代乡村农业生态资源，创建独具三峡地域特色的沿江传统民居与农业生态旅游新产品。

其具体做法是：第一，加大休闲农业及相关资源的开发力度，在三峡地区，形成数量众多集耕种体验、果实采摘、文化娱乐、民艺展演、生态环保、农品加工、产品销售于一体的多元化休闲农业旅游示范园区；第二，深入发掘库区腹地原生态古村落、古民居资源（图15-22），强化对文物遗迹和古民居、古老街道及古老建筑的保护与修复，积极研究古民居、古村寨特

图 15-22　藏于深山的古民居生态保存完整

有的民风民俗和传统技艺，分析其文化特色和生活特点，保护其原生态的乡土气息。在此基础之上，把传统民居与现代农业结合起来，创建出既有传统文化韵味，又有现代生态文明与绿色场域观感的旅游品牌，对于推进库区旅游产业的可持续发展，有着非常重要的意义。

可喜的是，大坝建成之后，随着库区沿线的产业升级以及国家长江大保护战略的实施，库区周边区域在生态保护、环境建设与乡村民居、休闲农业旅游开发等方面成效显著。以宜昌为例，该地区位于库区东缘，为三峡大坝所在地。近年来，当地政府围绕本区域独有的乡村民居及山地农业生态资源，积极融入"鄂西生态旅游圈"的建构，以扶贫富民为目的，把乡村旅游作为重要切入点，紧抓不放松；以开发多层次乡村旅游项目为龙头，带动民居与农业生态的旅游融合发展，培育乡村旅游业态；以完善乡村基础服务设施为惠民通道，拓展山地农村旅游空间，实施旅游精准扶贫。截至2019年，该市已累计创建42个省级生态文明乡镇、296个省级生态文明村。[1]

目前，全市乡村旅游初步形成了六大基本类型：一是以长阳土家族自治县郑家榜、点军区车溪村为代表的民居民俗型；二是以夷陵区龙泉镇、西陵区艳青山庄为代表的城郊休闲型；三是以枝江东方年华、远安广坪紫薇长廊为代表的农业花海观光型；四是以夷陵官庄村为代表的生态新农村建设型；五是以五峰栗子坪、夷陵南岔湾村为代表的特色传统村寨型；六是以五峰长乐坪、夷陵樟村坪、兴山榛子—黄粮、长阳贺家坪—青冈坪等景点为代表的山地纳凉避暑型。[2]

其中，官庄村是一个现代新农村建设与乡村旅游开发非常成功的典型范例。该村将民居、民俗、寺庙、橘园、水库、集市、庙会、博物馆、农家乐汇于一体，其环境之优美、特色之鲜明、内容之丰富，已成为鄂西地区乡村民居与生态农业旅游融合发展的一面旗帜。近年来，官庄村先后荣获"全国文明村""中国乡村旅游模范村""全国生态文化村""湖北省绿色示范村""湖北省宜居村庄"等荣誉称号，并摘得宜昌首届"最美乡村"的桂冠。[3]（图15-23）

图15-23 官庄村民俗文化庙会

以旅游资源的产品化、市场化为目标，以旅游市场的需求为导向，通过交通贯通来驱动跨区域民居与乡村旅游产品的重组和市场化，实现三峡大区域的旅游市场一体化，以及三峡库区旅游圈内外（鄂西、湘西、重庆、贵东、陕西、河南等周边）的市场联动，构建针对不同目标市场的重点民居与乡村旅游产品，推动库区民居与乡村旅游知名品牌的创建，是实现库区旅游业可持续发展必不可少的重要战略措施。在库区民居旅游与乡村农业生态旅游市场开发的战略推进中，一是要像宜昌地区一样，依托当地区位条件、资源特色和市场需求，采取政府主导、民众参与、景区带动、资源整合、全面利用等方式，加强本地区生态农业观光、传统民居欣赏研究、民俗风情体验等不同类型的乡村旅游产品开发与建构，持续推进文化、历史和生态等不同主题的旅游特

①资料来源：http://www.yichang.gov.cn/html/zhengwuyizhantong/zhengwuzixun/jinriyaowen/2019/0114/1007273.html.

②资料来源：http://www.cn3x.com.cn/yichang/2018/0803/110417.html.

③资料来源：https://www.sohu.com/a/282666647_355692.

色景区建设；二是要拓展和提升观光型民居、乡村旅游产品的休闲度假功能，增强亲和性、知识性、参与性等体验内容，培育民居乡村旅游品牌，形成民居与乡村农业生态旅游多元化主题。(图15-24)如：传统民居建筑艺术研究，传统民居文化内涵赏析，现代农业播种、采摘、产品加工参与体验，等等，实现现代旅游服务一体化，形成主题鲜明、特色突出、内涵丰富、产业完备、功能齐全的现代民居观赏与休闲农业旅游示范基地。

图 15-24　湖北恩施的生态农业与土家民居和谐共生，美轮美奂

六、立足地方工艺，打造旅游商品品牌

旅游商品，是三峡库区民居旅游资源开发的重要组成部分。三峡库区地域广阔，民族众多，各种式样的地方小吃、民间工艺制作及其他土特产品十分丰富。在民居旅游资源开发的同时，立足库区特有的地方工艺技术，策划开发特色旅游商品，满足旅游者的游、购需求，不啻是推动库区民居旅游市场发展的组成部分，而且是丰富库区旅游市场、凝聚人气，增加库区居民收入的重要环节。(图15-25)

图 15-25　开发多层次的旅游商品，满足游客需求

三峡库区旅游商品的打造，主要从以下几个方面入手。

第一，各地政府和旅游行政主管机构，要制定市场规则，建立开发旅游商品的竞争机制，积极扶持和支持立足地方民间工艺技术的企业、乡镇及个体专业户所从事的旅游商品研发与生产，延长旅游产业链，逐步形成高、中、低相结合的，富有三峡地方特色的旅游商品品牌体系。

第二，积极支持和鼓励库区民众，尤其是深山腹地的乡民，在办好家庭旅馆和提供特色餐饮服务的基础上，组织、引导和培训他们依托当地的特有资源和条件，开发、制作和销售具有当地民族、地方特色的服饰产品、手工艺品、特色食品、旅游纪念品等旅游商品。

第三，鼓励和引导地方企业、村社及个体经营者对当地的农副产品、土特产品进行深加工，提升传统农产品和土特产的附加值，并建立专门的培训机构，使更多的库区民众成为制作旅游商

品的能工巧匠，并从中得到实惠。

第四，努力打造旅游商品特色，建构产品品牌，创造"一村一品""一家一艺"的特色商品。特别加大对库区"非物质文化遗产"的开发利用支持力度，鼓励民间老艺人采取传、帮、带的方式，传授、开发、创造三峡库区特色工艺产品、农副产品，以提高库区旅游商品的层次和竞争力；同时，对企业在研发、技术支持、售后服务、品牌推广、物流等方面进行引导，提升库区旅游商品产业化水平，逐步完善民居旅游商品生产和销售体系。

第九节　加强营销宣传、提升知名度

长期以来，由于三峡民居开发上的滞后，也带来宣传上的失语，以至于国内外游客对其整体形象至今还是"雾里看花"。因此，在民居资源的开发过程中，应加紧制定三峡库区民居旅游的营销宣传策略，强化宣传力度，运用各种现代媒体与手段展开多层次、多方位的广告与宣传，以引人关注，扩大知名度，促进三峡民居旅游市场的尽快形成。（图15-26）具体做法如下：

图 15-26　恩施土家族歌舞和彭水纪念华夏始祖的大型广场节目表演　　（摄影：黄东升）

一、运用互联网络优势，加强库区民居旅游产品营销宣传

当今时代是一个以网络发展为核心的讯息时代，要想在激烈的市场竞争中占领制高点，获取知名度，就必须充分利用互联网优势，展开宣传营销攻势，寻求更大发展空间。"点击率"就意味着关注度，互联网产品宣传方式经济方便，速度快捷。具体做法是：第一，建立三峡民居旅游专业网站，通过网站介绍宣传库区民居旅游项目，进行产品营销；其二，向各大门户网站（如新浪、搜狐、网易、雅虎等）投放广告，扩大宣传范围；第三，利用国内各专业的旅游网站、博客、论坛和网络聊天室等多种网络传播方式进行产品促销宣传，使三峡民居旅游产品在互联网上多途径传播，尽快为广大消费者熟悉和接纳。

二、利用手机微信、微博进行传播

近年来，讯息的传播方式日新月异，时下以手机微信、微博为代表的微服务、微宣传、微营销正以摧枯拉朽之势，横扫传统的传播媒介。三峡库区民居资源的旅游开发中，应尽快制定产品宣传与营销战略，积极开拓和利用微信、微博这些快捷而普及的信息传播方式，扩大其产品的影响力，迅速实现产品知名度的战略覆盖，引导海内外旅游者前来旅游观光，做到名利双收。事实上，随着信息时代的不断发展，不仅高速信息的交流方式拉近了旅游企业与游客之间的距离，使沟通更为方便，而且微信、微博作为一个新的宣传营销社交平台，也成为了旅游企业之间宣传营销竞争的一种新趋势。因此，提早的"动之以情，晓之以行"，方能够提高企业的品牌占有率。这场"指尖"的宣传营销战，已迫在眉睫，三峡民居旅游产品宣传营销应积极采取应对措施。

三、利用电视、广播媒体进行宣传

电视是普及率高、人们接触较多的大众媒体。要扩大普及三峡民居旅游产品的宣传效果，电视是一个不可忽视的媒体平台，应予以高度重视。对于电视媒体的利用可采用如下方式：一是投放专题广告进行宣传，这种方式简单易行，见效快；二是拍摄库区传统民居、传统建筑风景专题片进行专题介绍，这种方式可以详细介绍库区民居景点和旅游产品特色，但制作时间较长，成本较高；三是独家点播赞助电视栏目和电视剧的播出，这种方式能快速提高旅游企业的知名度。另外，在传统的广播媒体上也可以采用广告和专题节目的方式进行宣传。

四、举办新闻发布会、旅游节，以及通过报纸、杂志等媒体进行营销宣传

根据三峡库区民居资源开发和产品建构进展情况，定期和不定期举行新闻发布会，向外界介绍库区民居旅游资源开发情况和产品特色，也是一种有效的营销宣传手段；库区各地政府也可运用旅游节的方式来宣传民居旅游产品，如重庆市和湖北宜昌市多年来就是采取举办"三峡国际旅游节"的做法来进行三峡旅游宣传的（图15-27）；对于报纸、杂志等传统纸质媒体也不应忽视，可利用民众对传统媒体偏爱的习惯，在这些纸质媒体刊登专题报道和广告，来实施宣传，实现信息的全覆盖；还可以组织编制各种形式的民居旅游科普读物，如图书、多媒体光盘等，作为旅游纪念品，在各旅游景区销售或派送，让旅游者把这些信息带往世界各地，进一步扩大库区民居旅游产品的影响范围，促进库区旅游业的繁荣发展。

图15-27　利用各种手段和方式大力宣传三峡库区民居旅游

参考文献

著作

1. 黄健民. 长江三峡地理，北京：科学出版社，2011.

2. 李映福. 三峡地区早期市镇的考古学研究，成都：四川出版集团巴蜀书社，2010.

3. 王文思. 中国建筑文化，北京：时事出版社，2009.

4. 宋华久. 三峡民居，北京：中国摄影出版社，2002.

5. 季富政. 三峡古典场镇，成都：西南交通大学出版社，2007.

6. 梅龙. 中国三峡导游文化，北京：中国旅游出版社，2011.

7. 彭振坤，黄柏权. 土家族文化资源保护与利用，北京：中国社会科学文献出版社，2007.

8. 郑云峰，张荣惠. 守望三峡，北京：中国青年出版社，2004.

9. 赵万民. 三峡工程与人居环境建设，北京：中国建筑工业出版社，1999.

10. 陈文武，周德聪. 三峡美术概观，重庆：重庆出版社，2009.

11. 沈薇薇. 山海经译注，哈尔滨：黑龙江人民出版社，2003.

12. 彭万廷，屈定富. 巴楚文化研究，北京：中国三峡出版，1997.

13. 张正明. 楚文化志，武汉：湖北人民出版社，1988.

14. 常璩. 华阳国志·巴志，上海：商务印书馆，1958.

15. 蓝勇，阿蛮，卢廷辉，陈池春. 三峡古镇，福州：福建人民出版社，2005.

16. 王振复，杨敏芝. 人居文化，上海：复旦大学出版社，2001.

17. 安应民. 旅游学概论，北京：中国旅游出版社，2007.

18. 邹本涛，谢春山. 旅游文化学，中国旅游出版社，2008.

19. 胡绍华. 中国三峡文化教程，武汉：武汉出版社，2004

20. 徐中舒. 论巴蜀文化，成都：四川人民出版社，1988.

21. 杨权喜. 楚文化，北京：文物出版社，2000.

22. 褚瑞基. 建筑历程，天津：百花文艺出版社，2005.

23. 梁思成. 中国建筑艺术图集，天津：百花文艺出版社，2007.

24. 覃力，张锡昌. 说楼，济南：山东画报出版社，2004.

25. 郑敬东等. 长江三峡旅游文化，重庆：重庆出版社，2002.

26. 宋志方，汪洪斌. 导游文化，北京：中国林业出版社，2009.

27. 曹诗图等. 三峡旅游文化概论，武汉：武汉出版社，2003.

28. 杨爱平. 重庆民俗风情，重庆：重庆出版社，2001.

29. 陈可畏. 长江三峡地区历史地理之研究，北京：北京大学出版社，2002.

30.楼庆西. 乡土建筑装饰艺术，北京：中国建筑工业出版社，2006.

31.[美]鲁道夫·阿恩海姆. 视觉思维，成都：四川人民出版社，1998.

32.[加拿大]卡尔松. 环境美学，成都：四川人民出版社，2006.

33.[英]E. H. 贡布里希. 秩序感，长沙：湖南科技出版社，1999

34.[英]E. H. 贡布里希. 艺术与错觉，长沙：湖南科技出版社，2005

35.王其钧. 中国民居，上海：上海人民美术出版社，1991.

36.卢济威，王海松. 山地建筑设计，北京：建筑工业出版社，2007.

37.任桂园等. 三峡历史文化与旅游，成都：四川巴蜀书社，2008.

38.汤惠生. 考古三峡，南宁：广西师范大学出版社，2005.

39.王作新. 三峡峡口方言词汇与民俗，北京：社会科学文献出版社，2009.

40.万先进，李鸿文. 三峡地区旅游产业竞争力研究，北京：科学出版社，2007.

41.郑曙旸等. 环境艺术设计，北京：中国建筑工业出版社，2007.

论文

1.李先逵. 巴蜀古镇类型特征及其保护，中国名城，2010.5.

2.杨达源. 长江三峡的起源与演变，南京大学学报，1988.3.

3.李泽新，赵万民. 长江三峡库区城市街道演变及其建设特点，重庆建筑大学学报，2008.2.

4.杨华. 三峡地区古人类房屋建筑遗迹的考古发现与研究，中华文化论坛，2001.2.

5.杨华. 长江三峡地区夏、商、周时期房屋建筑的考古发现与研究（上、下）——兼论长江三峡先秦时期城址建筑的特点，四川三峡学院学报，2000.3、4.

6.周传发. 从巴楚文化看三峡地区早期的居住形态，安徽农业科学，2009.14.

7.周传发. 论鄂西土家族传统民居艺术的审美特色，重庆建筑大学学报，2008.1.

8.周传发. 三峡地域传统民居的成因与特色探析，资源与人居环境，2008.12.

9.严广超. 浅析三峡地区传统民居的特征与风格，华中建筑，2003.1.

10. 齐学栋. 古村落与传统民居旅游开发模式刍议，学术交流，2006.10.

11.王友富，王清清. 三峡库区少数民族传统民居建筑文化研究——以土家族吊脚楼为例，重庆三峡学院学报，2010.5.

12. 季富政. 三峡场镇与码头，重庆建筑，2004.6.

13. 武仙竹. 三峡地区环境变迁与三峡航运，南方文物，1997.4.

14. 赵冬菊. 三峡航运史述略，三峡学刊（重庆三峡学院社会科学学报），1997.1.

15. 黄权生，曹诗图，胡晶晶. 三峡交通文化研究现状概述及思考，三峡文化研究，2007.7.

16. 吴良镛，赵万民. 三峡工程与人居环境科学，人民长江，1997.2.

18. 王松涛，祝莹. 三峡库区城镇形态的演变与迁建，城市规划汇刊，2000.2.

19. 李光明. 三峡库区新滩古民居及其搬迁保护——以郑韶年老屋为例，文物建筑论文集，2009.1.

20. 陈锋. 清代两湖市场与四川盐业的盛衰，四川大学学报（哲学社会科学版），1988.3.

21. 洪均. 从川盐济楚到川淮争岸——以咸同年间湖北盐政为中心，求索，2012.10.

22. [韩]李俊甲. 川盐济楚和清末江苏北部的区域经济——以白银流通为中心，四川理工学院学报（社会科学版），2013.1.

23. 孙艳云，杨东昱. 关于三峡淹没区丰都古民居搬迁保护的思考，四川文物，2001.1.

24. 陈蔚，胡斌. 明清"湖广填川"移民会馆与清代四川城镇聚落结构演变的人类学研究，兰州理工大学学报，2011.9.

25. 姜晓萍. 明清商人会馆建筑的特色与文化意蕴，北方论丛，1998.1.

26. 季富政. 三峡场镇向何处去，重庆建筑，2005.10.

27. 叶晓甦，胡丽，何雨聪. 三峡库区小城镇建设与旅游产业协同发展分析，基建优化，2005.2.

28. 吴樱. 巴蜀传统建筑地域特色研究，重庆大学硕士学位论文，2007.5.

29. 陈晓宁. 三峡旅游环境与传统建筑特色研究，重庆大学硕士学位论文，2011.6.

30. 郑宇飞，曹诗图，刘运. 基于"鄂西圈"背景的宜昌城市旅游发展研究，地理与地理信息科学，2010.5.

31. 林芝玉. 龚滩古镇石街空间特征解析，装饰，2011.10.

32. 吕斌，陈睿，蒋丕彦. 论三峡库区旅游地空间的变动与重构，旅游学刊，2004.2.

33. 郭英之，沈茑. 三峡地区旅游市场营销策略研究，商业研究，2003.10.

34. 谭健星. 传统民居在旅游中的价值研究——以土家族吊脚楼为例，旅游纵览（下半月），2013.7.

35. 陈纲伦，颜利克. 鄂西干栏民居空间形态研究，建筑学报，1999.9.

36. 陈果. 巴渝传统民居建筑"堂屋"空间探析，重庆建筑，2015.1.

37. 王滔，王展. 巴渝地区碉楼建筑与山地人居环境——以丰盛古镇碉楼建筑为例，重庆建筑，2007.3.

38. 邓可彪. 四川碉楼民居建筑艺术特点分析，电影评介，2008.15.

39. 黄潇. 巴渝传统民居中的风水探究，山西建筑，2008.6.

40. 王银船. 浅谈中国风水对传统民居的影响，现代装饰（理论），2011.12.

41. 李先逵. 中国山水城市的风水意蕴，城市住宅，2010.5.

42. 隋君. 浅谈民居风水观中的"得水"理念，民族史研究，2008.1.

43. 周军，何小芊，张涛，龚胜生. 屈原故里景区旅游总经济价值评估研究，旅游学刊，2011.12.

44. 隋春花. 客家民居的旅游价值及其体验旅游项目设计，嘉应学院学报（哲学社会科学），2010.12.

45. 缪芳. 社区参与对古民居旅游开发及旅游容量的影响——以福建省福州市闽清县宏琳厝旅游开发为例，辽宁师范大学学报（自然科学版），2005.3.

46.黄芳. 江西传统民居旅游资源开发之我见，江西教育学院学报（社会科学），2002.1.

47.孙彤，王帅. 武陵山区民宿度假旅游发展的可行性报告，中小企业管理与科技（上旬刊），2011.12.

48. 黄芳. 传统民居旅游开发中居民参与问题思考，旅游学刊，2002.5.

49. 纪金雄. 古村落旅游核心利益相关者共生机制研究，华侨大学学报（哲学社会科学版），2011.2.

50. 周常春，王玉娟，徐国麒. 民族村寨旅游利益分配机制的影响研究——以可邑村为例，中南林业科技大学学报（社会科学版），2013.1.

51. 陆秋燕. 少数民族旅游地的旅游利益分配问题初探，桂海论丛，2010.3.

52. 王纯阳. 村落遗产地政府主导开发模式的多层次模糊综合评价——以开平碉楼与村落为例，数学的实践与认识，2013.2.

53. 王考. 德国巴登–符腾堡州历史文物古迹保护工作略述，中国名城，2013.6.

54. 王景慧等. 法国历史建筑及其周边环境保护，中国名城，2012.2.

55. 沈群慧. 英国历史建筑及古城保护的成功经验与启示，上海城市规划，1999.4.

56.[意]Antonello Stella（翻译：涂山，梁雯）. 意大利历史建筑的修复和再利用——博物馆项目实例，装饰，2007.10.

57. 石青辉. 关于旅游产品中传统民居营销的思考，商业研究，2004.8.

58.李颖，王天英. 旅游营销模式的创新研究，中国商贸，2010.14.

59.向延平，陈友莲. 武陵山区民族村寨旅游营销模式研究，邵阳学院学报（自然科学版），2006.4.

60.庄军. 我国乡村旅游产品开发及营销策略研究，现代商贸工业，2007.11.

61.朱国兴. 徽州古民居旅游发展路径及其保护研究，皖西学院学报，2006.3.

62.田世政. 三峡文化的旅游开发研究，西南师范大学学报（人文社会科学版），2004.3.

63.周传发，邹凤波. 三峡民居的建筑特色及其旅游开发初探，资源开发与市场，2008.10.

资 料

《宜昌府志》《归州志》《巴东县志》《云阳县志》《忠州志》《涪州志》《（道光）重庆府志》等。

后记

对于三峡民居艺术的研究，我是一名后来者。尽管本人很早就被三峡区域多姿多彩的民居建筑所吸引，并留意收集保存相关资料，但真正着手三峡传统城镇与传统民居建筑艺术的研究则是从2000年之后开始的。那时，我所教授的环境艺术设计课程与建筑历史、建筑美学有关，很多方面涉及到传统建筑与传统民居，引发了我对三峡民居的研究兴趣。在此后的十多年里，我多次带学生或单独到库区考察采风，并于2006年，申报主持了湖北省教育厅人文社科项目"三峡城镇建筑与环境景观研究"的课题，发表相关论文十多篇。接着，于2009年申报教育部"'后三峡工程时代'库区民居资源的旅游价值及开发对策研究"人文社科规划基金项目获得批准。《三峡民居研究》一书就是这一课题的最终成果，也是我十多年来对三峡民居艺术研究的一个初步总结。

本成果分为上下两部分：上部是从历史文化、建筑学、艺术学的角度，对三峡民居的发展演变历史、建筑特色、艺术成就进行的分析和探讨；下部则是从旅游学的角度，对库区民居资源旅游价值、开发对策的论证与研究。

三峡民居历经数千年的发展演变，形态独特，内容丰富，其博大精深的文化内涵和无与伦比的艺术成就，远非本成果的容量就能一蹴而就地概括完成；尤其对其进行保护及旅游开发方面的研究，更是一个涉及到经济、文化、社会、规划设计、产品开发、区域合作、利益分配等各个方面的巨系统工程，内容庞杂，学科众多，更是超越了本人的知识范围。由于本人的学识与能力有限，加之调研与资料不足，文中难免错误和不当之处，祈望同行方家指正。

课题研究中，我们阅读和检索了较多与课题相关的文献资料，并吸取了其中的有益营养，除了文后列举的参考资料目录之外，难免会有疏漏，在这里除了深表谢意之外，也请相关作者谅解。

参与本课题的其他成员还有：范汉成、朱涛、吕刚、李桂媛、邹凤波、武明煜等多位老师。向他们致以谢意！

三峡大学校长、教授、博士生导师何伟军先生在百忙之中欣然命笔，为拙著作序，本人深为感动，谨向先生表示最真诚的谢意！民族学院党委书记、教授王祖龙先生也为本书撰写了序言，在此，也衷心致谢！

在这里，要特别向学校社科处、老干处周卫华和匡健两位领导表示由衷的感激之情！是他们的大力支持，才使本书得以顺利出版；同时还要感谢求索画院院长田吉高先生在本书出版过程中给予的关心和帮助！

最后，感谢我的妻子贺莉萍女士为我所做的服务工作，让我免除了后顾之忧，能全身心投入课题研究活动之中，使课题研究得以顺利完成！

周傳璟

己亥中秋修改于三峡古城夷陵之半亩斋

出 版 人 / 陈辉平
项目策划 / 余　杉
责任编辑 / 张　浩　梁静仪
书籍设计 / 张　浩　梁静仪
技术编辑 / 李国新

图书在版编目（CIP）数据

三峡民居研究 / 周传发著.
—武汉：湖北美术出版社，2021.7
（湖北民居艺术研究）
ISBN 978-7-5712-0505-8

Ⅰ.①三…
Ⅱ.①周…
Ⅲ.①三峡 – 民居 – 研究
Ⅳ.①TU241.5

中国版本图书馆CIP数据核字（2020）第223165号

出版发行：长江出版传媒　湖北美术出版社
地　　址：武汉市洪山区雄楚大街268号B座
电　　话：（027）87679534（编辑部）　87679525（发行部）
邮政编码：430070
印　　刷：武汉市精一佳印刷有限公司
开　　本：787mm×1092mm　1/16
印　　张：18.25
版　　次：2021年7月第1版　2021年7月第1次印刷
定　　价：158.00元